文理融合

データサイエンス入門

小高 知宏・小倉 久和・黒岩 丈介
高木 丈夫・小高 新吾［著］

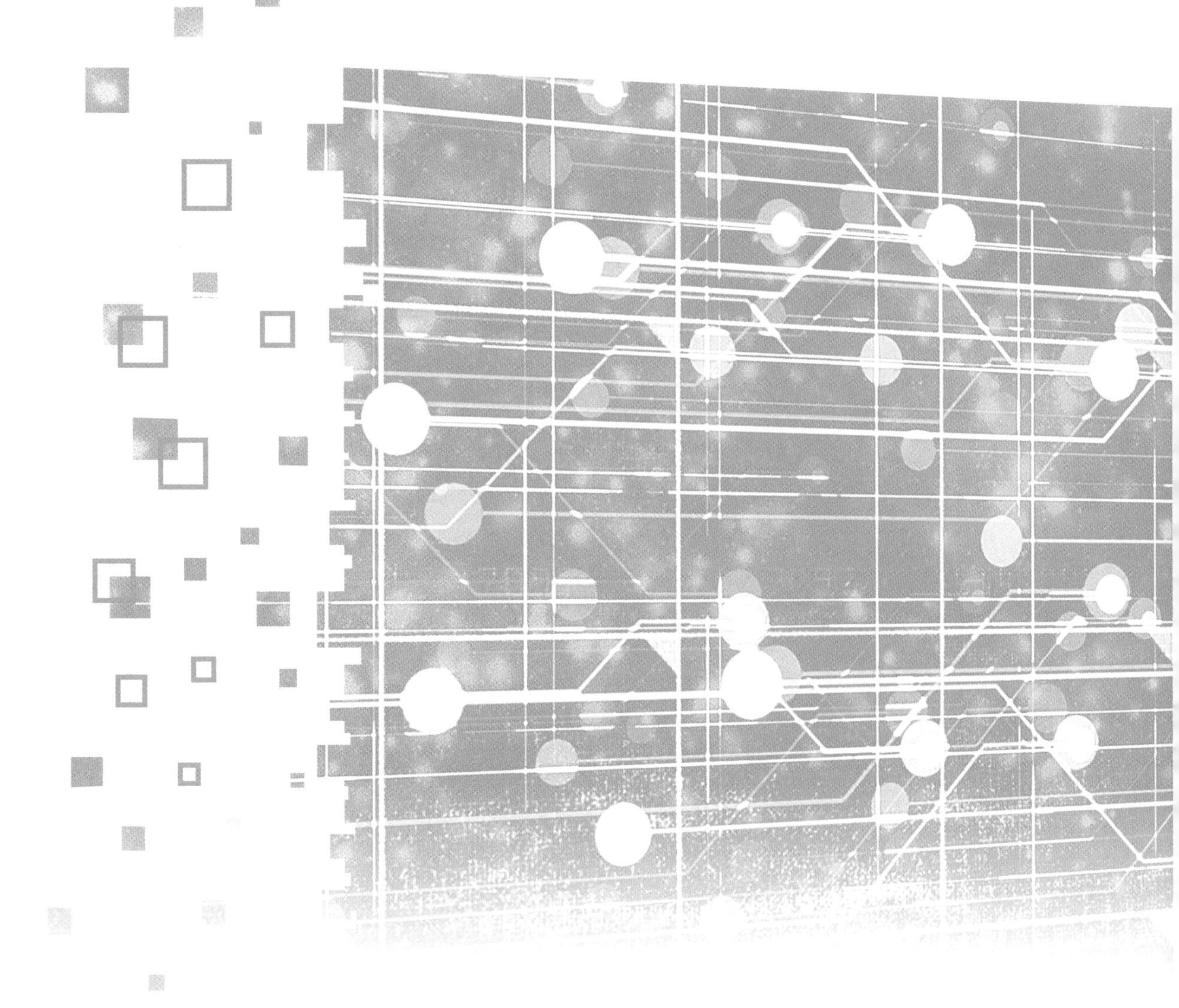

共立出版

はじめに

近年，データを科学するための手法であるデータサイエンスが，文系理系の区別なく重要視されています。本書は，文理融合のデータサイエンス入門書として，文系理系を問わずに広く大学初年次の教養的講義で利用できる教科書となることを目指して作成しました。本書の目標は，データサイエンスについて読者の皆様に興味を持って頂くことにあります。また，本書を用いた講義がデータサイエンスへの基盤となり，さらに発展的な講義の学習へと導くことも意図しています。

本書では，データサイエンスの入門として，初めにデータサイエンスとは何かについてさまざまな例を示しながら説明します。次に，統計学の考え方を紹介し，統計的手法に基づくデータの処理方法の基礎を示します。続いて，統計と並んでデータサイエンスで重要な手法である人工知能（AI）の利用について述べます。最後に，データサイエンスのツールとして，統計ツールやプログラミングの初歩を扱います。

本書の特徴として，データサイエンスに興味を持って頂くために，随所に具体的な応用例をちりばめることで，ここで紹介する手法や考え方が，具体的に何に使えるのかがわかるように配慮しました。また，手法の紹介だけではなく，具体的な活用場面が分かるようにも工夫しています。

本書は大学の半期15回の講義向けとしており，それに合わせて15章構成としています。文理融合の立場から，本文で利用する数学的知識は高校1年レベルまでを想定し，それ以上のレベルの数学的記述は付録か側注へ回しています。ただし，「線形代数」経由で「多変量回帰分析」へ，あるいは「微積分」経由で「確率」へといった，将来の見通しが分かるようにする工夫も盛り込みました。

本書がデータサイエンス学習のきっかけとして，読者の皆様のお役に立つことを期待しています。

2021年8月　小高知宏

目　次

第 I 部

データサイエンスとは

第 I 部では，データサイエンスとはそもそも何をする学問分野であるかについて，具体的な事例を交えて概観します。はじめの第 1 章では，そもそもデータとは何か，どのようなデータを対象とするのか，あるいはそうしたデータをどう集めるのか，などについて説明します。続く第 2 章では，データサイエンスの基礎技術の一つである統計について，その基本的な考え方を紹介します。第 3 章では，統計学と並んでデータサイエンスの基礎技術として重要である人工知能の技術を取り上げます。第 I 部最後の第 4 章では，いわゆる文系分野におけるデータサイエンスの活用について，実例を交えて説明します。

第 I 部の項目

データサイエンス=データのサイエンス

データサイエンスというからには，まずはデータを扱うわけです。では，データとはいったい何でしょうか。基本的には，その調査をする人にとって興味のあるものです。でも，その形態はいろいろなわけで，ここでは基本的に計算機に取り込める形のものを扱います。そしてデータにはどのような種類があるか，について言及します。それから，データをどのように収集するかのお話をします。

第 1 章の項目

1.1　データとは何か

何かについて調べたい，と思ったとします。小学校の夏休みの宿題の「けんきゅう」かもしれません。趣味で購入したい物品の値段かもしれません。文学作品が創作されたときの作家の家庭環境かもしれません。

それらを調べる際に，集めたすべての記録されたものを**データ**と呼びます。ですから，データは数値で提供されることもありますし，文章かもしれません。これらのものは，比較的そのまま計算機の中に取り込めます。数値や文章なのですから，その扱いは計算機としては得意です。

いっぽうで物質が興味の対象であったりすると，それを計算機に蓄積する形でデータ化するのには工夫が必要です。グルメやお酒，その他の嗜好品についてデータをつくりましょう，となっても現物をそのまま陳列して，試食や試飲でも行えればよいかもしれませんが，それでは保存性やデータの取得性に問題が発生します。いつでも，誰でもそのデータにアクセスしたり利用したりできるようにするためには，何らかの方法で加工して計算機のなかに取り込んでおく必要があります。

1.2　いろいろなデータ

◆数値データ

データとして，最も単純なのは数値データでしょう。いろいろな商業や行政に関係する数値が紙や石版の台帳に記されていた太古の昔から，データの内容もそのままですから計算機器への親和性も高いわけです。計算機の出現と同時に，早くから数値データは扱われました。というよりも，ようやく計算機器が使われ始めた頃は，数値データ以外は計算機の能力的に扱いにくかったと思います。

数値データを扱う，ほぼリアルタイムの銀行のオンライン化，あるいは鉄道の指定席発券システムは，多くの人が早いうちに体験した実用上のネットワーク型のデータシステムではないでしょうか。

◆文字，記号のデータ

次に簡単に扱えるデータは，文字と記号でしょう。インターネットが十分に発達していない時期は，通信容量が小さく，モデムを利用した電話回線でプロバイダーに接続して，チャットやメールを使ったものです。それでも，数字からさらに進んだ，文字記号のデータをやりとりしていたわけです。

また，それまでは紙媒体で記録されていた文学作品も，デジタルデータ化されました。そこから計算機による文体解析が始まって，「単独の作者によるとされていた文学作品が，実際にはどうだったのか」の議論が沸き起こったりしました。文体解析が可能になったのですから，当然ながら文法解析も可能なわけで，自動翻訳の開発も始まりました。数字のデータ以上に情報の自由度が高い文字や記号データは，情報の宝の山だったわけです。

導入されたばかりの大学の自動翻訳機で，“Time flies like an arrow.”を翻訳させたら，「時蝿は矢を好む。」と返ってきて，一緒に試していた仲間と腹を抱えて笑ったものです。現代では，「時間は矢のように進む。」だけでなく，「光陰矢のごとし」という答えまで返ってきます。

◆画像，写真などのデータ

写真や映画のような画像，動画のデータもあります。必要に応じてこれらのものを実際に視聴するわけですが，特に映画などは視聴するのに 1 時間単位の時間が必要です。画像のデータハイビジョンの bmp ファイルでサイズは 8 GB ほどになります。もちろん jpg 形式などにすると数分の 1 から 100 分の 1 のサイズになります。しかしながら，数値データや文書データとはっきり異なるのは，そのままではキーワード検索ができないことです。

文書データなら加工されていないデータでも，キーワードの切り出しが可能で，必要な情報が存在しているかどうかの確認が可能です。しかしながら，写真データでは探しているデータがその中に含まれているかどうかの判断は，現在開発されている機械学習などの研究テーマです。たとえば，ある人が写っている写真を探し出したいというとき，貯めこまれている写真データからコンピューターが自動的に探しだすという操作は，必ずしも上手く行くわけではありません。船や自動車が写っている写真の抽出も同様です。だからこそ現在の段階では，Web サイトへアクセスしているのが人間かロボットかの判断は，画像認識をさせることで行なっています。ですから，画像の情報として，人間がいろいろ確認した事項を付加してデータとせざるを得ません。確かに，自動車免許や学生証の写真も，固有番号や氏名を関連付けて運用されているわけです。

映画やビデオのデータもあります。写真の自動認識が難しいのですから，ビデオデータを自動認識するのはさらに難しいことです。また，画像データはブルーレイデータでしたら 25 GB 程度にもなります。結構大きなサイズですので，生のデータのまま計算機のハードディスクに何本も収集するのには問題が発生します。多数のビデオ画像は結局ブルーレイの状態で保存することになり，ビデオ視聴のたびに，ブルーレイを掛け替える必要が出てきます。

さて，皆さんが映画を観に行くときに，どのような動機で観に行くのでしょうか。多分，宣伝や映画評論を見て，映画館に向かうのだと思います。映画の内容をまとめた，短時間で人間が処理できる情報を元にして判断を行うわけで，何らかの形での加工が伴わないと，データとしては使いにくい状況です。

2019 年にブラックホールを可視化した画像が公開されましたが，これは地球の 8 箇所での電波望遠鏡で観測した，いわば 3.5 PB（3.5×1024 TB）のハードディスクに記録された，“映画” を 2 年間掛けて解析したものです。画像の解像度からして，映画の情報はこれだけの容量を持ってしまうわけで，それをまともに解析すると，現在でもこれぐらいの時間を要します。

◆ IoT のデータ

今まで述べた内容のデータはインターネットを介してやり取りします。データの内容としては新しく述べることはなさそうです。しかし遠隔地とリアルタイムに，複数箇所同時に，双方向的に情報交換ができることは特筆すべき特徴です。複数箇所へ同時に情報を伝える手段としては，大規模なものでは放送がありますが，双方向性は基本的にありません。また，個人で利用することも不可能です。しかし，インターネットを利用することで，これらが可能になりました。

今や Web を介した動画による監視，河川の水位や流量の配信，交通渋滞状況をセンサーで感知し付近を走る車のカーナビへの情報提供など，インターネットを活用したサービスが普通に行われています。インターネット自体は 1995 年ぐらいから広く使われるようになりましたが，本当に身近な情報が各家庭まで行き届いて，個人レベルで恩恵にあずかれるようになったのは，IoT の利用によるところが大きいと感じます。

1.3 データの集め方

◆データの集め方

ある事柄について，データを集めて解析するとします。まずはデータを集めなければいけません。その前に，どのような種類のデータを集めるか，収集方法などを検討する必要があります。よく計画において言われることですが，5W1H という要素を検討すると良いでしょう。

◆ who

「誰が集めるか」です。

集める前に下調べしてみると，大規模な既存のデータがあるかもしれません。国勢調査などの公的データを利用できたら好都合です。大規模な国家的，世界的な調査を行うとなると，よほど大きな組織でなければ対処できませんし，コストも非常に大きくなります。現代では，ネット調査という手段は無くは無いですが，均質なデータを集めることは，意外と難しいです。ネットワークの使用に慣れているグループと，そうでないグループも存在します。そのようなグループの特性が直接結果に結びついている可能性もあります。

既存のデータがない場合は，自分で，あるいは計画している集団で集めるより仕方がありません。集めるための労力は意外と大きく，データ整理の時間もかかります。しかしながら，充分に計画を立てると，必要とするデータを効率良く得ることができます。当然，独創性あふれる調査も可能ですが，やはり，どれだけ多数の良質なデータを集められるかにかかっています。

◆ why

「調査を行う理由」です。

目的や理由，その必要性を考えてみましょう。まずは，目的や理由がはっきりしているでしょうか。これらが明確になっていないと，解析を成功に導くデータは採れません。また，調査結果が出たときに，どのような影響があるかも予想して全体の調査を準備すべきです。最終的に調査結果を公開することで，事態が好転することが十分に予想できるようにすべきです。調査結果が状況を悪く評価するものでも，どうすればその状況を改善できるかの答えを，解析により得なければなりません。もっともそれが，本来のデータ収集の目的だと思います。また，このような調査は，最初から将来的な改善を目指すことが多く，当然，それに繋がる成果を挙げられるように設計されることになります。

さらには，本当に必要な調査か確認しましょう。調査にアンケートを伴うならば，昨今は異様なほど多くのアンケートが実施されていて，アンケート公害と揶揄までされる始末です。ですから，アンケート調査のように，調査者が調査項目を決定できる状況であるならば，この先にいろいろデータを使えるような設定をしておくと，アンケートが持つ負の影響も緩和されます。また，このような調査は当然のことながら，資金が必要です。資金の節約のためにも不要な調査は控え，この先々の調査のことも考えて効率的な計画をしてください。

◆ what

「何を調査すべきか」です。

IoT データや，専用の測定機器から得られるデータは，何を観測するかほぼ完全に決まっています。そのデータを元に，どのような視点で解析を行うかということが主題で，あまり自由度はありません。もともと，ハードウェア的に測定できるデータは決まっていますし，目的もほぼ決まっています。さらには，解析すべき内容まで決まっています。このような定期的定点測定は，ノウハウも含めて順次改善が重ねられていることが一般的です。

一方で，毎回新機軸を含めた企画や，街作りなどの地域性に強く依存するような調査においては，調査の項目やアンケート用紙の作成は計画を立てておく必要があります。このような調査は，何度も繰り返して行うものではないのでアンケートの成否は，この計画段階で大方決まってしまいます。調査を行う理由と合わせて，どのような結論を得たいのか，その結論を導くための質問項目などを用意しておかないといけません。調査をしてみた結果，質問項目が不足していたことが判明するのも往々にしてあります。しかしながら，質問項目が足りていて，尤もらしい結果が得られることは良いのですが，それは予想した範疇であるためだったりします。それよりは，予想外の結果でアンケートの構成自体に問題があったかのような結果の方が，後々役に立つことが多いことも事実です。

◆ where

「どこで調査を行うか」です。

インターネットの存在で，どこで，という概念は場合によってはあまり意味が無くなりました。しかし，センサーを利用した遠隔データ受信でも，どこにセンサーを設置するかは大問題です。いたる所に設置できれば一番良いですが，そうはいかない場合もあります。センサーを取り外して設置場所を移動できるならば，最初に良いデータが採れそうな場所をいくつか試してみて，短期間の試行で結果を出して，うまくいっているかどうかの検討することが必要です。

もちろん，良い結果が得られなかったら，その原因を調査して新たな設置場所を選ばないといけません。この際のデータ解析も，もちろん最終的なデータ解析に取り入れる事ができます。むしろ，失敗した方が明確にその原因が理解できて，最終的に良好な結果を得ることも多いです。経験的に最も良くないのは，一度設定してしまうと安心して，何もしないで測定最終日を迎えることです。最悪，センサーが故障しているかもしれません。日常的なチェックは必要なのです。

いろいろな催事のデータを採ることがあります。催事の期間は限られていることが多く，いわゆるデータ取得の試験期間を取れずにぶっつけ本番になります。催事の際の来場者の動線 (会場内での足取り) が予想と違い，アンケートのデータ取得率が極めて悪いことがありました。結局，参加者視点で物事を考えてなかったのですが，もともと他人の視点で考えることは難しいのでしょう。結局，次年度は前年度の経験を活かしてうまくいきました。

◆ when

「いつ調査を行うか」です。

既存のデータがあるのなら調査は不要です。ですが，基本的に調査は現在の状況に対して行うものです。ある程度，調査の締め切りなどが前もって分かりますから準備は万端に整えて置くべきです。締め切り間際に行なったアンケートは，うまくいかないことも往々にしてあります。準備に必要な時間は，アンケートの規模が大きくアンケート用紙を使うものほど必要です。Web アンケートでも，被調査者が回答する必要性を理解している場合は，直ぐに回答が集まるでしょうが，一般的に任意回答であるならば，回答を得るまでの時間がかかると思わないといけません。

また，現在のデータが必要であるということは，過去との対比が問題となることが多く，毎年調査が行われる年次調査であったりします。となると，実質的には過去のデータの掘り起こしや準備が必要となります。

その他，調査の頻度の問題もあります。時間的な推移を測りたいならば，連続的に調査をする方法の他に，変化が観測できる程度の時間間隔をおいて調査をしたほうが良い場合があります。特に調査にコストがかかる場合は調査にかかる時間と，調査の時間間隔は得られるデータの質との兼ね合いで最適化しなければいけません。また，一般にデータ量が大きくなると，それに伴って解析コストと解析時間も増大します。

◆ How

「どのようにして，データを集めるか」です。

既にある省庁発表のような公的データでしたら，ダウンロードするだけで済みます。しかし，データ自体が膨大ですから，必要な項目がどこにあるかを探すのが大変です。幸いなことに，デジタルデータでしたら，検索作業は計算機上で簡単にできます。

しかし，過去の経験から，このようなデータは，やはり全体に目を通すことはやったほうが良いと思います。必要なのは1個のデータであっても，どのような意図でそのデータの周辺や全体の調査が行われていたかが述べられていますから，自分に無かった視点や解析方法を学ぶことができます。その他のデータも実際には有用であったり，場合によっては，独自に解析をする必要が無いことに気付いたりします。

既存のデータが無かったら，独自でデータ収集するわけですが，いろいろな方法があります。交差点での交通量の測定などは，ときどき見かける測定員を配置しての方法が取られます。今の時代でしたら，Webカメラを交差点近くの建物にでも設置して，測定員は快適な環境の部屋の中で，という方法もあると思いますが，結局は人間が間に入ってデータ収集することには変わりありません。Webカメラのデータから，全方向の自動車の交通量，車種，人の動きを自動認識して数値化するというのは，機械学習の研究が盛んな昨今ですが，まだ実現化の途上のようで，結局人間が介する部分に**律速段階**が発生します。

律速段階

ボトルネックの意。一番時間が掛かる部分が全体の処理速度を決めてしまう。

さて，人が相手のデータではいつも出てくる，アンケートによる調査があります。今の時代では，Web入力によるアンケートがあります。しかし，大学での経験上これはなかなかうまく行きません。いつでも，どこでもスマートフォンからアクセスしてもらえるはずなのですが，それがアダになることが多いようで，回収率が良くありません。それに比べると，紙に印刷したアンケート用紙を使い，授業後に提出してから退室，とするとほぼ100%の回収率になります。ただし，手書きの紙のデータをデジタルデータに変換する入力に，人手と料金が発生します。どちらの方が良いかという話になるのですが，やはり，どこかの場所で人的，金銭的コストは発生せざるを得ないと思います。

最近の，電話による自動アンケートがありますが，まともに答えている人がどれほど居るのか分かりません。今の時代，無料で情報が得られると考えること自体が問題だと思います。特に，敢えて公表する必要のない情報に関しては金銭とは限らずに相応の対価が支払われるべきだと思います。

この章のまとめ

- 興味の対象となるものに関する情報をデータと呼びます
- データには数値，文字，画像，動画などのいろいろな形態があります。ここでは，計算機に取り込める形でのデータを扱います
- データを集めるに際して，可能な限り計画を立てて実行しましょう。集めるデータの質によって成否が決まってしまいます

章末問題

1.1 自分が関心を持つことについて，データを集めることを考えます。どのよ

うな種類のデータとなるか，データをファイルに取り込むとするとその大きさはどれだけになるか見積りをしてください。

1.2 前問の続きです。実際にデータを集めるとします。既存のデータはどこにあるか調べてください。

1.3 さらに前問の続きです。新規にデータを集めるとします。使用する手段，準備する機材，調査に必要な人数と人件費を考えます。必要な日数と予算を見積もってください。

ヒント：想定した事象の規模が大き過ぎて考えにくいときは，大学の学科程度の規模での調査を考えてください。そうすると人件費などは不要かもしれません。

データサイエンスと統計学

データを集めた後の前処理について述べます。集めた後に肝心の統計処理を行うわけですが，すぐには処理ができません。データクレンジング（データの洗浄）などと呼ばれる前処理が必要です。

その後に，統計処理が行われます。この処理ではデータから系の特徴を表す数個の数値，あるいはグラフなどに可視化したもの生成します。膨大なデータから意味のある量を統計により抽出することがデータサイエンスの一つの重要な要素です。

集めたデータや，解析した結果を失うことを避けるために，バックアップが必要です。そのバックアップの方法や媒体について言及します。

第 2 章の項目

2.1　データの前処理

◆前処理

データは集まりました。さて，それではさっそく統計処理に移りましょう，とはいきません。何か新しい結果を得るのは楽しいですし，ワクワクするものですが，その前にやっておくべき事があります。いわゆる前処理と呼ばれるものです。現代の計算機の能力からすると，ちょっとした統計処理もパソコンでも数秒で終わってしまいます。しかし，計算機に入力するデータが正しいデータであるかどうかは，どうしても人間が判断しないといけません。この部分までを全部人工知能で，とはナカナカいかないのです。結局，人の手がかかる部分が，律速段階になります。自分の経験や，いろいろなホームページを覗いてみると，前処理に掛かる時間が全体の 7 割〜8 割と言われています。確かにその通りだと思います。

集めたデータが，あるいは外注したデータが集まりました。皆さんなら，まず何をしますか？　最初にデータが正しく集まっているかどうかの検証をする必要があります。データの各項目を抜き出して，欠落している部分が無いかを確認します。次に，その項目だけで簡単なグラフを作成して，予想通りの分布をしているかを確認します。本来は正の値しか取らないはずのものが，負になったりしていないかなどの確認です。データが正しくなかったら，原因を探ります。外注したデータのコラムが入れ替わっていたり，絶対値でなく相対値で表記されていたりなど，外注先との意思疎通の問題を含めていろいろなミスを経験しています。一例として，筆者が過去に経験しているトラブルを挙げてみます。

◆単位系の間違い

温度の表記で，摂氏と絶対温度の表記が混在していました。また，海外の科学論文以外の文献では，温度に華氏を使うことが多いです。そのほかにも欧米での生活一般での単位は，長さ・質量に，SI 単位系 [m, kg] を使っているのは少数派かもしれません。これらの単位系の相違は，換算できますから，統計処理前に部分的に直しておくことになります。

さて，おなじ SI 単位系にしても，長さなら [m][cm][mm]，質量なら [g][kg] などの単位の不統一があります。確かに MKSA 単位系を基準に指数を使った表記（$\times 10^4$ など）とすれば良いのでしょうが，生活上の単位では最適な単位の接頭辞（$\times 10^3$ を表す k，$\times 10^{-6}$ を表す μ など）をつけて表記したほうがよいですから，統一的な表記は難しいでしょう。

◆不連続性

西暦では，過去に「2000 年問題」がありました。つまり，データの時系列管理を西暦年の下 2 桁だけで表記することから発生する不具合の問題です。私の大学においても，学籍番号等は下 2 桁でしか入学年を管理していませんでしたから，2000 年過ぎには学年の上下が逆に認識される事が多く，いろいろプログラムやデータの見直しが必要でした。和暦でも，既に扱っているデータが，昭和，平成，令和が混在します。そうすると 2000 年問題と同様に連続性の問題が発生しますから，4 桁表示の西暦にすべて変換して処理するなどの工夫が必要です。

2000 年問題

Y2K 問題とも。西暦 2000 年以前に開発されたシステムでは，西暦年を下 2 桁で管理しているものがあった。そのため西暦 2000 年を迎えた瞬間に「1900 年になった」と誤認識して，一斉に異常が起こり社会全体を混乱させると危惧された問題。

その他に，データ収集の際の基準や条件を変更した事により，変更の前後でデータの内容が変わってしまうことがあります。データの数値を $10, 20, 30, \cdots$ と 10 ごとに階級化したあとで，その階級を変えたりしたときは，階級の中央値と頻度を利用して平均値の計算をやり直すこともできますが，データの収集基準を変えた場合は，そのデータを不使用にするなどの判断も必要です。

◆日本語コードの違い

日本語コードは，以前は JIS，SJIS，EUC の主に 3 種類が流通していました。昨今は，多言語の混用を許す UTF に移行してきたようです。いずれにせよ，処理系（処理プログラム）に適したコードに統一する必要があります。筆者は処理系として UNIX 系 OS を使いますから，データは基本的にテキスト形式です。テキスト形式でしたら，コード変換は簡単なフィルターコマンドで処理できますからこの点はそれほど問題ではありません。また，他のデータと違い日本語コードの不適合は，文章を表示させると訳のわからない文字（文字化け）が出現しますから，この問題はすぐに認識できるだけ扱いが簡単です。

◆表記方法の違い

同じデータでも，たとえば数値データが 16 進数や，10 進数で記述されていたりします。16 進数だったら，10〜15 の数値はアルファベットが入りますから，すぐ気がつくのですが，8 進法だったりするとそうはいきません。もともとの仕様書を読むか，数字の分布で 8, 9 が存在しないことを確認する必要があります。このあたりのことは，今ではあまり問題にならないのかもしれません。まだパソコンも十分になかった頃，2 進数のデータを 16 進数に変換してフロッピーディスクに保存していたことがあります。今どき，フロッピーディスクすら知らない人が多いと思いますが，時代と共に必要なデータ形式も変わってきます。

データの羅列において，データカラムの区切りの印を「区切子」といいますが，これが，空白であったり，タブであったり，カンマであったりします。問題なのは，これがデータによって統一されていないうえに，場合に依っては区切子の文字が，データに含まれる場合があります。このようなときは，データを壊さないように注意深く扱い，区切子を統一することが必要です。

表記方法の違いとしては，整数データで桁数が指定されているとき，先頭のゼロを出力するかどうか（出力しない場合はゼロサプレスと呼ばれる）が，扱うソフトウェアによって違います。筆者もこの違いに因って，思わぬ誤った結果を導いた経験があります。

◆データの媒体

現在のデータだけが処理対象ならば，あまり問題にならないですが，過去のデータを掘り起こす際に，データが保存されている媒体が問題になることがあります。フロッピーディスクや，MO ディスクであったら簡単に対応ができないこともあります。なるだけ早いうちに現在流通している媒体に変換しておいたほうが良いでしょう。

前処理の重要性

大学に着任してすぐに，授業で学生に演示実験をしようと思って，廃棄品の昔の真空管回路用の高圧トランスをオーバーホールして，再塗装したことがあります。理論系の研究室のため，このような電気部品を購入するのにチョット遠慮した部分もあります。絶縁試験，分解掃除も一通りやりましたが，一番大変だったのが，昔の塗装と錆を落として脱脂するところで，指にマメをつくりながらヤスリがけをやりました。その後の防錆剤と塗装自体は市販のスプレー剤を使い数分で済みました。塗装について調べていたときも「前処理で結果の 8 割が決まり，時間もそれ以上かかる。」と書かれていました。

確かにその通りでしたし，データ処理にも通じるところがあります。しかし今思うに，若かりし頃は元気がありました。労働力と時間のコストを思うと，買ったほうが安いわけですが，やはり経験値はコストとは別物であり，そんな経験をしておいて良かったと思うのです。

2.2　データと統計

◆集めたデータを考察する

休日における，天候，繁華街の人出，商店の売上，博物館や動物園への来客数，映画館の売上高のデータが採れたとします。これらのデータに相関（関連性）はあるでしょうか？　つまり，晴れた日は人出が多いかもしれません。出かけたその人はどこに行くのでしょうか？　動物園へは親子連れが多いでしょう。昼ごはんはどこかのレストランに行くかもしれません。

雨の日だったら，全体の人出は少ないでしょうし，それに伴って動物園の入場者は少ないでしょう。でも，屋外には出かけにくいものの，駅からの地下街にある映画館の入場者は逆に増えるかもしれません。

◆データの相関

先に述べた状況で，2 つの項目が直接相関していることが予想されます。また，直接の相関だけでなく，2 組の相関があって両方の組が 1 つの項目を共有しているとき，間接的に 2 者が相関している可能性もあります。このような相関データが得られたら，天候による人出の増減を予想して交通機関の増便を計画することができます。また，レストランは来客を予想して，食材の仕入量を決めることができます。

さて，このような相関データを計算するには，多くのデータの項目から，必要とするものを抜き出さなければいけません。天候と人出との相関の計算では基本的には，天候の項目と人出の項目を抜き出すわけですが，場合に依ってはこれでも不確定性があります。一言で天候と言っても，相関に有効なのは，空模様なのか，気温なのか，湿度なのかがすぐには見当が付かないでしょう。人出にしても，どの地域，場所の観測データを利用すべきかもわかりません。

このようなときは，とにかく可能な組み合わせで相関を採ってみます。2

項目間の相関はグラフにして表せますが，項目数が20個あったとしたら，組み合わせの数は，20個から2個を取り出すだけありますから，190個になります。190個のグラフを目で見て，判断するのは大変です。

その対応策として，まずは相関係数を計算して，相関係数単一の数値から判断することができます。相関係数の数値を見て，Aの項目とBの項目が一番強く相関しているという判断を下すことができます。また，ある程度の相関を示している項目の組み合わせも相関係数から抜き出すことができます。

このように統計処理は，多くのデータから，数個の，データの特徴をよく表す統計量（平均，標準偏差，相関など）を計算して取り出すことが本質です。そして，今の場合は最も相関の大きい組み合わせのグラフを描いて，そこから詳細な解析を始めれば良いわけです。

ここで，統計量は元のデータから情報を圧縮して得られた量であり，逆方向への移行，つまり統計量から元データを再現することは不可能であることに注意して下さい。ですから，元のデータの情報を子細に検討するには，グラフを利用するなど，データ情報量が過度に圧縮されていないものを使う必要があり，実際にそのように使い分けられます。

2.3　データのバックアップ

◆バックアップの必要性

いろいろデータが蓄積してきます。また開発したプログラムも溜まってきます。そうなると，データをバックアップすることが必要になります。長い時間をかけて集めたデータです。また，長時間をかけていろいろ前処理したデータですから，万が一にも失うことは避けたいでしょう。ですから，バックアップは必須となります。

◆バックアップの媒体

それでは，一般的にどのぐらいのデータ量を扱うのでしょうか？　3000人程の学生の成績データの統計をとったことがありますが，20Mバイト程でした。この程度であれば，メモリスティックその他，何にでもバックアップが可能です。

もっと大きいデータでも，現在であればメモリスティックで64Gバイト，ブルーレイディスクで50Gバイトがバックアップに使えます。個人的には特にブルーレイディスクが使えるようになったのが嬉しいです。科学計算のプロジェクトが，データも含めて1枚に収めることができます。しかし，このような光学ディスクにも寿命があることが報告されていますし，個人的な経験では，機種によっては相互には読めない場合も発生しています。永遠の記録媒体をつくるのは難しいのでしょう。

それ以上の，比較的安価なハードディスク1台の容量である，4Tバイトのバックアップとなると，外付けUSB接続のハードディスクや，NAS（ネットワーク接続の外付けハードディスク）などが必要になります。もちろん，クラウドストレージもありますが，大容量のものは値段との兼ね合いになりますし，大量のアップロードやダウンロードを行うときには，ネットワーク回線の速度も問題になります。

また，ハードディスクは，毎分7000回転程する磁性体ディスクの上を磁気ヘッドが飛行機のように航空力学的に10nmだけ浮上して書き込みと読み込みを行なっているとなると，簡単に壊れそうに思えてきます。確かに数台のパソコンを使っていると，以前は年に1台はハードディスクが壊れたものですが，最近はあまり事故が起こっていません。ハードディスクも信頼性が上がってきたのだと思います。

どうも，ハードディスク数台で収まるデータは，やはりハードディスクでバックアップするのが最も効率的に感じます。ただし，ハードディスクでバックアップを取るにしても，ハードディスク接続の仕様変更は今まで何度かありました。主に使われた接続仕様はSCCI，パラレルATA，シリアルATAと変わってきましたが，その度にそれまで使えたハードディスクは，2〜3年の移行期を経て新型のパソコン本体のメインボードには対応しなくなりました。移行期に，新仕様のハードディスクに移行せざるを得なかったわけです。

◆大量のデータに対するバックアップの例

2019年にブラックホールを可視化した映像が発表されました。地球上の8箇所での観測により蓄積したデータは，3.5Pバイト（ペタバイト）だそうです。現在比較的に安価で入手可能な4Tバイトのハードディスクで，約1000台分です。科学者達が，データを蓄積する媒体をいろいろ検討した記事がありましたが，あまりのデータの膨大さにインターネット転送や，クラウド技術も全く使えず，結局はハードディスクを航空機と車両で運搬することに落ち着いたわけです。

しかし，このハードディスクも只者ではありませんでした。開放型（ハードディスクの中に外気が入り込む構造）のハードディスクは，内部の気圧が外気と同じになります。観測所は標高4000メートル程度の高地にあることが多く，ハードディスク内部の気圧が下がり磁気ヘッドが安定して浮上しないことにより故障が頻発したのです。つまり，ハードディスクも高山病に罹かったわけですね。そこで，ヘリウムガスを封入した密閉型のハードディスクを導入して事無きを得たということです。しかし，観測を行なった2017年当時，記録媒体をシリコンディスク（メモリでできた記憶媒体）にするかハードディスクにするかコスト面を含めての判断で悩んだと報告されていますが，現在なら安価になってきたシリコンディスクが選ばれたのではないでしょうか。そうしたら，物理的にディスクを車載して運ぶのも軽くて簡単であり，ディスクの高山病も発生しなかったと思うのです。

結局，この巨大なデータを解析するのに2年の歳月を要しました。ビッグサイエンスとビッグデータが出会った，典型的な例だと思います。サイエンスの先端的な観測において，比較的保守的なハードディスクという媒体を選んだわけですが，結局は，扱うための機材や技術も，その用途と時代に適応したものを使うより仕方が無いことを教えてくれます。

この章のまとめ

- 集めたデータを統計処理する前に，データの前処理が必要です。この処理に要する時間が，全体の7〜8割を占めます
- データから統計処理をして，意味のあるデータを取り出します。このように極めて大きなデータから，限られた量でデータを抽出することがデータサイエンスの大事な要素です
- 集めたデータや，得られた結果を失わないようにバックアップが必要です。バックアップの形態や媒体は，データの量やアクセス性を考えた上での選択が必要です

章末問題

2.1 関心のある事象についてのデータを収集したとします。データの性質を考慮して，どのような前処理が必要か考えてください。

2.2 前問の続きです。統計処理に必要な機材とソフトウエアを考えてください。新たに解析プログラムを作成するときは，必要な日数を見積もってください。

2.3 前問のさらに続きです。蓄積したデータや結果のバックアップをします。バックアップの媒体を，使い勝手，値段，容量をもとにして決定してください。

第3章 データサイエンスと人工知能

人工知能の技術は，データサイエンス分野を構成する重要な構成要素の一つです。この章では，データサイエンスにおける人工知能の役割と，人工知能の技術が実際にどのように使われているのかを概観します。特に，近年重要視されているビッグデータ処理への人工知能の応用について，具体的な手法を示して説明します。

第3章の項目

3.1 身近な人工知能

◆人工知能とは

人工知能（**Artificial Intelligence**）は，人間をはじめとする生物の知的挙動を観察して，観察結果を利用して役に立つ**プログラム（ソフトウェア）**を作成する技術の総称です。つまり，人工知能はプログラム（ソフトウェア）を作り出すための技術の一種であり，特に，生物や人間の「賢い」行いを真似るようなプログラム（ソフトウェア）を作り出すための技術です。

人工知能の技術を用いると，データの規則性や性質を知るためのプログラムを作ることができます。このプログラムを利用すると，データに関する知識を得ることができます。さらに，そうした知識を元に，生活や産業において役に立つプログラム（ソフトウェア）を作り出すことができます。こうしたことから人工知能は，データサイエンスを支える技術の柱として，統計学と並んで広く用いられています。

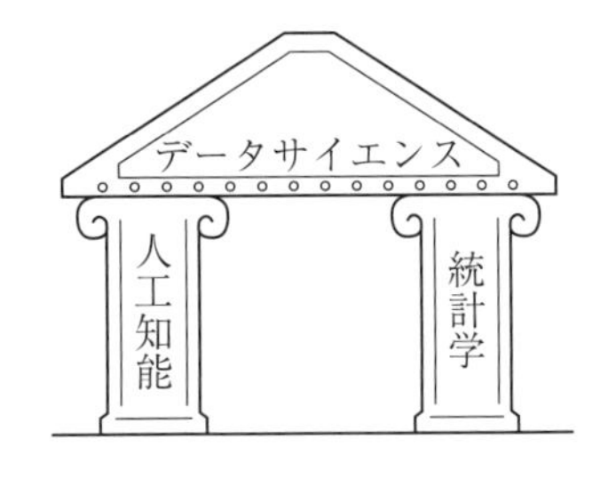

人工知能

人工知能（Artificial Intelligence）という用語は，1950年に米国ダートマス大学で開催されたダートマス会議において，ジョン・マッカーシーによって初めて使われたと言われている。（⇒3.2参照）

プログラム（ソフトウェア）

プログラムは，何かの処理を記述した命令の集まりである。これに対してソフトウェアは，処理に必要なプログラムやデータなどの全体を指す用語である。ここでは，プログラムそのものと，それに付随するデータや知識を総合して，「プログラム（ソフトウェア）」と表現している。

◆身の回りの人工知能（1） 音声応答システム

人工知能を応用したプログラム（ソフトウェア）は，私たちの身近にもたくさんあります。スマートフォン（スマホ）で使うことのできる**音声応答システム**は，その典型例の一つです。音声応答システムを用いると，スマホに普通の言葉で話しかけることで，スマホの操作をしたり，インターネット上の情報を検索したりすることができます。

図3.1に，音声応答システムのシステム構成を示します。図3.1で，利用者はスマホに向かって音声で話しかけます。スマホは音声を取り込み，インターネットを介してサーバコンピュータに音声情報を送信します。サーバコンピュータでは**音声認識**と**音声合成**の技術を利用して，利用者の話しかけたことがらに対する返答を作成します（図3.2）。これをインターネット経由でスマホに返し，スマホが音声で利用者に返答します（図3.3）。

この過程で利用される音声認識や音声合成の技術は，人工知能研究の成果

音声応答システム

具体例として，Apple社のSiriや，Google社のGoogleアシスタントなどがある。

音声認識

人間の発する声すなわち音声を取得し，音声の表現する意味を認識する技術。近年，ディープラーニング（深層学習）の技術の発展により，音声認識の精度は飛躍的に向上しつつある。

音声合成

コンピュータ内部に蓄えられたデータを元に，データの表現する意味に対応する音声を合成する技術。音声認識同様，ディープラーニングの技術が応用されている。

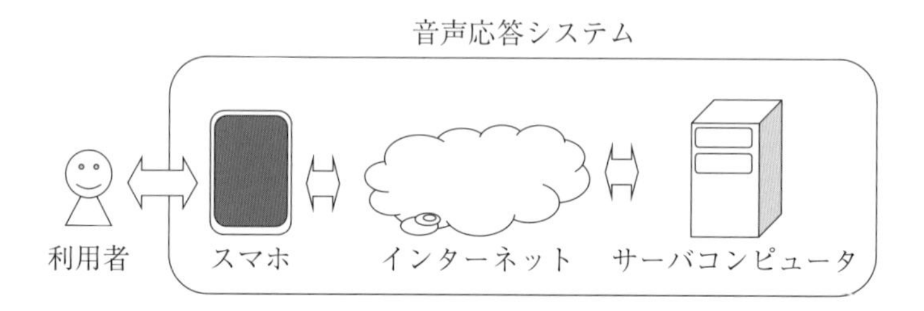

図3.1 音声応答システムのシステム構成

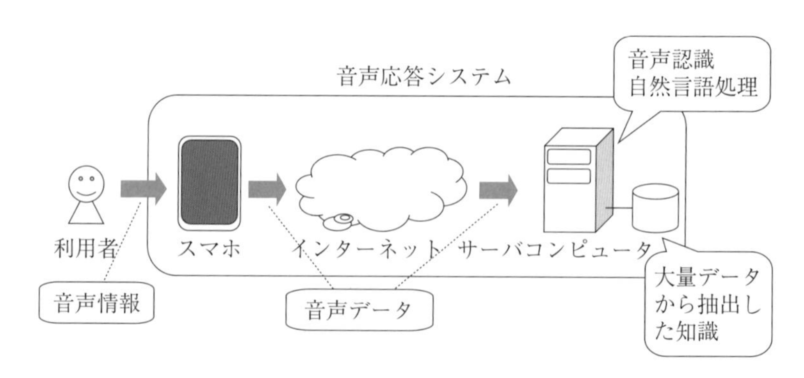

図3.2 音声認識の処理過程

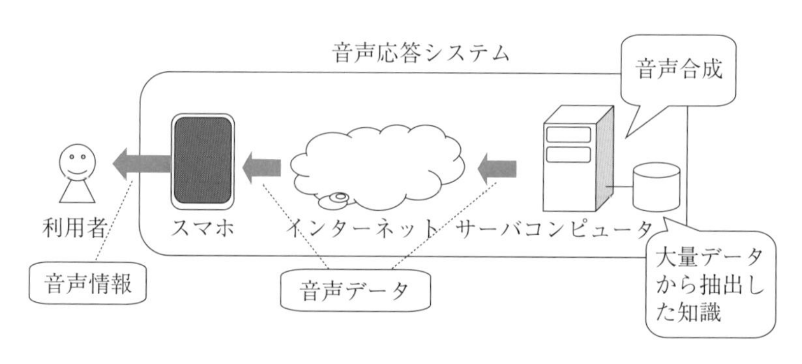

図3.3 音声による応答（音声合成）の処理過程

の一つです。音声認識においては，あらかじめ大量の音声データを利用して音声情報についての一般的な知識を蓄えておきます。この処理には，機械学習と呼ばれる人工知能の技術が利用されます。この処理はまた，データサイエンスの典型的な応用事例でもあります。

音声情報からその意味を抽出するためには，**自然言語処理**の技術が必要となります。自然言語処理においても，人工知能，特に機械学習の技術を利用して，大量の自然言語データからあらかじめ文法知識や意味表現の知識を抽出しておき，これを利用することで解析を進めます。ここでも，データサイエンスの手法が適用されているのです。

自然言語処理

日本語や英語，中国語などのような，人間の社会の中で自然に発生してきた言語。自然言語に対立する概念として，コンピュータで利用されるプログラミング言語に代表される人工言語という言語のカテゴリが存在する。

◆身の回りの人工知能（2）ゲームと人工知能

パソコンやスマホでは，さまざまなゲームをプレイすることができます。こうしたゲームにおいて，人工知能技術はさまざまな側面から利用されています。皆さんのお好みのゲームでも，登場するコンピュータ操作のキャラクターが，まるで人間に操作されているように振る舞うことがあると思います。これは，人工知能の応用技術です。

人工知能のゲームへの適用において，**機械学習**によるゲーム戦略知識の獲得は，データサイエンスとの関係からも重要な応用事例です。ここでゲーム戦略知識とは，ゲームで相手に勝つための知識のことを意味します。例えば将棋であれば，AI プレーヤーがルールに従って相手と対戦する際に，ある局面でどのように駒を動かすかを決定する知識です。

機械学習

人間や生物の行う学習という行為を，コンピュータプログラムで模倣するソフトウェア技術。与えられた学習データセットから，自動的に知識を獲得することができる。機械学習は人工知能の主要な構成分野である。（⇒第 10 章参照）

ゲーム戦略知識を獲得する方法の一つに，機械学習を用いて，過去の膨大な対戦データから戦略知識を抽出する方法があります（図 3.4）。この方法は，データサイエンス的な処理手法です。

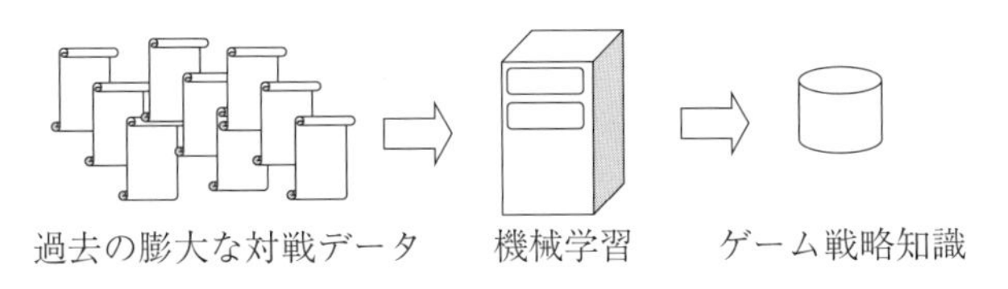

図 3.4　過去の膨大な対戦データ，機械学習に基づくゲーム戦略知識の獲得

図 3.4 で，過去の対戦データは，例えば囲碁や将棋の場合であれば，コンピュータで読み取れる形式で保存されています。そこで，インターネット経由でそうした対戦データを入手し，機械学習が適用可能な形式に変換した上で，適切な機械学習の手法を適用することで，ゲーム戦略知識を獲得します。この方法では，過去の対戦データに記述された対戦結果をお手本として，知識を獲得していることになります。このような学習方法を，**教師あり学習**と呼びます

教師あり学習

与えられた学習データをお手本として学習を進める，機械学習の手法の一種である。

機械学習の手法の中には，お手本を必要としないような学習手法もあり

ます。図 3.5 では，2 つの人工知能プログラムが対戦することで，その勝敗の結果から学習を進めます。つまり，対戦に勝った時にはその試合で使った知識を良い知識として評価し，負けた時には使った知識の評価を下げることで，対戦の繰り返しによってゲーム戦略知識を獲得していきます。このような機械学習の方法を，**強化学習**と呼びます。

強化学習

一連の行動の最後に，行動全体に対する評価を得て，その評価に基づいて学習を進める学習方法である。

ゲームにおける人工知能技術の応用は，機械学習の技術を中心として広く実用化されています。ゲーム利用者は，そうと気付くことなく，人工知能や機械学習の技術を普段から利用しているのです。

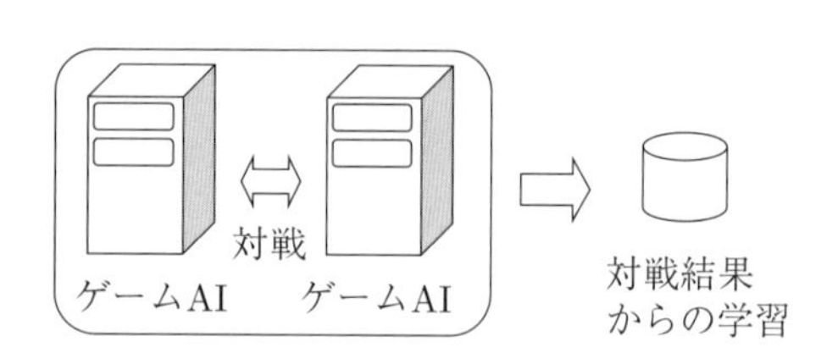

図 3.5　お互いの対戦結果からのゲーム戦略知識の獲得

◆人工知能の産業応用（1）　製造ラインの製品チェックシステム

人工知能の技術は，私たちの身の回りだけでなく，産業のさまざまな分野でも広く用いられており，その多くはデータサイエンスとも深く関連しています。

産業応用の事例の一つに，図 3.6 で示す，工場の製造ラインにおける製品のチェックシステムがあります。製造ラインの最終工程には，その工場で生産している製品の完成品が流れてきます。この完成品をカメラで撮影し，これを人工知能技術の一種である**画像認識**技術によって判断します。その結果に従って，製品の良否を決定します。

画像認識

与えられた画像データから，そこに何が写っているのかを判断する人工知能技術。応用技術として，人物の顔画像から誰の顔であるかを認識する，顔認証技術などがある。

図 3.6 のようなシステムでは，システムの中心となる画像認識システムを，機械学習によってあらかじめ訓練しておきます。学習の対象とする画像データとして，良品の画像（**正例**）だけでなく，不良品の画像（**負例**）も与えます。両方の画像から良品と不良品の違いを学習し，その結果を画像認識のための知識として構成します（図 3.7）。ここでも，人工知能技術のデータサイエンスにかかわる特徴が生かされています。

正例と負例

教師あり学習において，入力データを分別する際のお手本となる 2 種類のデータを，正例と負例と呼ぶ。図 3.7 の例では，良品として分類する画像が正例であり，不良品の画像は負例である。

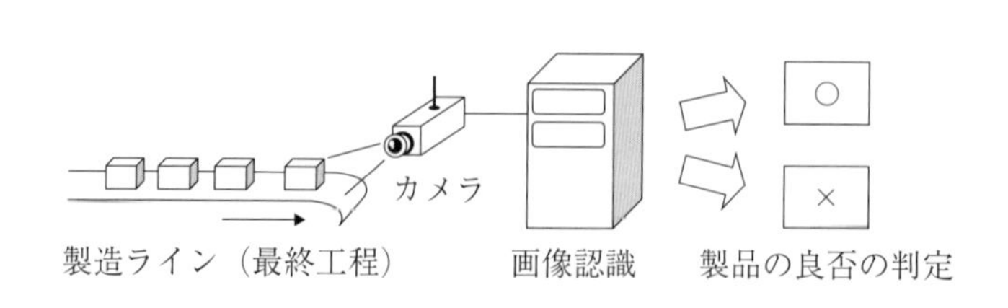

図 3.6　工場の製造ラインにおける製品のチェックシステム（画像認識システム）

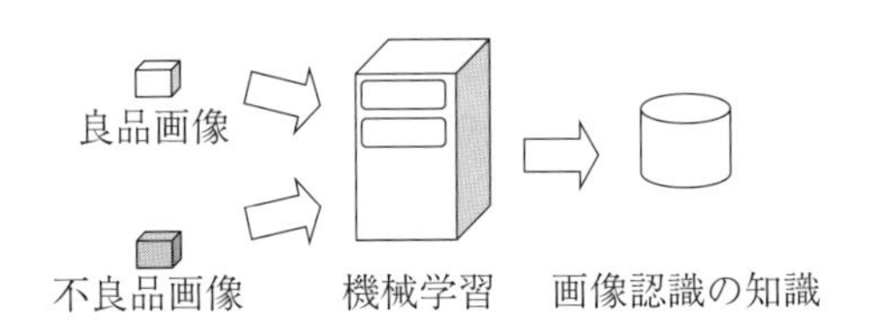

図 3.7　画像認識システムの機械学習による訓練

◆人工知能の産業応用（2）　ネットショップのおすすめ表示

インターネットを利用して買い物をするネットショッピングには，利用者にとって，実店舗での買い物にはない利便性があります。例えば，利用者が希望の商品を検索していると，希望に沿ったおすすめ商品を合わせて表示してくれます。これは，人工知能技術の応用によって実現されています。

おすすめ表示のしくみを図 3.8 に示します。図 3.8 で，ネットショップにおける利用者の閲覧行動履歴が得られると，あらかじめ構築した知識に従って，利用者に対しておすすめ商品を提示します。ここで利用する知識は，過去にネットショップを利用した利用者から収集したデータを元に構成します。その内容は，例えば同時に購入される商品の関連性や，どのような商品をどのような状況で購入するかといった知識です。これらは過去のデータから抽出された知識であり，データサイエンス的処理に基づく結果であると言えるでしょう。

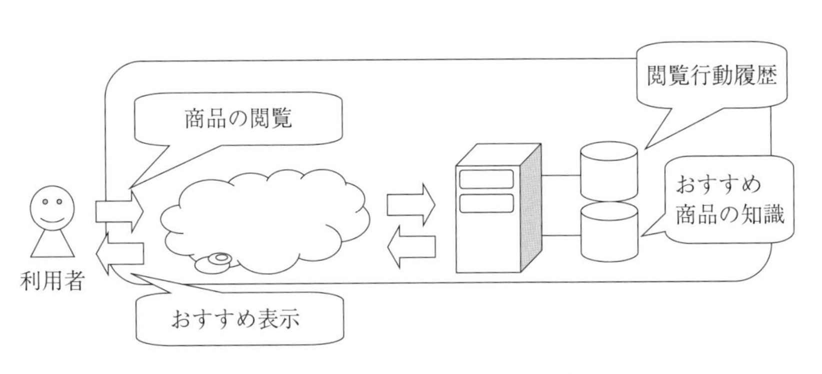

図 3.8　ネットショップのおすすめ表示

3.2　人工知能の始まりと発展

人工知能は，いつごろからどのように研究が進められたのでしょうか。ここでは，データサイエンスとの関係から人工知能の歴史を概観します。

◆人工知能研究の始まり

機械に知的な挙動をとらせるための工夫は，電子計算機であるコンピュータ[1]の開発以前から行われていました。しかし人工知能（Artificial Intel-

[1] 電子的な計算機械であるコンピュータは，20 世紀中盤の 1940 年代に開発された。それ以前には，電気機械式の計算機や，歯車を使った純粋に機械式の計算機も開発されていた。

ligence) という言葉自体は，コンピュータの開発以降である 1950 年代に生まれました。

人工知能という言葉が文献に初めて登場したのは，ダートマス会議の提案書における登場が初めてであるとされています。ダートマス会議とは，1956 年にアメリカのダートマス大学で開催された，人工知能研究に関する学術的なサマーセミナーの名称です。ここでは，当時新進気鋭のコンピュータサイエンティストであった**ジョン・マッカーシー**や**マービン・ミンスキー**らが集まり，夏休みの期間を使って当時の最先端技術について検討を重ねるセミナーが開催されました。その中では，機械学習をはじめとして，自然言語処理や計算理論などの話題が扱われました。

ジョン・マッカーシー (1927-2011)

アメリカの計算機科学者で，人工知能の先駆者である

マービン・ミンスキー (1927-2016)

アメリカの計算機科学者で，マッカーシーとともに人工知能という研究領域を切り開いた先駆者である

アラン・チューリング (1912-1954)

イギリスの数学者で，コンピュータ科学の成立に大きく貢献した初期の計算機科学者。計算理論や人工知能の分野で，チューリングマシンやチューリングテストなどチューリングの名前を冠した概念が現在でも用いられている。

ダートマス会議に先立つ 1950 年には，**アラン・チューリング**によるチューリングテストの提案がなされています。チューリングテストの設定を図 3.9 に示します。図のように，人間の判定者が，チャットなどを介して接続した相手が人間なのかあるいはコンピュータなのかを判定しようとします。このとき，コンピュータが判定者の人間をだまして人間だと思い込ませれば，そのコンピュータには知性があるとみなすとするのが，チューリングテストの主張です。

図 3.9 チューリングテスト

チューリングテストにはさまざま批判がありますが，知性とは何かを考える議論のきっかけを 70 年前に提案した点において評価されるべきでしょう。

◆ ELIZA と SHRDLU

人工知能はデータサイエンスの基礎技術の一つですが，すべての人工知能技術がデータサイエンスで利用されているわけではありません。初期の人工知能研究では，データサイエンスというよりも，プログラム作成者が**天下り的**に与える作りこみの知識に従って処理を進める人工知能システムも数多く提案されました。

天下り的

数学や物理学などの分野で，根拠を明らかにせずに前提を与える方法。ここでは，人工知能システムの作成者が根拠を示さずにあらかじめプログラムに知識を与えるやりかたのこと。

その一つの例である ELIZA は，チューリングテストの批判を目的として，ワイゼンバウムが 1960 年代中ごろに発表した人工知能プログラムです。ELIZA は現代におけるチャットボットのようなプログラムであり，英語による人間の入力に対して簡単なルールに基づいて返答するプログラムです。このときに使うルールは，作成者によって天下り的にあらかじめ与

えられていました。

別の例に，ウィノグラードによるSHRDLUという自然言語理解システムがあります。SHRDLUはコンピュータ内に仮想的な空間を作り出し，その中に置かれた積み木をロボットアームで操作します。積み木の操作は，人間が英語で与えた指示をSHRDLUシステムが解釈し，その結果に従って行われます。SHRDLUも，システムの動作に必要な知識はあらかじめプログラム製作者によって与えられた天下り的のものでした。

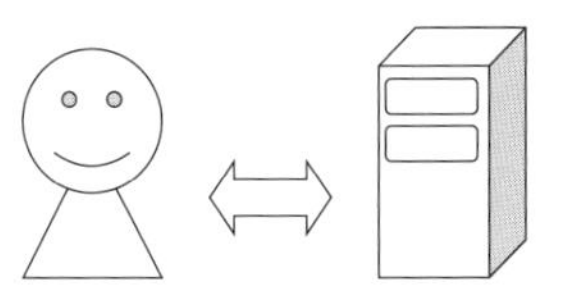

ELIZA
（チャットボット）

SHRDLU
（自然言語インタフェース）

天下り的な知識に基づく人工知能システムは，初期の人工知能研究では中心的な研究対象でした。しかしそうした手法では，対象とする知識の範囲が，人間が手作業で扱える範囲に限定されてしまうため能力に限界が生じてしまいます。これを解決するために，機械学習の手法の適用が広がっていきました。機械学習は，人工知能研究分野の中でもデータサイエンスに関連の深い分野です。

◆ニューラルネット

ニューラルネットは，生物の神経組織をコンピュータで模擬することで情報処理を行う，一種の計算機構です。ニューラルネットは，**ディープラーニング（深層学習）**の基礎技術として用いられています

ディープラーニング（深層学習）

従来のニューラルネットの技術を発展させて，大規模で複雑なデータを扱えるように工夫した技術。近年，ビッグデータ解析との関係から注目されている。（⇒第13章参照）

ニューラルネットは，人工ニューロンを複数組み合わせた計算機構です。ここで人工ニューロンは，生物の神経細胞を模擬した計算素子です。人工ニューロンは入力に与えられた信号に掛け算や足し算を施し，さらに簡単な関数[2]を適用することで出力を得る，単純な計算素子です（図3.10）。しかし，人工ニューロンを組み合わせたニューラルネット（図3.11）は，例えば画像認識や自然言語処理などにすばらしい性能を発揮することができます。

人工ニューロンによる処理のしくみは，人工知能という言葉自体の提案よりも古く，1940年代に発表された論文でマカロックとピッツらによって提案されています。1950年代にはパーセプトロンという名称のニューラル

2) 活性化関数，伝達関数，あるいは出力関数等と呼ばれる。さまざまな種類の関数が利用されるが，例えば，一定の値を境に出力値が0または1となるステップ関数や，0を境に値がそのまま出力されるようになるReLU関数（ランプ関数）などがある。（⇒第12章参照）

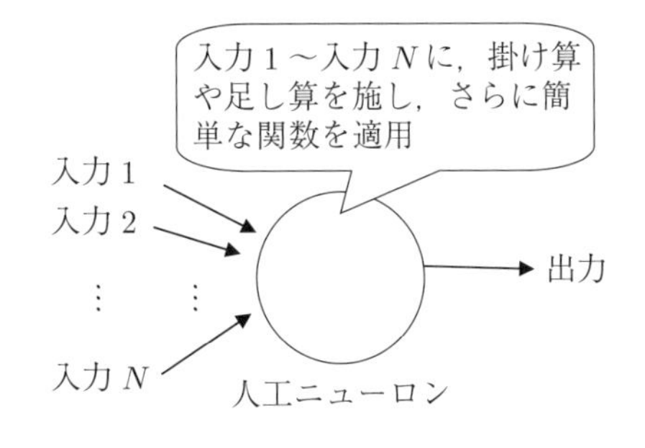

図3.10 人工ニューロン

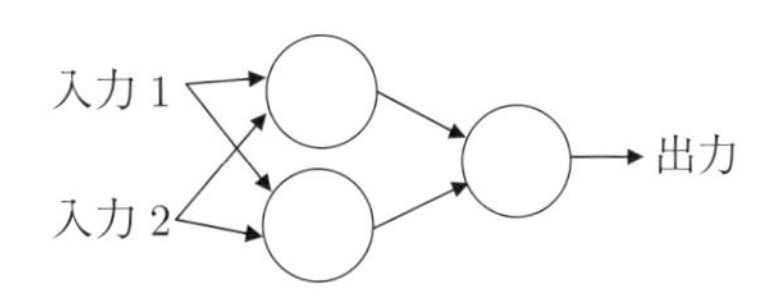

図3.11 ニューラルネット
（2入力1出力の階層型
ニューラルネットの例）

ネットが広く研究されます。その後1980年代頃にかけて，産業応用を含めてさまざまなニューラルネットが盛んに研究されました。20世紀後半には一時ニューラルネットの研究が下火になりますが，21世紀に入ってからはディープラーニングの基礎技術として再び盛んに研究されるようになります。

◆ゲームAI

ゲームへの人工知能技術の適用は，チェッカー[3]を題材としてサミュエルによって1950年代にはじめられた研究を皮切りに，現在も進められています。この研究では，機械学習を利用してチェッカーのゲーム戦略知識を獲得する試みが進められました。この意味で，サミュエルのチェッカー研究は，機械学習研究の先駆けとしても重要です。

ゲームAIの研究はその後進展し，1990年代には，IBMの開発した，チェス[4]の人工知能プレーヤーであるDeepBlueが登場します。DeepBlueは，1997年には当時の人間の世界チャンピオンであるカスパロフを打ちまかすまでになりました。

ゲームの人工知能と機械学習の研究はその後も進展し，21世紀に入ると，チェスやチェッカーと比べてはるかに複雑なゲームである囲碁[5]の世界でも人工知能プレーヤーが人間の世界チャンピオンを打ちまかすまでになります。Googleの開発したAlphaGoという人工知能囲碁プレーヤーは，2015年には人間のプロ棋士に対して勝ち越すまでの実力を獲得します。

AlphaGoは機械学習技術としてディープラーニングを用いることで，それまでに開発された囲碁のAIプレーヤーと比較して格段に優れた能力を発揮するようになりました。AI囲碁プレーヤーの開発はその後も進み，翌年には世界トップレベルのプロ棋士との対局も制するようになります。このことは，ディープラーニングの可能性を世の中に広く知らしめる結果となります。

[3] ボードゲームの一種。盤の上に駒を並べ，相互に駒を動かすことで相手の駒を取り合うゲーム。

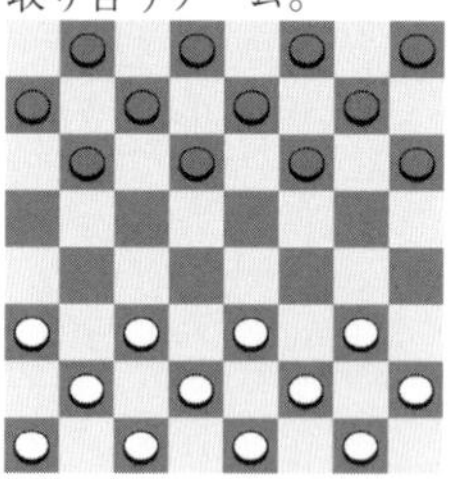

[4] ボードゲームの一種。チェス盤とチェスの駒を用い，相手のキングを追い詰めることを目的としたゲーム。チェッカーと比較して考慮すべき状態の数が多く，人工知能プログラムにとってはチェッカーより難しいゲームである。

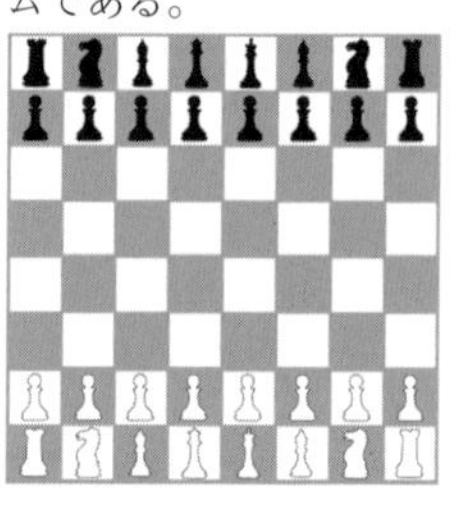

[5] ボードゲームの一種。碁盤の上に黒と白の石を交互に置き，自分の石で囲んだ領域の広さを競う。チェスよりもさらに状態の数が多く，人工知能プログラムにとってさらに困難なゲームである。

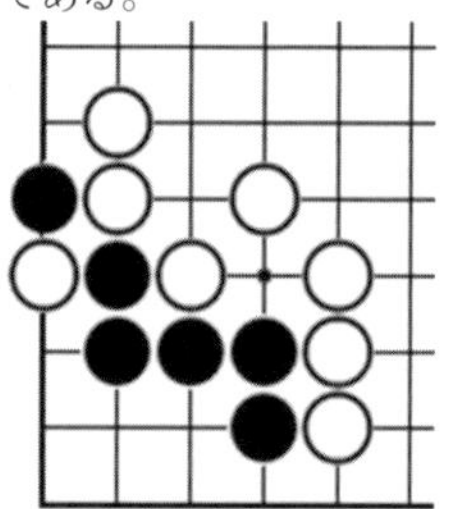

◆ディープラーニング

人工知能分野のひとつの研究分野である画像認識の研究では，20世紀の終わりごろまでに一定の水準に達し，それ以上に能力を向上させることが

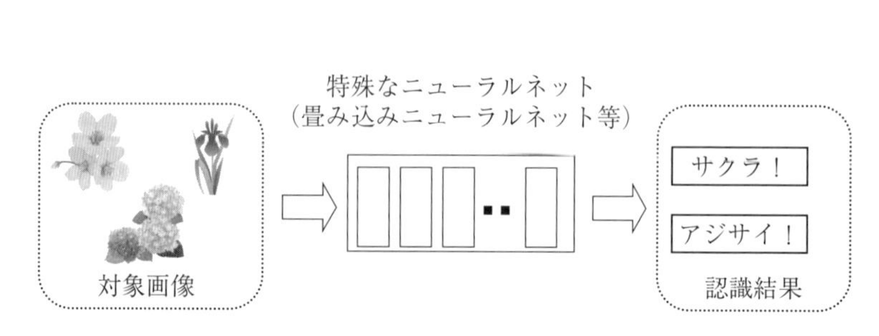

図3.12 画像認識におけるディープラーニングの適用

難しくなっていました。しばらくはその状態が続きましたが，21 世紀にはいると，ディープラーニングを画像認識に応用することで，一気に認識率を向上させることができることが示されました。

ディープラーニングは，ニューラルネットを発展させた技術です。21 世紀初頭に，コンピュータのハードウェア[6]の発展とあいまってニューラルネットの技術が向上したことで，大規模で複雑なデータを処理することのできるニューラルネットが登場しました。画像認識の世界では，**畳み込みニューラルネット**と呼ばれるニューラルネットを用いることで，従来不可能であったレベルの認識能力を獲得することが可能となりました（図 3.12）。

6) コンピュータを物理的に構成する構成要素。CPU やメモリ，それにディスプレイやキーボードなどの入出力装置から構成される。

畳み込みニューラルネット

ニューラルネットの一種。人間の視覚神経系にヒントを得た構造を有する。大規模なデータ処理が可能なように，多くの人工ニューロンを内蔵している。（⇒第 13 章参照）

3.3　ビッグデータと人工知能

◆ビッグデータ

データサイエンスが対象とするデータは，小規模なものから，**ビッグデータ**と呼ばれる大規模データまで，さまざまな規模のものがあります。近年重要性を増しているのはビッグデータです。

ビッグデータは，インターネットや**センサネットワーク**から得られた大量のデータであり，1 台のパソコンには入りきらないほどの規模を有するデータの集合です。インターネットの発達により，さまざまなデータがインターネット経由で集積された結果，ビッグデータを構成するようなデータ集合が得られるようになりました。また，さまざまな種類の多数のセンサがネットワークで接続されることにより，これも大量のデータが生み出されて蓄積されていきます。こうして，ビッグデータが構成されます（図 3.13）。

センサ

温度や圧力，光，匂いなどの物理的・化学的情報を電気信号に変換するデバイス。

センサネットワーク

多数のセンサを接続して構成したコンピュータネットワーク。

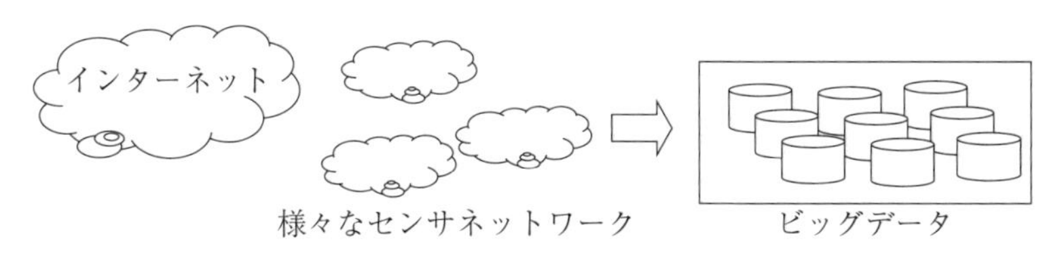

図 3.13　ビッグデータ

ビッグデータは，従来の小規模で細分化されたデータと比較して，より包括的な情報を含んでいます。このため，ビッグデータを適切に解析することで，従来のデータからは得ることのできなかった新しい知見を得られる可能性があります。ビッグデータ解析は，データサイエンスの重要な応用分野であり，統計的手法と並んで人工知能技術の適用が期待されています。

◆ビッグデータとディープラーニング

ビッグデータを扱うためには，従来のデータ処理技術を発展させる必要があります。人工知能分野では，さまざまな手法がビッグデータの解析に用いることができます。その中でも，ニューラルネットを発展させたディープラーニングの技術は，ビッグデータ解析によく用いられます（図 3.14）。

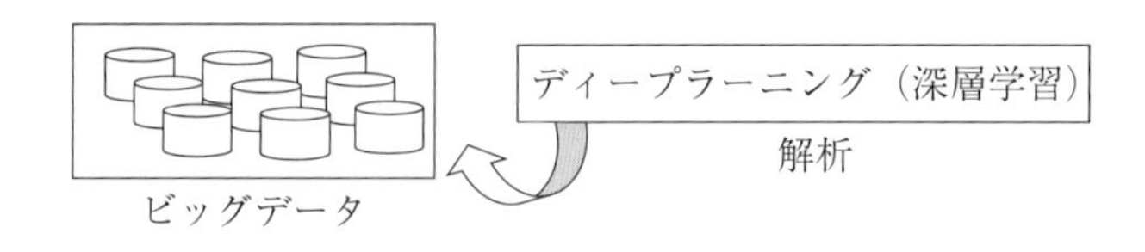

図 3.14 ビッグデータとディープラーニング

本来，ディープラーニングは大規模で実際的なデータの解析のために開発された技術です。したがって，ビッグデータ解析へのディープラーニングの適用は，当初成功を収めた画像認識の分野だけではなく，さまざまな分野で積極的に進められています。対象領域はさまざまであり，例えば音声認識や自動制御，自然言語処理など，画像認識に限らず多くの分野でディープラーニングによるビッグデータ解析が進められています。

強い AI・弱い AI とシンギュラリティ

人工知能とは何かを考える場合，2つの立場からの見方があります。一つは強い AI であり，もう一つは弱い AI です。

強い AI の立場では，人工知能研究の目標を，生物の持つ知能や知性をコンピュータで実現することだとします。それに対して弱い AI の立場では，人工知能は，生物の知的な行動にヒントを得たソフトウェア技術であると考えます。

強い AI は，一般の人々が考える人工知能のイメージに近いかもしれません。また，強い AI は，マスコミが人工知能を扱う際にしばしば取られる立場でもあります。これまでのところ，強い AI の目標は達せられておらず，生物のような知能を持った人工知能システムは存在しないようです。

これに対して弱い AI の立場は，多くの人工知能研究者の立つ立場です。弱い AI の立場から，人工知能研究の成果として，例えば自動翻訳やゲーム AI，あるいは画像認識などの成果が得られています。強い AI と弱い AI は，どちらが良いとか悪いとかいう類のものではありませんが，これまでの成果を考えると，弱い AI の立場からの成果が圧倒的に人類の福祉に貢献しているように思われます。

強い AI の目標に関連して，シンギュラリティという言葉がよく使われます。シンギュラリティは，技術的特異点ともいいます。その意味は，今世紀の中頃にコンピュータの処理能力が人間のそれを超えてしまったら，その時何が起こるか予測できない，というものです。

フィクションの世界では，シンギュラリティを迎えるとコンピュータが人類に反乱を仕掛ける，などというお話しがよくあります。それはそれとして，今後ますます人工知能技術が社会のインフラとして浸透するのは間違いありません。そうなると，他の工学技術の場合と同様に，人工知能研究や技術開発においても倫理的側面を考える必要性が増してきます。

そこで近年，人工知能研究の倫理に関する検討が，人工知能自体の研究と並行して進められています。今後，人工知能研究の倫理的側面は，社会的にますます重要になるでしょう。

人間と AI の共存

この章のまとめ

- 人工知能は，統計学と共に，データサイエンスを支える技術の柱である
- 人工知能の技術は，身の回りから産業応用まで，現代社会において既に幅広く用いられている
- 人工知能技術のうち，特に機械学習の技術はデータサイエンスと深い関係がある
- ビッグデータの処理には，機械学習の中でもディープラーニングと呼ばれる技術が有用である

章末問題

3.1 人工知能には，データサイエンスで利用可能な技術が多数含まれています。この意味で，人工知能技術の一部はデータサイエンスの基礎技術であると言えます。では，人工知能と機械学習，それにディープラーニングは，それぞれどのような関係と考えることができるでしょうか。どれがどれに含まれる，というように説明してください。

3.2 人工知能技術の応用例として，本文ではスマホの音声応答システムなどを取り上げました。このほかにも，人工知能技術の応用例はたくさんあります。どんな技術があるか調べてみてください。また，産業応用の技術についても調べてみましょう。

3.3 人工知能研究の歴史における，データサイエンスと関係の深い出来事を指摘してください。

3.4 ビッグデータ解析の具体的事例を調べて，データサイエンスの観点からまとめてみましょう。

文理融合領域としてのデータサイエンス

データサイエンスは，いわゆる理系の学問なのでしょうか？　確かに少し前までデータサイエンスといえば，数字に強い理系の人の専門分野と考えられてきました。しかし，これからの時代は違います。この章では，データサイエンスが，文系といわれる領域でも，近年大いに活用されていることをいくつかの事例から概観します。

第4章の項目

4.1　データサイエンスと人文・社会科学

◆人文科学（1）　身の周りの言葉から

近年は，自然科学以外の，人文科学・社会科学といういわゆる文系の学問でもデータサイエンスを活用することが，決して珍しいことではなくなってきました。

ここではまず歴史や哲学，文学，言語など，文化に関する学問である人文科学の分野から**コーパス**（Corpus）を取り上げます。コンピュータが普及していない時代，言葉を学ぼうとする人は，本の中で必要な例文に印をつけたり，カードに書き出したりする必要がありました。こうした方法で大量の文章を集め，整理するには，膨大な労力が必要になります。コンピュータの普及によって，電子化された言葉の大量なデータを集め，整理することが容易になりました。インターネットの出現以降，電子化された言葉のデータは日々極めて大量に作り出されています。こうした新しいデータを分析し，様々な問題を解析・研究することができるようになっています。

コーパス（Corpus）
コーパスは，言語学における自然言語処理の研究等に用いるため，新聞・本・雑誌・テレビなど，様々な媒体で使われているテキストや，文字化された話し言葉を大量に集め，コンピュータで検索・分析できるようにしたデータベースのこと。

データとしての扱いやすさから，コーパスでは英語のものが充実していますが，日本語を含むその他の言語についても，大規模なコーパスが出てくるようになってきています。

例えば英語を学ぶとき，時間を尋ねるのに “What time is it?”　とか

"What time is it now?" というフレーズを習ったと思います。実際に英語を使う場合に，果たしてどちらを使うのが良いのでしょうか？　あるいはどちらかは，実際には使われていないのでしょうか？　そこで，英語コーパス[1]の中でもよく知られている米国の Corpus of Contemporary American English（COCA）と英国の British National Corpus（BNC）で両者を検索すると，COCA では "What time is it?" が 1849 例，そのうち "What time is it now?" が 71 例，BNC ではそれぞれ 135 例と 9 例ということですから，どちらの表現も用いられていること，ただしどちらかというと前者の方がよく使われていることがわかります。このように，言葉自体を学ぶ上でも，大量のデータの存在が役に立っているのです。

[1] 現在，利用可能なコーパスには様々な種類と相当な数がある。ここでは煩雑な手続きなしに誰でもアクセスできる無料のコーパスとして，総合的に英語のコーパスを扱ったサイト（https://www.english-corpora.org/）を経由して，米国（COCA）・英国（BNC）の代表的なコーパスを使った。

◆人文科学（2）　著者は誰か

こうしたテキストのデータを細かく解析することで，文章の作者を推定する，といったこともできるようになっています。ここでは，アメリカ合衆国憲法の起源について考えることにしましょう[2]。

[2] この項は，『ザ・フェデラリスト』の著者を巡る論争（今井耕介『社会科学のためのデータ分析入門・下』pp.256–278）に依拠している。

『ザ・フェデラリスト』（The Federalist Papers）は，アメリカ合衆国憲法の批准を推進するために 1787 年から 1788 年にかけて書かれた 85 編にもわたる連作の論文です。憲法で提案されている連邦制に基づく政府の仕組みについて，その背景になる哲学や動機を，明確に，そして説得力溢れる文章で綴った多くの歴史資料の中でも第一級の資料と言えるものです。当時，「**プブリウス**（Publius）」という筆名で掲載され，著者の存在は明らかにされなかったのですが，その後，アレクサンダー・ハミルトン，ジョン・ジェイ，ジェームズ・マディソンの 3 人の可能性が強いとされてきました。このうちハミルトンとマディソンは実際の憲法の起草にかかわった人物であることから，これがアメリカ合衆国憲法制定当時の考え方を伝える文書の中でも最も重要なものと扱われています。

プブリウス（Publius）

プブリウスは紀元前六世紀のローマで王政を廃し，共和政を打ち立てた政治家プブリウス・ウァレリウス・プブリコラのこと。

しかし，85 編の論文それぞれの著者は誰なのでしょうか。アメリカ合衆国議会図書館のウェブサイトによると，ハミルトンが 51 編，マディソンが 15 編，そしてジョン・ジェイが 5 編の論文を執筆し，3 編がハミルトンとマディソンの共著，残りの 11 編はハミルトンかマディソンのどちらかが書いた，というのが専門家の間でほぼ共通する認識とされています[3]。

[3] アメリカ合衆国建国の父の一人とされるハミルトンについては，その生涯をヒップホップ音楽で綴ったミュージカル作品『ハミルトン』が大ヒットした。劇中の『ノンストップ』という楽曲では「ジョン・ジェイは 5 編執筆した後，病に倒れた。ジェームズ・マディソンは 29 編を書いた。ハミルトンは残りの 51 編を書いた！」とハミルトンが全体の約 3 分の 2 もの論文を書いたことが，驚きとともにリズムよく歌われる。

このうち「どちらかが書いた」とされる 11 編に関しては，確定的なことは言えないわけですが，形容詞，副詞，前置詞，接続詞といった言葉のデータを用い，それぞれの出現頻度を分析する研究が行われました。既に著者の分かっている論文の表現と比べることで，著者を推定するわけです。その結果，少なくとも 10 編がマディソンによって書かれたと分析され，それは他の手法を用いた既存の学術研究の予想と一致していたのです。データの活用で，はっきりとは分からなかった 200 年以上も前の文章の著者が判明する，そんなことも実現する時代になりました。

◆社会科学（1） 教育の効果

データの活用は，経済学など，社会科学の分野でも広く行われています。社会科学を研究することの大きな目的のひとつは，世の中で実際に起こる現象について，原因と結果の間にどのような関係があるのかを明らかにすることですから，現実社会で起きていることに関するデータを活用することはとても大切です。

世の中で扱われる事象のうち，重要なものの一つに教育があります。例えば，良い学校に入って教育を受けると，生涯の所得は増えるのでしょうか？ 一般に予想される答えはYesでしょう。良い大学に入るために，良い高校に入る。良い高校に入るために，良い中学に入る。良い中学に入るために…。幼い頃から幼稚園の受験のために専門の塾に通う，といったことも，今の時代では決して一部の珍しい事例ではなくなっています。

では，そうした努力が，個々人の幸せや所得の増加に本当につながっているのでしょうか？ こうした問題について，社会科学において，実験によって確認することは難しいとされてきました。確かに同じ人が，タイムマシンに乗って人生をやり直すのは不可能ですし[4]，同じような能力を持つ人について，恣意的に良い学校に行かせたり，行かせなかったりして，良い学校の教育効果を測るというような実験を行うのも，本人たちにとっては不公平極まりない話で，現実には難しいでしょう。

しかし，教育や入試に関する実際のデータは多数存在しています。そこで，そうした世の中で実際に起きていることのデータを用いることで，実験に代えて，あたかも実験を行なったのと同じような状況を作り出す手法を用いた研究が行われています。こうした手法を**自然実験**（Natural Experiment）と呼びます。例えば，アメリカのシカゴ市にある10校のエリート高校について，高校の教育の効果を調べた研究を例に取り上げます[5]。具体的には，入試時点の合格ラインの周辺を観察し，最低点で合格した層と，わずかに点数が届かなくて不合格となった層を比べ，その後成績がどう推移したかを調べる，といった手法を用いています（図4.1）。

ぎりぎりで合格した生徒と，不合格になった生徒に学力差は殆どなく，合格と不合格はランダムに選ばれたのと同じという考えに基づく分析手法です。こうした手法は，**回帰不連続デザイン法**（Regression Discontinuity Design, RDD）と呼ばれ，近年様々な研究分野で活発に用いられるようになっています。

しかし，その分析結果は衝撃的なものでした。エリート高校が将来の成績に与える効果はほぼゼロないしマイナスだったのです。イエールやハーバード，プリンストンといった名門大学についても，同様に，将来の成績に与える効果が乏しいとの結果が得られました。エリート高校の生徒はその学校の教育の素晴しさから成績優秀になったのではなく，そもそも成績優秀な生徒が有名校に集まっているというのが結論だった，ということに

[4] 余談になるが，竹野内豊さんが主演の『素敵な選TAXI』というテレビドラマがあった（2014年フジテレビ系列）。人生に悩むタクシーの乗客を，望む過去まで連れていく「選TAXI（せんタクシー）」の運転手と，選択の失敗を犯した乗客が，やり直したい過去の分岐点に戻り，その選択からやり直す。そして様々な結果を体験することで，生きることの大切さ・素晴らしさを思い出す，といったストーリーだ。もしこうした実験を大規模に行うことができれば，問題は容易にクリアされるわけだが…。

自然実験（Natural Experiment）

人為的に条件を設定するのではなく，何らかの理由で，現実世界の中に実験のような状況が生じていることを利用した実験。自然実験を使った教育効果の測定は，教育学や心理学の分野で始まり，経済学などにも広がっていった。

[5] Abdulkadiroğlu Atila, Joshua D. Angrist, Yusuke Narita, Parag A. Pathak, and Roman A. Zarate, "Regression Discontinuity in Serial Dictatorship: Achievement Effects at Chicago's Exam Schools", *American Economic Review*, **107**(5), pp.240–245, 2017.

回帰不連続デザイン法（Regression Discontinuity Design, RDD）

今回扱った入試の合格ラインのように，何らかの連続する数値において，特定の値を基準として，対象となるか否かが決まる場合に，閾値の両側の近くに位置する観測値を比較することで，人為的な実験を行わずに因果推論を行う手法。

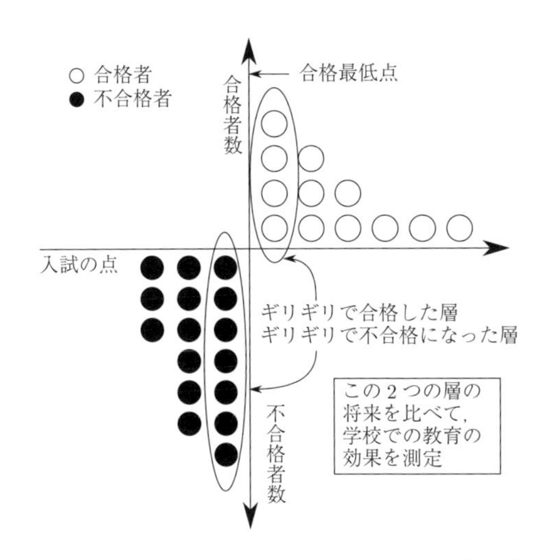

図 4.1　入試の結果から学校の教育効果を測定

なりました。

もちろんこれをもって「良い学校に行くことに教育的な意味はない」と結論づけるのは早計でしょう。ただ，こうした結果を踏まえれば，教育の効果や教育制度を考えるうえで，印象や意見だけに基づく議論よりも，ずっと説得的な検討が期待できるでしょう。

◆社会科学（2）　医療費の自己負担額

こうした手法は，例えば「医療費の自己負担額を変化させると，患者の受診行動，ひいては国民の健康状態にどのような影響をもたらすのか」といった問いにも応用できます。

わが国の医療費制度をめぐっては，自己負担額のあり方が大きな議論になっています。今日の日本では，**団塊の世代**が高齢者になり，その医療費が膨らむことで，現役世代の保険料負担が重くなってきています。このため現役世代より軽減されてきた高齢者の自己負担額について，もっと引き上げるべきではないか，そうでなくては，健康保険財政は持たないのではないか，という議論があります。実際，健康保険財政の悪化は，かつてに比べ深刻な問題になっており，若い世代の将来を考えると，高齢者の自己負担額の見直しは避けて通れない議論でしょう。

団塊の世代
日本において，第二次世界大戦直後の 1947 年～1949 年に生まれた世代を指す。同世代の人口が多く，戦後の日本の時代形成に大きな役割を果たした。第一次ベビーブーム世代とも呼ばれる。

一方で，高齢者の自己負担額を増やすと，受診を控える動きが強まり，多くの人が健康を害してしまうのではないかという議論もあります。早いうちに病院に行けば軽くて済んだはずの病気が，病院に行くのが遅れたばかりに結果的に重症化し，医療費の面でもかえって多額の支出が必要になるという可能性もあります。そうなると医療財政の面でも逆効果になるかもしれません。実際，新型コロナウィルスによる感染症が広まりだしたばかりの時期に，医療の逼迫や感染への警戒から，受診を控える動きが高齢者を中心に見られたことは記憶に新しいところです。自己負担額が増えた場合，受診を抑制する人が増えるという可能性は確かに否定できないでしょう。

こうしたことを調べるために，どのような方法が考えられるでしょうか。多くの人に，異なった自己負担額をランダムに適用し，受診行動を観察するという実験ができるのであれば，因果関係をデータ分析の手法を用いて解明することができるでしょう。しかし，教育の効果の場合と同様，そうした実験は実際には不可能です。この場合，それに代えて次のような自然実験を行うことが考えられます。

わが国の医療費制度において，高齢者の自己負担額については，70歳の誕生日を境に3割から2割に，75歳から1割に負担額が減少する扱いになっています[6]。もし，自己負担額が医療サービスの利用に影響を与えるのであれば，70歳や75歳といった年齢を境に割安になった医療サービスを多く利用するようになるはずだというのがこの自然実験の着眼点です。実際，カナダ・サイモンフレーザー大学経済学部・重岡仁助教授の回帰不連続デザイン法に基づく研究[7]によると，70歳を境に大きなジャンプが見られ，69歳11か月と70歳0か月の人の間で，外来患者数に大きな差が生じていたとされます（図4.2）。70歳を迎えたとたんに多くの人の健康状態が突然悪化するとは考えにくく，医療費の自己負担額の減少が，受診者数を増やしたと考えるのが自然でしょう。こうした受診の有無が，その後の健康状態に変化を与えるかといったことを合わせて検討することで，医療制度のあり方を考えるうえでの示唆が得られるでしょう[8]。このように既存のデータを活用し，うまく医療費の制度を設計することができれば，安定的かつ効率的な医療を行うことに繋がると考えられます。

[6] 現在の自己負担割合は70歳未満が3割，70歳から74歳と義務教育就学前が2割，75歳以上は1割（いずれも現役並み所得者は3割）と年齢別に分かれている。かつて，70歳以上は自己負担なしという時期もあったが，高齢者の自己負担額は少しずつ引き上げられてきた。なお，75歳以上について，2022年度下期中に一定以上の所得がある人は2割負担に引き上げることになっている。

[7] Shigeoka Hitoshi, "The Effect of Patient Cost Sharing on Utilization, Health, and Risk Protection", *American Economic Review*, **104**(7), pp.2152–2184, 2014.

[8] この研究では，別途70歳の前後で死亡率に変化は生じていない（従って，ここでの受診の有無が健康状態に変化を与えているとは考えにくい）ことが示されている。

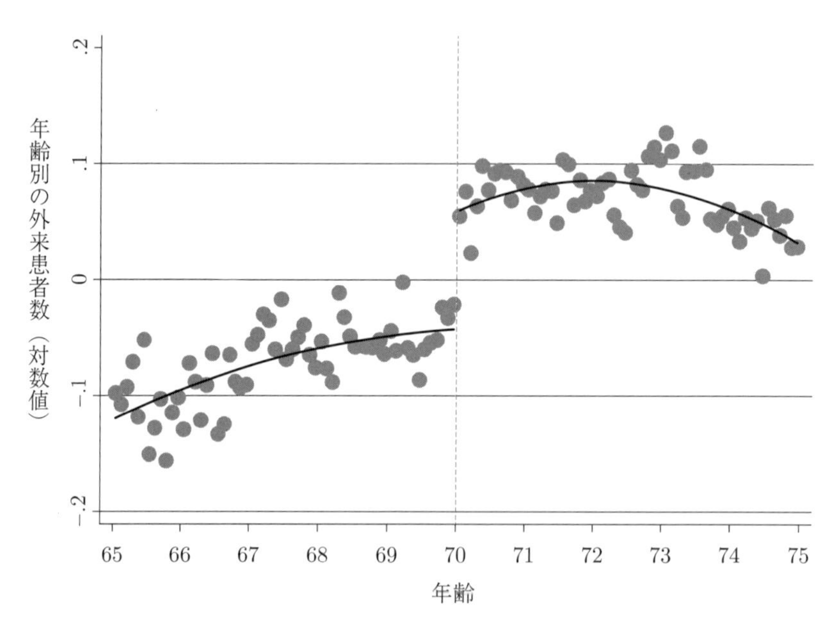

図4.2　70歳を境に受診が増えるか（重岡仁 助教授の研究に説明を加筆したもの）

4.2　データサイエンスと金融

◆市場分析

データの活用は，ビジネスの世界で積極的に取り組まれています。この節ではその中で，金融を題材に取り上げます。社会におけるほとんどの経済活動は，お金の流れ，金融と結びついていますから，経済活動の代表例として金融を取り上げるというわけです。

金融分野におけるデータの活用は，比較的早くから行われてきました。金融分野のデータ，特に市場に関するデータの多くは，コンピュータで扱いやすい数値データです。例えば，資産を運用する場合に，期待される収益や，そのリスクの所在を過去のデータから分析し，その結果に基づいて投資の判断を行う，といったかたちで活用されてきました。古くからの**格言**[9]で，「相場は相場に聞け」などと言われますが，投資を行うにあたって，市場データを収集し，分析することの有効性は昔から知られていたのです。

そして 1980 年代以降は，数学的な知識や，統計的な手法を用いて，市場の動きや将来のリスクについて数値化し，証券の価格付けやリスク管理，様々な**デリバティブ**（derivative）の開発・運用などのプロセスを，理論的に体系化しようとする動きが強まりました。

金融に関するこのような手法は，計量分析（quantitative analysis）と呼ばれ，その専門家のことをしばしば**クオンツ**（quant）と呼びます。1980 年代以降，物理学や数学のプロであるクオンツが，金融の世界で存在感を増してきました。証券会社や銀行の実務を通じて，彼らが蓄積したファイナンスに関する一連の知識や理論は，その後のファイナンス，あるいは金融工学の発展に，大きく貢献しています。

運用のスタイルについては，金融市場のデータを活用して，人間が判断し，株式や債券，外国為替などの売買を行うといったこともあります。またデータ分析に基づいて運用モデル自身が判断し，人間を通さず売買を行うケースもあります。実際には，両者を組み合わせることが多いのですが，いずれにしても，運用モデルの出来不出来が，金融市場における運用の成果に強く影響します。特に近年は，**高頻度取引**と呼ばれる IT 技術を駆使して行われる超高速の取引も目立ち，運用モデルとともに，大量のデータを速やかに処理する IT インフラの性能の高さが，運用成績に大きな影響を与えるようになっています。

◆アノマリー

このように金融分野では，金融市場データの分析を通じ，相場の動きを予想したり，またリスクを管理することが一般的になっています。関連するデータの収集とその分析が重要になりますが，その際，しばしば発生する見せかけの関係には注意が必要です。何らかの法則を見出したと思った

[9] 短い言葉で，市場の取引や相場に関する投資のノウハウ・心構えをまとめたもの。格言は必ず当たるものではないが，「人の行く裏に道あり花の山」とか「もうはまだなり，まだはもうなり」など，投資の姿勢だけでなく，人生の教訓に通ずるものも多い。

デリバティブ（derivative）

金融商品には株式や債券，外国為替など様々なものがある。こうした金融商品のリスクを小さくしたり，逆に大きくして高い収益性を追及する手法として考案されたのがデリバティブである。先物，オプションなどがその代表例で，基本的な金融商品から派生した商品であるため，日本語で「金融派生商品」とか単に「派生商品」とも呼ばれる。因みに世界で最も古い先物の取引所は，大阪の堂島米会所で，1730 年（享保 5 年）に設立されている。

クオンツ（quant）

クオンツの起源は，1970〜80 年代の米国にさかのぼる。当時，宇宙開発費削減の影響等から，優秀な数学者や物理学者がロケット開発から離れることとなった。その際，彼らはニューヨークのウォール街の大手証券会社などに転職し，金融分野に数理的な手法を導入していった。これがクオンツの始まりとされる。

時にも，全くの偶然である可能性，第3の変数が存在している可能性，逆の因果関係が存在している可能性など，疑ってかかる必要があります。

例えば，市場関係者の間でしばしばささやかれてきた法則に「ジブリの法則」あるいは「ジブリの呪い」と呼ばれる現象があります。テレビの「金曜ロードショー」でジブリ作品が放映されると，その後に「円高」と「株価下落」が起こるということが何度も確認されています。この現象が「ジブリの法則」とか「ジブリの呪い」と呼ばれるものです。

もちろん，重要な米国の雇用統計が原則，毎月第一金曜日の日本時間の夜に発表され，それが「金曜ロードショー」の時間帯に重なっているのだとか，放映されるのが，取引が薄くなりやすい夏休みの時期に重なることが多いからだとか，一定の説明はできますが，少なくともジブリ作品が放映されるのが原因で，円高や株価下落が起きるとは思えません。

こうした理屈では説明のつかないさまざまな経験則を「アノマリー」と呼んでいます。通常の理論の枠組みでは説明することができないにもかかわらず，しばしば経験的に観測できるこうしたマーケットの規則性には，取引の材料とする人が多ければ多いほど，実際にそうした相場変動が実現してしまう面があるかもしれません。

高頻度取引

ハイフリークエンシー・トレード（High Frequency Trading, HFT）とも呼ばれる。コンピュータが市場取引の動きを1秒にも満たないミリ秒（1000分の1秒）単位以下の超高速度で判断し，自動発注を繰り返して大量売買する取引。

◆フィンテック

近年，新聞など様々なメディアにおいて「フィンテック」という言葉をよく見かけませんか。フィンテック（FinTech）は，金融（Finance）と技術（Technology）を組み合わせて作られた造語で，情報技術を駆使した革新的な金融商品や金融サービスを提供する動きを指します。

インターネットの活用が広がり，特にスマートフォンが世界中で用いられるようになりました。情報技術全般に大きな進化が起こる中，誰でも新しい技術を使うことが可能になり，金融のあり方も大きく変わろうとしています。

まず，お金について見てみましょう。今までは，お金を使うのであれば，現金と交換で商品を手に入れたり，金融機関を通じた振り込みで支払いを行う，といったかたちで決済を行うのが一般的でした。しかし，近年は，個人同士の送金や，お店での買い物の支払いの際，スマートフォンやICカードを用いた**電子マネー**や**コード決済**といった，現金を用いない新たな決済の方法（キャッシュレス決済）が広がっています（図4.3）。

銀行や信用金庫といった金融機関は，伝統的に預貯金の口座を決済サービスの手段として提供してきました。現在でも企業間の資金決済の多くは，金融機関を通じて行われます。しかし，フィンテック企業と呼ばれる企業も，新たな決済サービスを提供するようになってきました。フィンテック企業においては，例えばオンライン店舗（**ECサイト**）で販売する際，買い物をした顧客の決済に関するデータや，これまでの買い物の履歴のデータを利用することで，その顧客が興味を持ちそうな広告を提案するとか，必

電子マネー

電子的なデータのやり取りを通じて，現金と同じような支払いができる手段。いわばデジタル化された現金であり，通信（オンライン）を通じ，決済が完了する。鉄道会社や小売流通企業が発行する電子マネーが全国に普及している。

コード決済

支払い用のQRコードやバーコードを利用して，決済を行うサービス。スマートフォンの普及に伴い，利用される局面が増えている。

ECサイト（electronic commerce site）

インターネット上で商品を販売するWebサイトのこと。PCやスマホなどのデバイスから注文を行うことで，商品やサービスの売買取引が成立する。

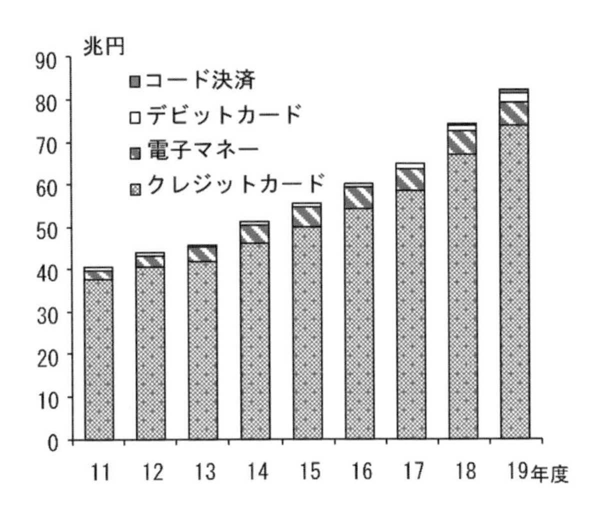

図 4.3 キャッシュレス決済金額
(出典：日本銀行 (2020)「中央銀行デジタル通貨に関する日本銀行の取り組み方針」)

要になりそうなコンサルティングを持ちかけるなど，単に資金の決済にとどまらない幅広いビジネスに繋げることが可能になります。

金融機関は従来，顧客の決済を一手に担い，そのデータをリアルタイムに入手することで，顧客の信用状態を把握し，貸出などの取引に結び付けてきました。しかし近年では，フィンテック企業（例えば会計ソフトの会社）であれば，企業のモノの流れ，お金の流れに関するデータを即座に入手することが可能になっています。

フィンテックの発展は，決済関連のデータ集めに関する金融機関の優位性を低下させる一方で，フィンテック企業の優位性を高める方向に働いているといえるでしょう。

◆地方銀行におけるデータサイエンスの活用

AI 技術の進展の恩恵を受けつつ，様々なデータを活用する動きは，フィンテック企業のものだけではありません。伝統的な金融機関においても，大手金融機関はもちろん，地方の金融機関でもデータの活用が当たり前のように行われるようになっています。ここでは全国の地方銀行の動き[10]を見てみましょう。

銀行には，企業の預金残高，取引の履歴，顧客の属性など，取引先企業のデータが数多く存在します。地方銀行の中には，AI を導入して，そうしたデータを法人向けの貸出審査に活用する銀行があります（福岡銀行）。過去の入出金データなどを分析し，企業の信用力を審査するもので，以前であれば 1 カ月を超えることもあった審査の期間が，AI の活用で最短 1 日まで短縮されたそうです。同様に，口座の入出金の状況や，預金残高の動向を AI で分析し，取引先企業の状況の変化について，自動的に把握するといっ

AI（Artificial Intelligence）
人工知能のこと。第 3 章，第 10 章を参照。

[10] 日本経済新聞（2020 年 12 月 8 日）。

た動きも見られます（七十七銀行）。また，ATM 付近に AI カメラを設置し，ATM を操作しながら電話をするなど，振り込め詐欺の疑いがある不審な動きがみられた場合，それを分析して，行員に知らせるといった実証実験の取組みもあります（北洋銀行）。カメラ内で AI による**ディープラーニング**処理，分析までを行う仕組みで，ATM 利用者の映像など，プライバシーに関わる情報漏洩のリスクが小さくなることが特徴です。さらに犯罪防止という意味では，マネーロンダリングや特殊詐欺など，疑わしい取引を監視する業務に AI 技術を活用する銀行もあります（横浜銀行）。疑わしい口座を抽出する 1 次調査に AI を使い，人間は取引状況などを詳細に調べる 2 次調査に専念することができるようになれば，作業の効率化が進むでしょう。これらは，いずれも多くのデータから学習するディープラーニングの仕組みを活用したもので，伝統的な金融機関においても，データサイエンスの活用が当たり前になっていることの現れと言えます。

ディープラーニング（Deep learning）

深層学習のこと。第 13 章を参照。

わが国においては，低金利の環境が長期化しているほか，人口減少や成長期待の低下といった構造的な問題もあって，金融機関，特に地方の金融機関経営を巡る環境は厳しくなっています。こうしたデータサイエンスを用いた新しい知見・技術の活用によって，利用者にとってより良いサービスが効率的に提供され，金融の機能が向上していくことが期待されます。

◆保険分野におけるデータサイエンスの活用

私たちの人生には，自分や家族の病気，障害，失業，死亡など様々なリスクが潜んでいます。こうした生きるうえでのリスクに対しては，貯蓄などで備えることが考えられます。しかし，大きな事故や病気などについて，個人の力だけで備えることには限界があります。こうした生活上のリスクに対して，社会全体で助け合い，支えようとする仕組みの一つに**保険**があります。

保険

多くの人が保険料を出し合うことで，保険事故が発生したときに，損害を埋め合わせるために必要となる保険金を給付する制度。

例えば，火災が発生し，2,000 万円の損害が出たとしましょう。個人個人が預金等で 2,000 万円ずつ用意しておくのは大変な負担です。しかし，火事で損害を受ける確率が例えば 1 万人に 1 人であれば，1 万人が 1 人 2 千円ずつ出し合って，合計 2,000 万円を用意すれば，備えとして十分になります。契約者一人ひとりが少しずつお金を出し合い，それをプールしておくことで万が一の事態に備える，いわば助け合いの制度が保険になります。

保険の考え方は「個人にとっては偶然な出来事であっても，多くの人を集めれば，全体としてどの程度の損害が生ずるか」を確率的に予測できるという**大数の法則**を利用したデータに基づくものです。生命保険会社や損害保険会社は，病気や事故など商品ごとに多くのデータを集め，リスクが発生する確率を予測[11]しています。

大数の法則

数学の定理のひとつ。母集団の数が増えれば増えるほど，ある事柄の発生する割合は，一定の値に近づき，その値は事柄の発生する確率に等しい。第 8 章を参照。

[11] 不確定なリスク事象を数学的な手法を使って予測・推測する専門家をアクチュアリ（保険数理士）という。

例えば，自動車の保険について考えます。保険料をどのように設定すれば良いでしょうか。全員公平に同じ保険料率を設定してもよさそうに見えますね。しかし保険には，リスクの異なる様々な人が加入するので，全ての加入者一律に同じ保険料を適用するのは不公平です。もし仮に加入者全員に同じ保険料を適用したとすると，保険料が割に合わない優良ドライバーは保険から脱退し，保険事故を頻繁に起こすような悪質ドライバーばかりが保険に加入することになりかねません。自動車保険であれば，車種，安全装置の有無，運転の用途，ドライバーの年齢，運転歴，走行距離，運転免許の色などのデータに応じて，保険料を定める必要があります。現実の保険では，そうしたデータから保険料が加入者ごとに設定されています。

ただ，そうしたデータは運転の挙動を実際に捉えたものではありません。更に言えば，少々危ない運転をしても，保険によって事故が補償されるという考えが広まってしまうと，保険があるがゆえに危険な運転をするようになる，いわゆる**モラルハザード**（Moral Hazard）と呼ばれる現象が起きてしまうかもしれません。

こうした事態を防ぐ切り札になる可能性があるのが，保険（Insurance）と技術（Technology）を組み合わせた「**インシュアテック**（**InsurTech**）」の動きです。

近年，通信機能を備えたコネクテッドカーが普及するなど，自動車の世界では情報通信技術の進歩が大きな影響を与えています。もし自動車に通信機器を搭載し，位置に関するリアルタイムの情報や速度・加速度の変化に関する情報を測定することができれば，保険の加入者がどのような時間帯にどういった場所を，どのくらいの距離走行し，その間，急発進や急ハンドルといった操作がどのくらいあったかといった，様々なデータを収集できるはずです。そうしたデータがあれば，それに基づいて，事故のリスクをより正確に見積もり，適切な保険料を算出できるようになるでしょう。良い運転に対して次の契約時に割引を行う，あるいはキャッシュバックを行うといった仕組みにすれば，モラルハザードの問題も軽減されるかもしれません。さらに，得られたデータをもとに，ドライバーに事故発生を防止するための情報を提供することも考えられ[12]，社会全体で交通事故の発生を抑制することに繋げられるかもしれません。こうした保険の仕組みを「**テレマティクス保険**」といい，日本でも実際に保険商品として提供されています。データサイエンスの活用で，新しいサービスが提供され，それが社会に貢献する，保険の分野でもそうした動きが起きているのです。

モラルハザード（Moral Hazard）

保険に加入したことによって結果的に事故や病気に対する注意を怠りがちになる現象。倫理の欠如。

インシュアテック（InsurTech）

InsTech（インステック）と呼ばれることもある。保険分野のフィンテック。

12) 例えば，危険なスピードで運転しているドライバーに対し，安全運転を促すメッセージを送り，それに従ったら激励のメッセージを送るといったサービスが海外で行われている。

テレマティクス保険

通信（Telecommunication）と情報科学（informatics）を組み合わせた技術を活用し，走行データの分析などから安全運転や事故防止を働きかける保険。

◆データサイエンスと金融包摂

ここまで述べてきたように，金融の分野では，データを活用した新しい技術が次々と現れています。ただ，こうした技術進歩の恩恵を受けるのは，銀行の利用者や，自動車保険の加入者ばかりではありません。むしろ，銀行の店舗や ATM といった金融のインフラが整わず，十分に金融・サービスを利用することができなかった国・地域に与える大きな効果が期待されます。

新興国や途上国では，銀行に口座を持つことが困難な人が数多くいます。

正規の金融機関から融資を受けられないために，貧しい人々が非公式な貸し手から法外な利息で借入を行う例は少なくありません。こうしたことが貧困や格差を生む一因になっています。

しかし，インターネット，そしてスマートフォンの急速な普及により，多くの人が金融サービスを受けることが可能になりました。実際，スマートフォンを用いたキャッシュレス決済や，オンラインの融資サービスは，既存の金融インフラが普及していない地域において，しばしば急激に発展することがあり，「**蛙跳び**」（leapfrogging）と呼ばれます。少し前には，固定電話の回線を引くのに苦労していた中国において，スマートフォンを用いた電子マネー決済が急激に普及するといった具合です。

蛙跳び（leapfrogging）
基礎的なインフラが未整備な地域が，先端技術の導入により，先進国が歩んできたような技術進歩の段階を飛び越えて一気に発展すること。

金融サービスへのアクセスが可能になることで，貧困層の生活が改善され，また中小・零細企業の経営が金融面から支援されるようになれば，新興国・途上国の経済成長に繋がることが期待されます。そして，それは世界経済の安定にも繋がることになります。このようなデータの活用を背景にした金融サービスへのアクセスを容易にする取り組みは，新興国・途上国だけでなく，身体的な衰えから，金融機関へのアクセスが難しくなりがちな高齢者にも当てはまるもので，世界中，すべての人が金融サービスを利用できるようにする「**金融包摂**」の観点からも，データサイエンスに期待する部分は大きいのです。

金融包摂（financial inclusion）
誰ひとり取り残されることなく金融サービスにアクセスでき，その恩恵を受けることができるようにすること。

4.3　データサイエンスと公的分野

◆ベーシックインカム（1）　自然実験と社会実験

人工知能が普及することで，仕事が人工知能に奪われ，将来の雇用が大幅に削減されるのではないか，そんな心配を耳にしたことはありませんか？未来の生活保障の手段として，あるいは貧困問題の解決手段として，**ベーシックインカム**（basic income, BI）の考え方が注目されています。特に，全世界がコロナ禍に直面し，疾病の拡大や経済活動の低迷に伴う休業者・失業者の増加，あるいは格差の拡大という問題が現実のものとなるにつれ，「ベーシックインカムを導入するのが適切だ」という議論が注目されるようになっています。ここでは公的分野の取り組み事例として[13]，ベーシックインカムを取り上げます。

ベーシックインカム（basic income, BI）
政府がすべての国民に対して一定の現金を定期的に支給するかたちで，最低限の基礎的所得を保障する政策。2020年，新型コロナウイルス感染拡大を受け，日本政府は一人当たり10万円の特別定額給付金を支給した。性格的にはBIに通ずるものがあるが，あくまで一時的な措置として実施された。

[13] 政策を検討・立案し，実際に行っていく上で，データを活用することは非常に重要である。景気の分析や予測，物価や失業率の動向把握，あるべき政策の検討など，データなしに考えることはできない。

ベーシックインカムは，すべての人に最低限の健康で文化的な生活をするためのベーシックなインカム，つまり基礎的所得を給付するというものです。生活保護や，社会保険，社会福祉など，様々な所得保障制度も同様な給付金ですが，ベーシックインカムとこれらの制度との最大の違いは，所得や私有財産の多寡にかかわらず，無条件にすべての人に対して一律に支給されるという点にあります。

ベーシックインカム導入のプラス面としては，誰もが気兼ねなく，そして無条件に最低限度の生活を保障され，また不当に待遇の悪い（ブラック企業のような）職場が淘汰されていく一助になるといったことが挙げられるでしょう。また，雇用保険同様，失業した場合に職探しの余裕ができて，自身の能力開発に安心して取り組めるといった効用もあります。受給の手続きが簡単になることで，政府の行政コストも低下するでしょう。

一方，マイナス面としては，財政負担が大きくなる，働かない人が増え経済競争力が低下する恐れがある，高等教育のインセンティブが後退し知的レベルが下がる危険があるといったことが指摘されています。

こうした問題点が本当に存在するのかどうか，あるいは本当に導入にメリットがあるのかどうか，新しい政策の妥当性について，いくつかの国でベーシックインカムの「**社会実験**」を行う動きがみられています。

社会実験

新たな政策の効果や副作用を判断する施策を本格的に導入する前に，地域や期間，対象を限定したうえで試行してみて，政策の効果や課題について検証する取り組み。

ここまで，教育や医療費の自己負担額に関する「自然実験」の例を説明してきました。その際，「同じような能力を持つ人について，恣意的に良い学校に行かせたり，行かせなかったりして，良い学校の教育効果を測るというような実験を行うのは，本人たちにとって不公平極まりない話で，現実的には難しい」として，現実世界の中に実験のような状況が生じていることを利用した実験，つまり「自然実験」によってデータの分析を行いました。

しかし，もし人々をランダムにグループ分けして，片方のグループにベーシックインカムの制度を導入し，もう一つのグループには導入しないといった対照実験を行うことができれば，その効果や副作用について，もっと明確に分析することができるはずです。現実の社会の中で，実際に実験してしまう，こうした手法を「社会実験」と呼びます。特にその中で，因果関係をデータ分析で明らかにするための最良の方法が，ランダム化比較試験（Randomized Controlled Trial, RCT）と呼ばれる，介入グループと比較グループをランダムにグループ分けし，その効果を測る方法です。

ランダム化比較試験（Randomized Controlled Trial, RCT）

ある試験的操作（新たな政策・新たな治療法など）を行うこと以外は公平になるように，対象の集団を無作為に複数の群（介入群と対照群）に分け，その試験的操作の影響・効果を測定し，明らかにする手法。医療分野で広く行われているが，経済学など社会科学でも取り入れられるようになっている。

因みに，ランダム化比較試験を用いた貧困緩和策の研究で，マサチューセッツ工科大（MIT）のアビジット・バナジー氏，エステール・デュフロ氏，ハーバード大学のマイケル・クレマー氏の3氏は，2019年のノーベル経済学賞を受賞しました。3氏の研究では，ランダム化比較試験を活用することで，教育の改善，新たな金融商品の提供，虫くだしの薬の配布といった様々な手段が貧困からの脱出に与える効果について厳密に評価し，そこがノーベル賞受賞に繋がったのです。

以下ではこうした手法をもとに，ベーシックインカムについて，フィンランドで行われた社会実験を取り上げます。

◆ベーシックインカム（2） フィンランドの社会実験

フィンランドでは，2017年から2018年にかけてベーシックインカムの社会実験が行われました。この実験では，2016年11月時点で失業手当を受給している人のうち，無作為に抽出した25歳から58歳までの2000名を対象に，2017年1月から2018年12月までの2年間，毎月560ユーロ（約6万5000円）を支給するかたちで行われました[14)]。なお，この期間中，就職や起業で収入を得ても，この支給額が減らされることはありません。従来型の失業給付を受けるには，臨時所得の有無や求職活動を続けているかなどを定期的に役所に報告する必要があり，一定以上の収入があれば失業給付金が減らされますが，ベーシックインカムについてはそのような制約はありません。

14) 失業手当受給者のみを対象としていること，給付水準も560ユーロと最低限の生活を営むのに必要な金額に満たないことから，必ずしも完全な形でベーシックインカムを再現したものではない点は，留意しておくことが必要。

果たしてこれに伴い，どのような影響が出たのでしょうか。フィンランド政府は，2020年に一連の研究成果をまとめた最終報告書[15)]を公表しています。その中で，ベーシックインカムを受給した人の雇用や収入，社会保障，心身の健康，幸福度，生活への満足度などに，どのような影響があったかを分析しています。

15) Olli Kangas, Signe Jauhiainen, Miska Simanainen and Minna Ylikännö (ed.). "Suomen Perustulokokeilun Arvoiointi", *Sosiaali-ja terveysministeriön raportteja*, 2020:15.

実験期間終了直後のアンケート調査によると，ベーシックインカムの受給者の方が，生活への満足度が高く，精神的なストレスを抱えている割合が少ないという結果でした。また，他者や社会組織への信頼度がより高くなり，自分の将来に対してより強い自信を示す傾向も見られました。そして，懸念されたベーシックインカムが雇用に及ぼす影響は限定的なものでした。2017年11月から2018年10月までの就業日数は，ベーシックインカムの受給者は平均78日と非受給者の平均73日を少し上回りました。もっとも，フィンランドでは，2018年1月に失業手当の給付要件を厳格化する「アクティベーション・モデル」が導入されたため，その影響も加味して考える必要があります。しかし，少なくともベーシックインカムの受給により，人々が働く意欲をなくすことはなさそうだというのが一応の結論です。

ドイツでも2021年からベーシックインカムの有効性を確認する実証実験が開始されています。これは，ドイツ経済研究所とNPO法人「マイン・グルントアインコメン（MG）」の共同によるもので，月1200ユーロ（約15万円）のベーシックインカムを3年間，抽選で選ばれた120人に無条件に支給するというものです。スペインでも同様の動きがあるほか，日本でも，民間でベーシックインカムの有効性を検証する社会実験が2020年に行われています[16)]。

16) 日本ではZOZO創業者の前澤友作氏が，総額10億円のプレゼント企画の当選者1,000人に対して，100万円の配布を行うというかたちで，ベーシックインカムの有効性を検証する社会実験を2020年に実施した。

日本政府は従来のOpinion-Based Policy-Making（意見に基づく政策立案）ではなく，政策の効果を定量的に評価するEvidence-Based Policy-Making（証拠に基づく政策立案）の推進を打ち出しています。社会実験も重要なEvidenceになり得るものです。公的分野におけるこうした方向性は，データサイエンスの進化に伴い，その意義を大いに増しています。

◆文系から見たデータサイエンス

この章では，文理融合領域にあるデータサイエンスについて，主として文系の目線から具体的な事例を取り上げました。人文科学，社会科学，ビジネス（金融），公的分野，いずれにおいても，データとその活用が重要なカギを握っていることがお分かり頂けたと思います。その意味で，データサイエンスは，もはや理系のものではないのです。文系・理系を問わず，最低限のデータサイエンスに関するリテラシーが求められる，そんな時代が既に来ているのです。

中央銀行のデジタル通貨

近年の技術革新を受けて，キャッシュレス決済は広く行われるようになり，大きく伸びています。従来のクレジットカードに加え，IC カード，さらにはスマートフォン自体で決済を行えるようになるなど，決済サービスの利用可能な媒体の種類が拡がるとともに，伝統的な金融機関以外のフィンテック企業が，キャッシュレスサービスの提供に広く関わるようになってきています。こうした動きの背景には，データの収集がお金の流れの中で可能になることがあります。

一方，民間がキャッシュレスサービスの提供を行うだけではなく，通貨の発行主体である中央銀行が提供してはどうかという議論もあります。安心して使う決済手段の一つとして，銀行券をデジタル化した「中央銀行デジタル通貨」（Central Bank Digital Currency，しばしば「CBDC」と略されます）を発行することで，国民の利便性や安全性が高まるのではないかという議論です。データのプライバシー等の面からも，民間よりも中央銀行が発行した方が安心との指摘もあります。現金を取り扱うことに伴うコストも削減できるでしょう。

技術革新の進む中，今後こうした CBDC に対する社会のニーズが高まっていく可能性があります。実際，日本銀行では，2021 年 4 月から実証実験の第 1 段階として，システム的な実験環境を構築し，CBDC の基本機能に関する検証作業を始めています。また，中国では，中国人民銀行によるデジタル人民元の実証実験が既に行われるようになっています。もっとも，CBDC を導入する場合には，システム面や制度面を含め，その影響をきちんと見極める必要があります。例えば決済にかかわるプライバシーについても，現金であれば確保されていた匿名性が失われる（中央銀行に把握される）可能性もあります。また中央銀行が担っている物価の安定や金融システムの安定といった役割を脅かすようなものにならないように設計する必要があります。

様々な可能性のある CBDC ですが，人々の暮らしに大きく影響する可能性があるだけに，導入してみたが，やはり失敗だった，というわけにはいきません。様々な面から，実現可能性について検討していくことが重要であるといえるでしょう。

この章のまとめ

- 自然科学以外の人文科学・社会科学という文系の学問でも，データサイエンスは広く活用されている

- 文系の学問における事例としては，身の周りの言葉の用法，著者の推定，さらには教育効果の測定，医療費の自己負担額の影響など，データサイエンスの活用分野には幅広いものがある
- ビジネスの分野でも，金融での活用事例として，市場分析，金融商品・金融サービスの開発，それらを通じた貧富の格差の縮小といった面で，データサイエンスが大きく貢献している
- 公的分野においては，教育や，医療の分野での「自然実験」に加え，データサイエンスの知見を活かして行われる「社会実験」には，新しい政策の是非に関するエビデンスを与える意義がある

章末問題

4.1 この章では，文系の学問における例として，良い学校に行くことの効果や，医療費の自己負担額と受診行動に関する自然実験を取り上げました。また，公的分野の例として，ベーシックインカムをめぐる社会実験にも触れました。こうした自然実験と社会実験には，それぞれ長所と欠点があります。どのようなことが考えられるか整理してください。

4.2 市場で見られるアノマリーの例として「ジブリの呪い」を取り上げました。世の中には，こうした全くの偶然に基づく見せかけの関係がいくつも存在しています。どのような例がそれに当たるか，調べてみましょう。

4.3 金融市場に関連するデータは，価格や取引量だけではありません。例えば企業の将来の株価の動向を判断する際，そのほかにどのようなデータを活用することが考えられるでしょうか。

参考文献

- Abdulkadroğlu, Atila, Joshua D. Angrist, Yusuke Narita, Parag A. Pathak, Roman A. Zarate. 2017. “Regression Discontinuity in Serial Dictatorship: Achievement Effects at Chicago’s Exam Schools” *American Economic Review*, VOL.107, NO.5 (pp. 240–45)
- Shigeoka, Hitoshi. 2014. “The Effect of Patient Cost Sharing on Utilization, Health, and Risk Protection.” *American Economic Review*, VOL.104, NO.7 (pp. 2152–2184).
- Kangas, Olli, Signe Jauhiainen, Miska Simanainen ja Minna Ylikännö (ed.). 2020. “Evaluation of the Finnish Basic Income Experiment” *The Ministry of Social Affairs and Health.*
- 石田基広・金明哲『コーパスとテキストマイニング』，共立出版，2012.
- 伊藤公一朗『データ分析の力』，光文社，2017.

- 今井耕介『社会科学のためのデータ分析入門』(上・下), 岩波書店, 2018.
- 中室牧子・津川友介『「原因と結果」の経済学』, ダイヤモンド社, 2017.
- 日本銀行「中央銀行デジタル通貨に関する日本銀行の取り組み方針」, 2020.
- 三菱 UFJ トラスト投資工学研究所『金融データサイエンス』日本経済新聞出版社, 2018.

第 II 部

データサイエンスと統計

統計は，データサイエンスを支える重要な基礎技術です。第Ⅱ部では，統計を用いたデータ整理の方法や，データ分布の特徴の表現方法，２つの変量の間の相関や計量的関係，それに統計にまつわる様々な課題や課題について，実例を示しながら説明します。

第 II 部の項目

第5章 データの整理とデータの分布

本章では，データ解析の対象となる「データ」そのものについて考えます。まず，データを整理してその特徴を把握しやすくすることが重要です。また，そのためにはデータの特徴とはなにかも理解しておくことが必要です。

データの種類は，大きく分けると，質的データ（カテゴリデータ）と量的データ（数値データ）に分けられます。それぞれのデータの集計，分布，特徴量についてまとめます。

なお，実用的な場面では多種類のデータを同時に扱いますが，そのような「多次元データ」については，次の章でまとめます。

第5章の項目

5.1 データの収集と整理

データ（data）

英語 datum の複数形。資料，観察や実験による事実，知識，情報のこと（研究社新英和中辞典）。情報処理分野では，情報処理の対象となる記号データをさす。しばしば，まとまったデータの意で単数扱いとすることもある。

◆データの収集

ある大学で学科の担当授業科目について定期試験をすると，受講生全員の得点データが得られます。これから，点数分布や平均点数などを得て，合格・不合格を判定します。さらに，同じ科目の過去5年間のデータと比較することによって，授業方法や試験問題の質・レベルの妥当性を検討・評価するとともに，毎年の学生集団の傾向を推測したりして，来年度以降の授業の計画を検討します。これは，何も学生の試験成績だけではなく，工業製品や農産物などの商品についても同様で，いろいろな特性データを計測し規格内でなければ不良品となります。また，過去の特性データと比較して製造過程の状況を検討・評価し，問題点があればその対策・改善方策と予測をたてます。

「データ」と「情報」

「データ（data）」と同じように使われることばに「情報（information）」があります。日本語の「情報」は，明治初期に「諜報」（intelligence, espionage）の意味で使われたのが初めてだそうで，一般に，集めたデータから抽出した有益な「情報」を指すことばです。今では，「データ」と「情報」はあまり厳密には区別せずに使われることが多い。たとえば，「個人データ」と「個人情報」はあまり厳密には区別しません。しかし，個人情報保護法では「個人データ」と「個人情報」とは区別していて，日常的に使うイメージとはやや異なりますが，定義がそれぞれあります。（経産省のホームページ参照）

一方で，「情報科学」は「データサイエンス」（Data Science）とはずいぶん異なった概念のようです。英語の「Information Science」は，日本では少々なじみが薄い「図書館情報学」のことでした。「情報科学」は，ヨーロッパで使われている「Informatics」に近い。米国の「Computer Science」（「計算機科学」）に，少し違和感が残りますが，近いかもしれません。

ところで，「データサイエンス」は，日本では「データ科学」とも呼ばず，昨今のカタカナ語流行りで，英語のカタカナ読みのまま使っています。

◆データの整理

データ解析の対象は個体の集まり・集合で，個々の個体（集団の構成要素）に関わるデータ（属性データ）の集合を，何らかの目的・目標をもって解析し分析します。それぞれの個体はさまざまなデータをもっています。たとえば，個人個人には多くの属性データがあります。人の属性データは，基本的には個人データです。性別や名前，身長や体重，現住所などはもちろん，ある学校での試験成績，病院での診断病名，検査結果は重要な個人データです。現在のネット環境で対象となっている**ビッグデータ**には，入力した検索キーワードや参照したウェブページ，ある記事・意見に対して読むのにかけた（と思われる）時間や「いいね」情報，SNS での発信情報，フォローしている相手や友達，カードやスマホでの決済情報，位置情報，モバイルバイオセンサーによる心拍数や血圧も含まれています。

ビッグデータ（big data）
普通に使われるデータ処理ソフトウエアでは扱うことが困難なほど巨大で多様なデータの集まり。
かつては，コンピュータ処理の対象となるデータは人が作成していた。現在では，地球規模のネット環境でスマホなどの無数の端末から，莫大な，そして多様なデータが，本人の意思と関係なく機械的に，収集されている。

データ解析は，ある集団に属する各個体の属性データ（これを**1 次データ**といいます）を収集し，各個体やその集団の特徴，性質などを明らかにするデータ（これを**2 次データ**といいます）を導き，さらにその結果から，推測・予測をしたり計画を立てることになります。データの件数（調査個体の数）を，**データサイズ（データの大きさ）**といいます。

属性データには様々な特徴がありますが，大きく分けて**質的データ**と**量的データ**の 2 種類に分けます。たとえば，次の表 5.1 は，「データサイエンス」の試験結果と試験と同時に採ったアンケート結果のデータです。性別は「M」と「F」の2つのカテゴリ（区分）からなる質的データです。ゲーム時間は，1日当たりのゲーム時間を4つの区分（カテゴリ）に分けて収集したデータで，カテゴリに順序がある質的データです。試験の得点は「数値」で表される量的データで，問1と問2の合計点です。「学生番号」は，この場合は対象の「個体」を識別する記号で，解析対象のデータではありません。

表5.1　データサイエンスの試験成績とアンケート結果

学籍番号	名前	性別	得点（問1，問2）	ゲーム時間区分 *)
202025001	井上太郎	M	83 (45, 38)	2
202025002	上田美穂	F	90 (48, 42)	1
202025004	大野宗一	M	67 (45, 22)	1
202025007	香山　宏	M	55 (35, 20)	3
202025010	白川万里	F	76 (40, 36)	2
……	……	……	……	……

（データサイズは83）

*) ゲーム時間区分は1：0〜1時間，2：1〜2時間，3：2〜3時間，4：3時間以上のカテゴリを表す．

◆「集団」のデータ解析

データ解析の対象の「個体」として，「集団」自身をとることがあります。「集団」の集まり，つまり「「集団」の集団」を対象として，個々の「集団」のデータを収集し，解析します。

たとえば，ある科目の試験成績から，その学科の「学生の集団」を過去5年間の年度にわたってその傾向・動向を比較・分析するのは，その例です。各年度の集団について，試験の最低点・最高点，平均値，点数分布の特徴，あるいは合格率などは，各年度の集団ごとに，個々の個体の属性データを集約して得た「集団の属性データ」です。その属性データから，各年度の学生の特徴を抽出したり，経年的な特徴の変化を分析します。そして，それらの分析結果から，来年度以降の学生集団の状況を予測・推測します。

「集団の集団」を対象として行うデータ処理では，個々の「集団」の「属性データ」がデータ解析の対象です。「各集団の属性データ」はそれぞれの集団を構成している個々の「個体」の属性データから集計・解析・分析して得たデータ，あるいは，その集団自身を全体として観測・計測・調査して得たデータ（たとえば，学校の規模や特徴，立地する地域の特徴）などが集団に関する1次データです。

「変数」と「変量」

「変数」は数学的な概念で，未知数や関数などを表す時に利用する記号変数である。「変量」は統計学でよく使われることばで，具体的なデータをイメージさせる。

しかし，英語ではどちらも variable であり，意味的には同義である。ここでは，「変量」と「変数」は区別せずに使う。

◆データ変量（変数）

本書では，簡潔に記述するために，少し数学的な表現を使いますが，その都度説明します。まずここでは，データを表す **変数**あるいは**変量**の概念を導入しておきます。

ある学科の学生が n 人いたとします。ある科目の試験の点数を表す変量（変数）を変数記号 x で表すことにして，その値を $x = 80$ などと表します。特にAさんの点数を示す時は x_A と変数記号で表し，Aさんの実際の点数（数値）の代わりに，$x = x_A$ などと表します。学生を通し番号 $i = 1 \sim n$ で表せば，Aさんが $i = 5$ 番目ならば，x_5 とします。また，学生の性別 (M, F) を表す変数を y とすると，y の値はMかFかどちらかの記号値をとります。Aさんが女性なら $y_5 =$ “F” です。引用記号 “ ” は，数値定数ではない文字定数を示すための表記法です。

この例の変数 x, y は，その学科の学生（番号 i）ごとに値が決まるデータ変量（データ変数）で，i 番目の学生のデータは，$(x, y) = (x_i, y_i)$ となります。データの種類ごとにデータ変数がそれぞれ必要ですから，k 種類のデータを扱うのは k 変量データ解析です。$k \geqq 2$ のデータ解析を，多変量データ解析といいます。

5

◆データの性格

属性データには多様なものがありますが，データ処理する上では，量的データと質的データを分けて扱う必要があります。

◆量的データ

量的データを表す変数は，人の身長や体重のような実数値をとる**連続変数**と，持っている本の冊数のような整数値をとる**離散変数**とがあります。試験の点数は整数値で表すのが普通ですが，これは小数第1位を四捨五入した整数と見なせば，連続変数のデータと見ることができます。たとえば，点数 x が $79.5 \leqq x < 80.5$ となっているときに $x = 80$ と表すのです。一般に，測定値は 65.3 kg などと有限な精度（誤差）の数値で表しますが，原理的には無限の精度（誤差の無いこと）で計測できるとみなします。しかし，本を0.7冊ということはありません。

ある量的変数の2つの値（数値データ）を比較するとき，**絶対値**と**相対値**の相違を理解しておく必要があります（側注参照）。

たとえば，ある試験の得点 x についてAさんが $x_A = 90$，Bさんが $x_B = 60$ とすると，AさんはBさんより30点 $(= 90 - 60)$ 高い，また，AさんはBさんの1.5倍 $(= 90/60)$ の得点をした，ということができます。しかし，A地点の気温が30°C，B地点の気温が20°Cのとき，A地点の気温はB地点の気温より10°C$(= 30 - 20)$ 高いのですが，1.5倍 $(= 30/20)$ 高いとはいいません。

試験の得点は全問不正解を基準（0点）とし，そこからの得点を測っています。このような数値表現を**絶対値表現**といいます。このような比を取ることのできる数値データを**比例尺度**といいます。

摂氏温度 (°C) は水の氷点を基準 (0°C) とした数値表現です。温度の絶

絶対値と相対値

ここでの「絶対値」は，原点（絶対ゼロ，絶対的な基準点）から測った数値（絶対的な数値）のこと。相対値は，別途選んだ基準から測った相対的な数値のこと。「家の高さ」は，家の立地の地表面からの「相対的な家の高さ」を指す。「絶対的な家の高さ」は，地球の海面を基準として測った高さ（標高）で表したもの。

数学で普通に使う「絶対値」は，負の数，-5，から符号 $-$ を取り除いた数値

$$|-5| = 5,$$

あるいは，複素数ならばその大きさ

$$|3 + 4i| = \sqrt{(3^2 + 4^2)} = \sqrt{25} = 5,$$

を意味する。

対値表現は，絶対温度 (K) で，$-273°\mathrm{C} = 0\,\mathrm{K}$ ですから，A 地点の気温は B 地点の 1.034 倍 ($\fallingdotseq (30+273)/(20+273)$) です。一般に適宜選んだ点を基準（つまり 0）として表した数値表現は**相対値表現**です。このような変量を，**間隔尺度**といいます。間隔尺度データは，2 つのデータの差には意味があるものの，比は意味が無いという数値表現です。もし，試験で 20 点のゲタをはかせていた（つまり全問不正解でも 20 点）とすると，その場合は相対値表現となりますから，90 点の A さんは 60 点の B さんより $90-60=30$ 点高いのですが，$90/60=1.5$ 倍ということにはなりません。絶対値表現で考えれば，$(90-20)/(60-20)=1.75$ 倍です。

◆質的データ

質的データも大きく 2 つに分類できます。1 つは，性別（M, F）や現住所のような記号・文字列・分類などのカテゴリを表す**名義尺度**です。1 日当たりのゲーム時間区分，成績の S, A, B, C 評価，ある学科内での成績順位などは，**順序尺度**と呼びます。

アンケート調査で，（1. 賛成，2. 反対，3. どちらとは言えない）はどれも対等のカテゴリで 3 分類の名義尺度ですが，（1. 強く支持する，2. 支持する，3. どちらでもない，4. 反対する，5. 強く反対する）では選択肢に上下関係があるカテゴリで，順序尺度と考えられます。もちろん，データの整理上，性別（M, F）を（1, 2）で表すこともありますが，この場合は数字であっても名義尺度のデータです（側注参照）。

データの性格（まとめ）
質的データ
・名義尺度データ
カテゴリに順序の無い尺度
・順序尺度データ
カテゴリに順序がある尺度
量的データ
・間隔尺度データ
差はよいが，比は意味が無い尺度
・比例尺度データ
差も比も意味のある尺度

5.2 データの分布

統計の第 1 歩は，集団から集めたデータ（1 次データ）をまとめて集計することです。これを**記述統計**（**古典統計学**）といいますが，その目的は，集団の特徴をデータそのものから抽出することです。そのための代表的な方法とその特徴を理解することから始めます。

統計は，個々のデータの特徴ではなく，データ収集対象の全体，集団の特徴や傾向を知ることが目的です。通常，集めた個々のデータの集まりは，いろいろな量的データや量的データの集まりです。これらのデータの特徴を抽出し可視化するために，データ一覧表を集計し，整理します。

◆質的データ（カテゴリデータ）の度数分布

データの件数（度数）を，カテゴリごとに集計したものを**度数分布**といいます。たとえば，48 ページに示した表 5.1 では，性別の度数表や，ゲーム時間区分の度数分布表（度数表）が得られます。各カテゴリの度数について，総数（集団のサイズ）に対する割合をそのカテゴリの**相対度数**といいます。

表 5.2 表 5.1 のデータのカテゴリ別集計

性別	度数	相対度数 (%)
M	45	54.2
F	38	45.8
計	83	100

ゲーム時間区分	度数	累積度数	相対度数 (%)	累積相対度数 (%)
1	25	25	30.1	30.1
2	35	60	42.2	72.3
3	20	80	24.1	96.4
4	3	83	3.6	100
計	83		100	

$$\text{相対度数} = \frac{\text{度数}}{\text{全度数}}$$

カテゴリを一列に並べたとき，各カテゴリの度数を順に累積した数値が**累積度数**，相対度数を累積した数値が**累積相対度数**です。

棒グラフ (bar chart, bar graph)

カテゴリごとに集計した度数などの数値を，棒や角柱，円柱などの長さで表現したグラフである。棒の方向は垂直方向の場合が多いが，水平方向に描くこともある。他のカテゴリで分類した棒を色分けしたりして描くこともある。

◆質的データ分布のグラフ表現

度数分布を**棒グラフ**（**柱状グラフ**）で図示すると，分布の特徴が見やすくなります。図 5.1 の上図の棒グラフは，上のゲーム時間区分ごとの度数を棒グラフに表したものです。横軸にカテゴリを並べ，縦方向に各カテゴリの度数を柱状の図形で表します。相対度数のグラフも縦軸の目盛りが異

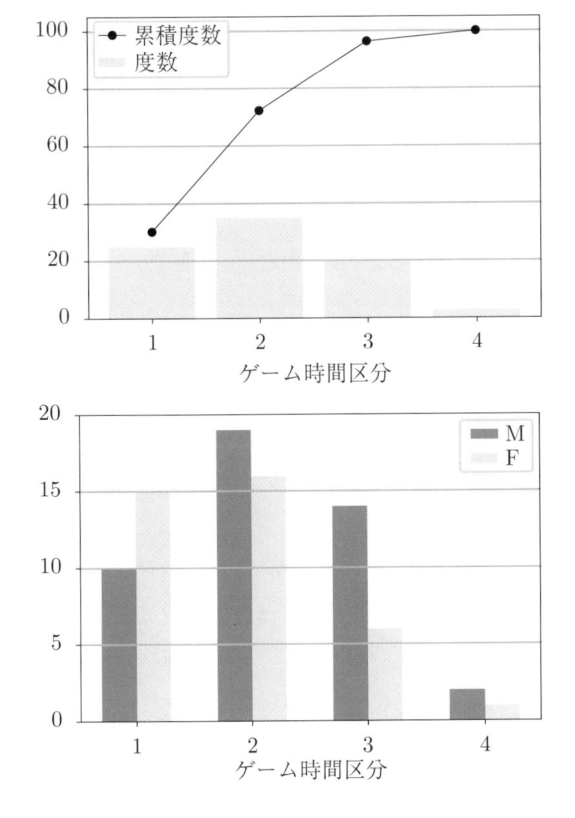

図 5.1 上：ゲーム時間区分の度数棒グラフ，下：男女別の時間区分度数棒グラフ.

なるだけで同じ形のグラフになります。

また，図5.1の下図のように2つ以上のカテゴリ別の棒グラフをまとめて描いたりします。

棒グラフにおいて，柱の上端中央の点を順に折れ線で繋いだ**折れ線グラフ**（line chart）で，表すこともできます。

名義尺度（順序尺度でない）のカテゴリデータについて，横軸のカテゴリを，度数の降順に，つまり，度数の大きいカテゴリから小さい方へ，左から右へ並べて棒グラフを描くと，各カテゴリの度数についての相対的な位置が見やすくなります。そのような棒グラフの図を**パレート図**（Pareto Chart，度数が右方向へ単調に減少する棒グラフ）といいます。パレート図では，図5.2のように，**相対累積度数**（あるカテゴリについて，そのカテゴリを含めてその左側のカテゴリすべての相対度数の和）を折れ線グラフとして同じ棒グラフの図に重ねて描きます。

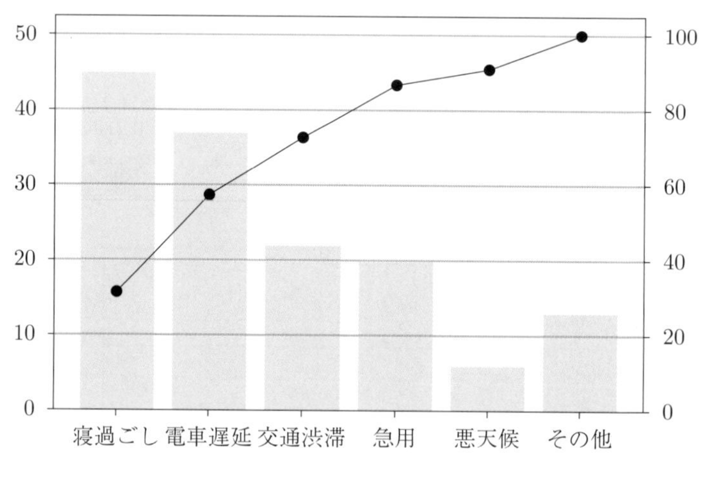

図5.2　学生の遅刻届の件数

円グラフ（circle graph, pie chart）

円グラフは，社会的にはよく使われるが，統計学を含め科学・技術分野ではあまり使われない。棒グラフなどに比べて個々の領域の大小についての視認性が悪いからである。

円グラフは，円の一周360度を相対度数に比例分割（100% = 360度）して相対度数を角度（扇形の面積）で表した図です。報道資料やビジネス資料などではよく使われますが，データ解析結果の表現方法としては，注意が必要です。

◆量的データ（数値データ）の度数分布

量的データは，集計するとき，通常は数値の領域をいくつかの範囲に分割します。たとえば，100点満点の試験は0〜100の整数で評価しますが，10点刻みで区分して（0〜10未満，10〜20未満，⋯），それぞれの区分で件数を集計して，各区分ごとに度数分布を得ます。このそれぞれの区間区分を**階級**（ビン, bin）といいます。

各階級を1つの値で代表させることがあります。それを「**階級値**」といいます。通常，階級値は，その階級の区間の中央の値（区間の両端の値の平均）とします。多くの場合，階級を階級値で表します。10 点刻みなら，0 点〜10 点未満の階級の階級値は 5 点，10 点〜20 点未満の階級値は 15 点，ということになります。

階級と「ビン」

度数分布を作成するときの 1 つの「階級」を英語で“bin”（ビン）といい，量的データを階級に分割・計数して分析することを data binning といいます。「階級」を和英辞書で調べると class あるいは rank，grade とありますが，bin というのはありません。なお，「ビン」は質的データについてカテゴリ区分を指すのにも使われます。

日本語で「ビン」というと「ガラス（あるいは陶器）の容器」ですが，もとは「フタ付きの容器」，直接には「ゴミ箱」を意味する言葉を語源としているそうです。なぜ「階級」を「ビン」というのか，最初に知ったときは不思議でした。今ネットで探しても，よく分かりません。以下は，筆者の想像です。

いくつもの種類のデータを多数の個体から収集するとき，集計しやすいようにデザインした定型フォームのカードを用意して，調査員に記入してもらいます。回収したカードのある項目についての計数は，多数の分類「箱」を用意してカテゴリや階級を「箱」に割り当てておき，各「箱」に該当するカードを投げ入れていって，最後に各「箱」のカード枚数を数えるという方法を採っていたと思われます。その「箱」が（ゴミのようにカードを投げ入れる箱としての）「ビン」だったのではないでしょうか。

時代が下がってカードは進化し，パンチカードとして分類・計数を機械的にできるようになります。大学の図書館で，図書データの集計に使っていたと思われる A5 サイズほどの大きなパンチカード式の分類カードを大量に見たことがあります。あのコンピュータの巨人といわれた IBM 社の前身の会社を創立したホレリスは，カードの分類・計数を自動化したタビュレーティングマシン（パンチカード自動分類システム）を製作し，1890 年の米国国勢調査で活躍しました。カードカウンター（自動計数機械）のカード分類「箱」も「ビン」だったのではないでしょうか。

◆階級の分割数

量的データの集団において，データの値の存在範囲，最大値 Max と最小値 Min の差 R を，分布の**範囲**あるいは**レンジ**（range）といいます。

$$\text{レンジ}\qquad R = \text{Max} - \text{Min}$$

階級は，基本的にはレンジをいくつかに区分します。量的データを集計する上で，階級をどう構成するか，つまり，階級の数や階級の幅をどう決めるかというのは，データ全体としての分布の特徴を把握する上で，極めて重要です。データの分割数（階級数）や階級幅で見た目の特徴が大きく異なります。

多くの場合，階級はレンジを等分割して設定します。100点満点の試験点数を10点刻みの階級にするのはその例です（Max = 100, Min = 0を想定)。階級の数や階級の幅の選択は，どのような特徴を見ようとするかに依存しますから，目的に合わせて設計する必要があります。標準的な方法はありませんが，等分割にするとして分割数をデータ件数でエイヤッと（経験的に）決めるのが普通です。目安としては，たとえば，**スタージェスの公式**があります。Nをデータ件数として，

$$\text{階級の分割数} \qquad n = 1 + \log_2(N)$$

ここで，$\log_2$は底が2の対数，小数点以下切上げです。$N = 100$人くらいの学生の身長のデータが対象なら，$n = 1 + \log_2(100) \sim 8$となります（側注参照）。最小値 =153 cm，最大値 =192 cmとすると，階級数8の階級幅は$(192 - 153)/8 \sim 5$となります。実用的には，最小値より少し下の切りの良い150 cmから，最大値より少し上の195 cmまでを5 cm刻みにすると，9個の階級からなる集計表が得られます。

スタージェスの公式と底が2の対数

$N = 2^k$のとき，

$$n = \log_2(N) = k$$

となるから，

$$k = 6, N = 2^6 = 64$$
$$k = 7, N = 128$$

なので，$N = 100$のときは，

$$6 < k < 7$$

となる。よって，スタージェスの公式による階級数は，

$$n = 8$$

試験の点数の集計では人数Nによらず，10点あるいは5点の階級幅がとられます。成績評価としては，60点以上について10点刻みで，可，良，優，秀などの評価記号を割り当てたりします。大学入試共通試験は数十万人が受験します。$N \sim 60$万とすると$n \sim 21$となりますが，実際には1点刻みの階級幅にします。階級幅や階級数は，目的に合わせて適宜決めます。

データによっては，データ値の対数値で等間隔にすることもあります。

量的データでも，各階級の度数とともに，相対度数，累積度数，累積相対度数が使われます。

相対度数 = その階級の度数/総度数

累積度数 = その階級とそれ以下（その左側）の階級の度数の和

累積相対度数 = その階級とそれ以下の階級の相対度数の和

総度数は集団のサイズ（個体の総数，データの総件数）と同じです。

◆度数分布の図示 ヒストグラム

量的データの階級ごとに集計した度数分布表について，横軸に階級（あるいは階級値）を目盛って，度数を柱状の長方形の面積で表した図を「**ヒストグラム**（histogram）」といいます。

ヒストグラムと棒グラフ (histogram and bar chart)

ヒストグラムは棒グラフと似ているが，ヒストグラムでは長方形を隣接して隙間なく並べるのが普通で，棒グラフでは隙間をあけるのが普通である。棒グラフは，その特徴を生かしていくつかの矩形棒をまとめて表示したりすることができる。

データの分布特性によっては階級幅を等間隔にしないこともあります。たとえば表5.3のような個人所得データなどは，レンジが，0から極めて高額まで広く，かつ低額部分に多くのデータが集中しています。階級幅を等間隔にすると分布の特徴がほとんど分からなくなるので，図5.3のようにグラフの左側では幅を狭く右側では広くするのが普通です。階級幅が等しくない場合は，長方形（矩形）の面積が度数（あるいは相対度数）に比例するように，ヒストグラムの高さを階級幅に反比例させて低くします。

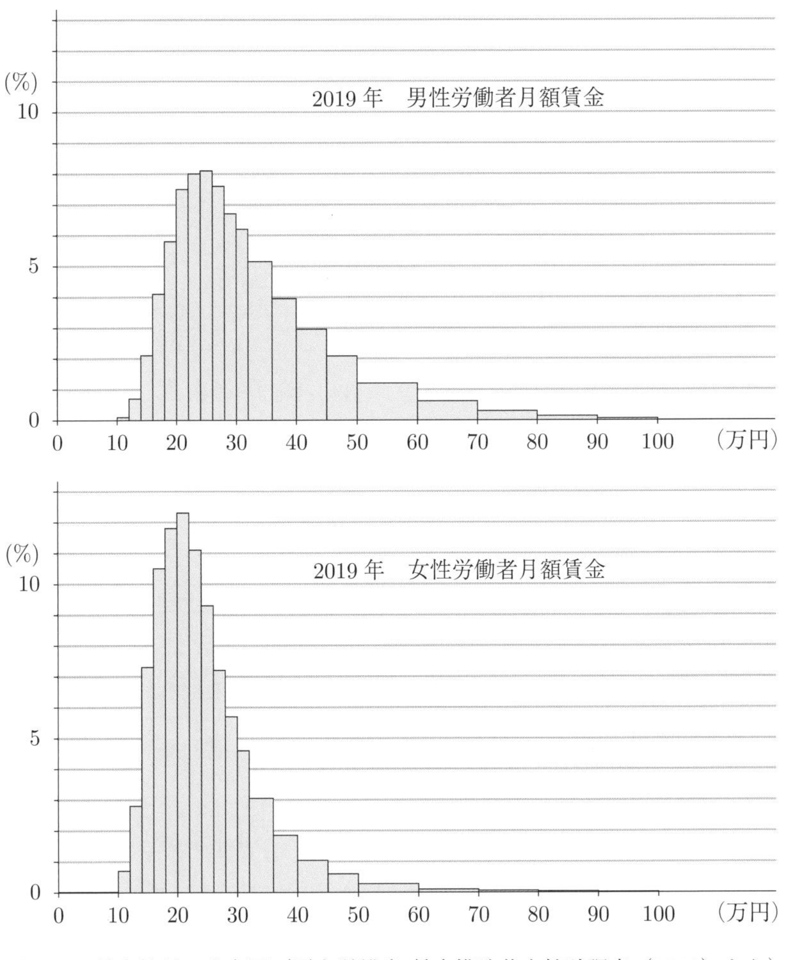

図 5.3　賃金統計の分布図（厚生労働省 賃金構造基本統計調査（2019）から）

表 5.3　賃金統計（厚生労働省賃金統計調査（2019）から）

賃金（万円）	構成比 男性%	女性%
0〜	0	0.1
10〜	0.1	0.7
12〜	0.7	2.8
14〜	2.1	7.3
16〜	4.1	10.5
18〜	5.8	11.8
20〜	7.5	12.3
22〜	8	11.1
24〜	8.1	9.3
26〜	7.6	7.2
28〜	6.7	5.7
30〜	6.2	4.6
32〜	10.3	6.1
36〜	7.9	3.7
40〜	7.4	2.6
45〜	5.2	1.5
50〜	6	1.4
60〜	3.1	0.5
70〜	1.5	0.3
80〜	0.7	0.2
90〜	0.3	0.1
100〜	0.6	0.2

ヒストグラムで，各矩形の頂点の中央の点はその階級値と度数の座標点です。隣り合った座標点を直線で繋いだ折れ線グラフもヒストグラムと同様によく使われるグラフです。階級数が多いときは隣接階級をいくつかまとめて集計しなおすこともあります。また，質的データであっても，順序データならばカテゴリに順番があるので，ヒストグラムとすることもあります。

累積度数分布や累積相対度数分布の図は，度数分布や相対度数分布のヒストグラムに重ねて，折れ線グラフで表すことがあります。

5.3　量的データ分布の特徴量

◆分布の代表値：平均

数値データ全体の特徴を示す**代表値**として最もよく使われるのが**平均**あるいは**平均値**です。すべてのデータの総和をデータ件数で割ったもので，算術平均，単純平均などと呼ばれます。

「平均」の英語

日本語の「平均」に対応する英語は average，あるいは mean である。この2つの語は意味的に相違があり，実際にも，日常的には日本語の「平均」とは異なる意味で使われることも多い。

average の語源はアラビア語，damaged goods の意。海損額（海運輸送中の損害）を関係者の間で均等に分担したことから。mean の語源はラテン語 medi_nus「中間の」から。なお，算術平均は，arithmetical mean という。

データ変量を x とするとき，x の平均値を μ（ミュー，ギリシャ文字）や m，あるいは変量記号を明示して，μ_x, m_x などと表します。簡単に変量記号の上にバー（上線）を付けて $\bar{x}$ と表すこともあります。データの総件数を n とすると，i 番目の個体のデータ値を x_i, $i = 1, 2, \cdots, n$ として，x の平均値は，

$$\textbf{平均値}\quad \mu = \frac{1}{n}(x_1 + x_2 + \cdots + x_n) = \frac{1}{n}\sum_{i=1}^{n} x_i$$

です。

総和の記号 $\sum$（ギリシャ文字のシグマ）は n 個の項の和 $x_1+x_2+\cdots+x_n$ を極めて簡潔に表現できるので，なじみの薄い諸氏も，ぜひこの表記に慣れてください。以降もよく使います。慣れれば，非常に分かりやすい表現です。たとえば，次のように使います。

$$n\ \textbf{個の}\ x_i,\ i = 1 \sim n\ \textbf{の和}\qquad \sum_{i=1}^{n} x_i = x_1 + x_2 + \cdots + x_n$$

$$n\ \textbf{個の}\ x_i,\ i = 1 \sim n\ \textbf{の二乗和}\quad \sum_{i=1}^{n} x_i^2 = x_1^2 + x_2^2 + \cdots + x_n^2$$

和を取る範囲が明確なときは $i = 1 \sim n$ を明記せずに，簡単に $\sum_i x_i$ と書く場合もあります。

個々の個体のデータではなく，度数分布表として集計データが得られている場合は，各階級の個体のデータを階級値に等しいとみなして平均値を推定します。総度数（データの総件数）n，階級数 k 個，i 番目の階級について，階級値 x_i，階級の度数 n_i，相対度数 $r_i = n_i/n$ とすると，

$$\textbf{度数分布の平均値}\quad \mu = x_1 r_1 + x_2 r_2 + \cdots + x_k r_k = \sum_{i=1}^{k} r_i x_i$$

です。平均値は，階級値の相対度数による重み付き平均となります（付録5-1）。

平均値は，集団のデータ分布の特徴を表す特徴量の1つで，代表値として非常によく使われます。たとえば，100点満点の試験ならば，成績のレンジは最大で100点です。2つのクラスA, Bで同じ試験を行った結果，Aの平均が70点，Bが65点とすると，全体の傾向としてはAの方が良かったことになります。

しかし，単純にAが良かったというわけではなく，もしBの成績分布が二峰性（ほうせい）（中間の成績者が少なくて高得点と低得点の2つの山がある分布）で，高得点者はBの方が多くて成績も良かったけれど低得点者も多くて成績がかなり悪かったので平均を下げたということもあり得ます。

すでに例に挙げましたが，個人の所得や資産データはレンジが非常に広く，かつ，全体としては左の方（資産の小さい方）に大部分が集中し，右の方へ細長く伸びた左右非対称の分布となります。しばしば象徴的にいわれる

ように，1%の人が総資産のうち99%を所有し99%の人が1%を所有しているとすると，前者と後者の一人当たりの資産比率は 99 : 1/99 ～ 10000 : 1 です。平均は1%の人当たり1%の資産ですから，大多数は全体の平均1よりはるかに小さくなります。このような場合は，平均値は分布の代表値としては不適切といわざるを得ません。

◆標本平均と母平均

第8章で詳しく説明しますが，ここで定義した「平均」は，**標本平均**と呼ばれます。たとえば，ある学校の学力調査をしようとして，全校の児童・生徒を漏れなく調査するのを悉皆（しっかい）調査といいますが，これには人手も時間もかかります。それに対して，いくつかのクラスや児童・生徒を抜き出して（サンプリングして）調査し，その結果から全体の状況を推測するということが普通に行われます。この想定する全体の個体集団を**母集団**，抜き出した個体の集団を**標本集団**といいます。

統計学は，標本集団の個体（標本個体）からデータを収集・解析して得られる結果から，母集団のそれを推定したりします。ここで定義した「平均」は標本集団から得られる平均で，一般には母集団の平均とは異なっている可能性があります。厳密には2つの平均を区別して，前者を**標本平均**，後者を**母平均**，と呼びます。多くの場合，統計学やデータ解析でも，普通に「平均」というと「標本平均」を指すのが普通です。ここでも，細かくは区別せずに「平均」ということばを使用しますが，必要に応じて「標本平均」と「母平均」を区別して記します。

◆分布の代表値：中央値（メディアン）

中央値（メディアン，median）は，すべてのデータをデータ値の順に1列に並べたとき，全体の真ん中（中央）の位置にあるデータです。分布図ではその分布曲線の面積を左右に2等分する位置となります。もちろんデータの数が偶数個であれば中央に位置するデータはありませんから，その場合は，中央の前後2個のデータ値の平均値とします。

データ分布が二峰性（分布が2つの山を持つ）であったりすると，平均値は適切な代表値でないことがあります。また，データ件数が多くないときに**外れ値**（集団の多くのデータ値から大きく異なった値）があると，平均値に大きな影響を与えます。このようなケースでは，代表値としては平均よりメディアンの方が適切な指標となります。たとえば，あるクラスで行なった試験がかなり難しかったため，少数の学生はかなり良い成績だったけれど，多くの学生の出来が極めて悪かったとすると，平均点は成績の良い方に引きずられますから，試験の成績分布の代表値としてはメディアンの方が適切です。

しばしば外れ値をエラーデータとして除外することがありますが，単純にエラーとして排除するのは問題があります。一般には，外れ値が得られ

メディアン（medeian）と外れ値（outlier）

所得についての報道では，しばしば平均値が報道されるが，中央値の方が的確な指標となる。

たとえば，6人の月収が大きさの順で{25, 30, 30, 40, 45, 230}（単位は任意）のとき，平均値は $300/6 = 50$ であるが，メディアンは中央の2つ，30と40，の平均35となり，代表値としては分かりやすい。

外れた値がある分布のデータでも同様で，外れ値が1つであっても平均値には大きな影響を及ぼすことがあるが，中央値はほとんど影響を受けない。

た要因を検討・分析して，排除するのかしないのか，方針を決定することが必要です。

◆分布の代表値：最頻値・モード

最頻値（モード，mode）は，最も頻度の高い階級の階級値です。主にデータの分布が単峰性（たんぽうせい）（度数分布が1つの山を持つ）の場合に用いられる代表値です。分布の山がいくつもある多峰性分布で，似たような高さの山が2つ以上あるときはモードを分布の代表値として参照するのは一般には不適切です。

分布の代表値は分布の形状特徴に合わせて適切に選ぶ必要があります。

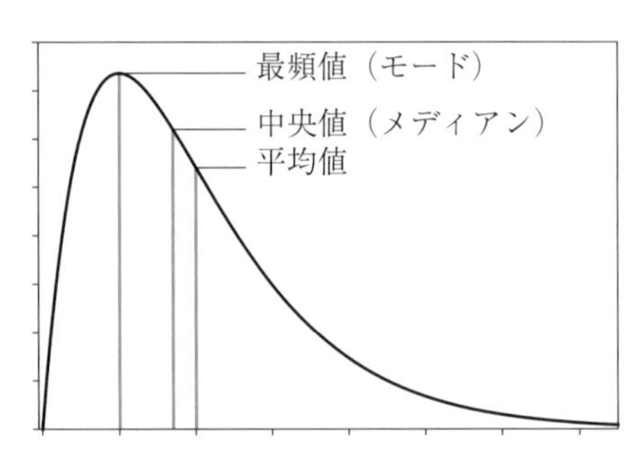

図 5.4　延びた分布の平均，メディアン，モード

単峰性の分布が左右対称の場合は，平均値，メディアン，モードはすべて同じ値で一致します。分布が単峰性でかつ右の方に裾が長く伸びている場合は，図5.4のように，平均値が最も大きく，次にメディアンで，モードは最も小さくなります。資産分布や所得分布のように分布が大きく右に伸びていると，メディアンは大部分のデータが分布する領域にあります。相対的貧困率は，可処分所得の中央値の1/2を貧困線として，それ以下の世帯員の割合で定義されています。

たとえば，図5.3の賃金統計について，元の厚労省の統計表には平均値と中央値が示されています。平均値と中央値が大きくずれています。分布の特徴は，中央値の方が適切であることが分かります。目的によって，このような代表値を適切に選ぶことが必要です。

男性 平均値：33.80万円，中央値：29.77万円，最頻値：24〜26万円
女性 平均値：25.10万円，中央値：22.78万円，最頻値：20〜22万円

◆量的データ分布の散布度：分散と標準偏差

散布度（dispersion）は度数分布の広がり方（バラツキの程度）で，さまざまな指標が使われます。最もよく使われるのは**分散**ですが，まず，「**偏差**」について説明します。

◆偏差

あるデータの**偏差**（deviation）は，その分布の平均値（一般には代表値で，目的によってはメディアンやモードを使います）との差です。平均値をμとして，i番目の個体のデータx_iの偏差d_iは次のように定義します。

偏差　$d_i = x_i - \mu$

偏差は平均値 μ より上では正，下で負です。**平均偏差** $\bar{d}$ は，個々の偏差の絶対値の平均です（偏差のまま単純に平均すると，当然ながら 0 になります）。

平均偏差　$\bar{d} = \frac{1}{n}\sum_{i=1}^{k}|d_i| = \frac{1}{n}\sum_{i=1}^{k}|x_i - \mu|$

レンジを階級に分割した度数分布からなるデータでは，偏差を階級値の偏差とし，階級数 k，i 番目の階級値 x_i の偏差 $d_i = x_i - \mu$，度数 n_i，相対度数 $r_i = n_i/n$ とすると，次のようになります。

度数分布の平均偏差　$\bar{d} = \sum_{i=1}^{k}|d_i|r_i$

◆分散

平均偏差は偏差の絶対値を利用するため，数学的に扱うには少々面倒なので，通常はもっと扱いの容易な**分散**（variance）を使います。データ変量 x の分散は，偏差 $d_i = x_i - \mu$ の自乗平均（2 乗平均，d_i を 2 乗して平均する）で定義します。x の分散は，σ^2（シグマ，ギリシャ文字 Σ の小文字）や s^2 などと書きます。

分散　$\sigma^2 = \frac{1}{n}\sum_{i=1}^{n}(x_i - \mu)^2$

これは，次のように表すこともできます（付録 5-2）。

分散　$\sigma^2 = \frac{1}{n}\sum_{i=1}^{n}x_i^2 - \mu^2$

つまり，2 乗平均から平均の 2 乗を引けば分散が得られることになります。

階級に分割した度数分布のデータについても，偏差を階級値の偏差とすれば同じように分散の表式が得られます。

度数分布の分散　$\sigma^2 = \frac{1}{n}\sum_{i=1}^{k}n_i(x_i - \mu)^2 = \sum_{i=1}^{k}r_i x_i^2 - \mu^2$

標本分散と母分散

「平均」について，「標本平均」と「母平均」を区別したが，「分散」についても「標本分散」と「母分散」を区別する必要がある。

ここで定義した分散は μ を「標本平均」として定義したもので，これを「**標本分散**」という。「**母分散**」は母集団全体で同様の計算をすることによって得るものであるから，標本分散とは異なるものであり，統計学では標本分散から母分散を推定する。

なお，この分散の定義で，μ を「母平均」とすると，「標本分散」でも「母分散」でもない。しかし，しばしば使われる「分散」でもある。6 章でも触れるが，8 章で「不偏推定量」としての「**不偏分散**」を定義する。

◆標準偏差

分散 σ^2 の平方根（2 乗根）σ を**標準偏差**（standard deviation, SD）といいます。平均値からのばらつきの程度を表す時にはこの標準偏差が使われます。

標準偏差　$\sigma = \sqrt{\sigma^2}$

一般に，データの数値が（正で）大きいと平均値が大きくなり，データのバラツキも広がって標準偏差が大きくなります。たとえば，身長を cm 単位で計測すると，m 単位で計測するより，見かけの数値は大きくなり，平均値も標準偏差も大きくなります。標準偏差 σ の平均値 μ に対する比を**変動係数**といいます。

$$\textbf{変動係数} \quad cv = \frac{\sigma}{\mu}$$

この変動係数は，計測の単位に依らないので，バラツキの程度を的確に表すことができます。

◆分散・標準偏差の性質

試験の点数を単純に a 倍すると平均値も a 倍され，b 点のゲタをはかせる（点数に定数 b を加える）と平均値も b だけゲタをはきます。一般に，データ変量 x に対し，$y = ax + b$ と定義された変量 y について，x と y のそれぞれの平均 m_x, m_y と分散 s_x^2, s_y^2 の間に次の関係が成立することが容易に確かめられます（付録 5-3)。

1次変換 $y = ax + b$ に対し，

平均値の関係 $m_y = a\, m_x + b$
分散の関係 $s_y^2 = a^2 s_x^2$

標準偏差は平均値の周りにデータがバラツクときの幅の目安を表します。

ところで，任意のデータ変量 x について，平均を m，分散を s^2 として

$m - ks \leqq x \leqq m + ks$ を満たすデータ件数の相対割合は $1 - \dfrac{1}{k^2}$ 以上

という性質が，変量 x の分布形に依らず成立します（チェビシェフの不等式)。たとえば $k = \sqrt{2}$ とすると，$1 - 1/k^2 = 0.5$ ですから，平均 m の周り $m - \sqrt{2}s \sim m + \sqrt{2}s$ の範囲に必ず半数以上のデータが存在することを意味します。これは，任意の分布についての性質ですからかなり緩い条件ですが，しかし，平均値と標準偏差についての重要な性質でもあります。

第7章で説明する正規分布など解析的に表せる分布や明確に定義できる分布については，データ値についての任意の条件範囲に対してデータ件数の割合を厳密に計算できます。さまざまな分布の関数について，この割合は統計分布表としてまとめられています。

◆偏差値

偏差値は主に日本で高校受験や大学受験などでよく使われますが，これは，個人の得点を x，全体の平均値 m，標準偏差 s として，偏差 $x - m$ から，

$$\textbf{偏差値} = \frac{x - m}{s} \times 10 + 50$$

と定義されます。偏差値 50 は偏差が $0 (x = m)$，60 は偏差が $s (x = m + s)$，70 は偏差が $2s$ に対応します。

点数分布が正規分布であるとすると，正規分布表を参照すれば偏差値 60

は全体の中で下から約84%（上位16%）の相対位置にいることが分かります。もちろん得点分布が正規分布かどうかというのは，試験の難易度などに大きく依存するので，目安にしかなりませんが，それでもよく使われる指標です。

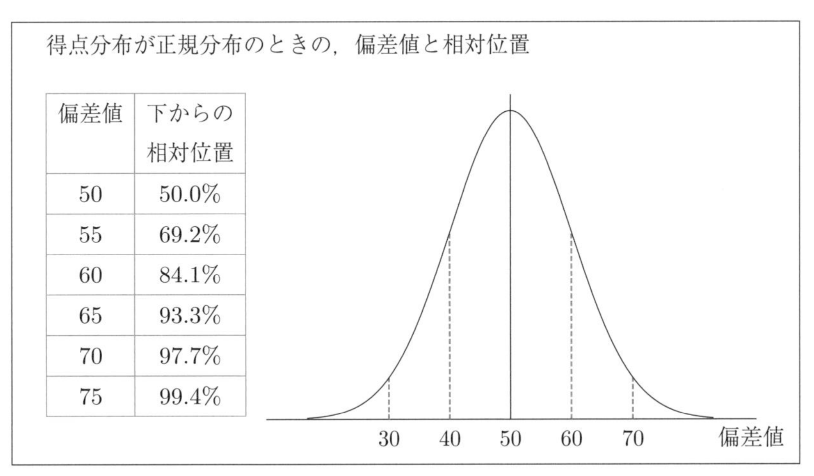

得点分布が正規分布のときの，偏差値と相対位置

偏差値	下からの相対位置
50	50.0%
55	69.2%
60	84.1%
65	93.3%
70	97.7%
75	99.4%

図 5.5　分布と偏差値

分布は左右に対称なので，たとえば，偏差値 $= 45$ のときの相対位置は，偏差値55の相対位置69.2%から，$100 - 69.2 = 30.8$%となります。

章末問題

5.1 「ビッグデータ」について，調べてみよう。

- どのようなものか
- 従来の「大規模データベース」などと比べてどういう特徴があるか。
- 具体的なデータはどのようなものか
- ビッグデータを解析した，あるいは利用した，具体的な例をいくつか
- 他の関心のある事柄について

5.2 標準偏差は，データのバラツキを表しています。集計結果をグラフ表現するときに，エラーバー（誤差範囲）を明示する際にも使われます。標準偏差だけではなく，「偏差」について，「四分偏差」や「十分位数」などが使われることもあります。実際，表5.3，図5.3で参照した厚生労働省の賃金統計でも利用されています。次のような点について調べてみよう。

- 偏差（ばらつき）を図で表現するのにどのような方法が使われているか
- 四分位偏差，十分位数とはどのようなものか
- これらの偏差のそれぞれの特徴はどのようなものか
- どのような場合に使われているか

5.3 データ処理に関心があれば，ネットにいろいろなデータが公開されている

ので，ヒストグラムや分布図などを作成してみよう。エクセルで，小さいデータセットを対象に，組み込み関数などを利用すると，比較的簡単に計算と作図ができます。もし，この教科書で紹介しているRが使えるなら，Rの練習課題として取り組めるでしょう。

付録

付録 5-1

データの総件数 n，階級数 k 個，i 番目の階級について，階級値 x_i，度数 n_i，相対度数 r_i とすると，$n = n_1 + n_2 + \cdots + n_k, r_i = n_i/n$ なので，

$$\text{平均値}\quad \mu = \frac{1}{n}(x_1 n_1 + x_2 n_2 + \cdots + x_k n_k) = x_1\frac{n_1}{n} + x_2\frac{n_2}{n} + \cdots + x_k\frac{n_k}{n} = x_1 r_1 + x_2 r_2 + \cdots + x_k r_k.$$

$\sum$ を使って書くと，

$$n = \sum_{i=1}^{n} n_i, \quad \mu = \frac{1}{n}\sum_{i=1}^{k} n_i x_i = \sum_{i=1}^{k}\frac{n_i}{n}x_i = \sum_{i=1}^{k} r_i x_i.$$

付録 5-2

$$\text{分散}\quad \sigma^2 = \frac{1}{n}\sum_{i=1}^{n}(x_i - \mu)^2 = \frac{1}{n}\sum_{i=1}^{n}(x_i^2 - 2\mu x_i + \mu^2) = \frac{1}{n}\sum_{i=1}^{n}x_i^2 - 2\mu\frac{1}{n}\sum_{i=1}^{n}x_i + \mu^2\frac{1}{n}\sum_{i=1}^{n}1.$$

ここで，$\sum_{i=1}^{n} x_i = n\mu$, $\sum_{i=1}^{n} 1 = n$ なので，

$$= \frac{1}{n}\sum_{i=1}^{n}x_i^2 - 2\mu^2 + \mu^2 = \frac{1}{n}\sum_{i=1}^{n}x_i^2 - \mu^2.$$

付録 5-3

1次変換 $y = ax + b$ に対し，$y_i = ax_i + b$, $m_x = \frac{1}{n}\sum_{i=1}^{k} x_i$, $m_y = \frac{1}{n}\sum_{i=1}^{k} y_i$ だから，

$$m_y = \frac{1}{n}\sum_{i=1}^{k} y_i = \frac{1}{n}\sum_{i=1}^{k}(ax_i + b) = a\frac{1}{n}\sum_{i=1}^{k}x_i + b\frac{1}{n}\sum_{i=1}^{k}1 = am_x + b.$$

また，$s_x^2 = \frac{1}{n}\sum_{i=1}^{n}(x_i - m_x)^2$ だから，

$$s_y^2 = \frac{1}{n}\sum_{i=1}^{n}(y_i - m_y)^2 = \frac{1}{n}\sum_{i=1}^{n}((ax_i + b) - (am_x + b))^2 = \frac{1}{n}\sum_{i=1}^{n}(a(x_i - m_x))^2 = a^2 s_x^2.$$

第6章 2つの変量の間の関係—相関と回帰

データ解析は，実用的な場面では多数の変量を対象とするのが普通ですが，「多次元データ空間」の把握はあまり簡単ではありません。本章では，特に2つの変量間における関係，有意差，相関関係，相関係数，回帰直線・回帰係数など，2変量データ解析の基本的な考え方を中心に考えます。数学的な表現と手法が使われますが，あまり気にする必要はなく，何をどうしているのか，何が分かるのかといった概念と特徴を理解することが重要です。さまざまな統計パッケージやデータ処理システムが提供されていて手元で使えます。それを利用する上で，データ解析についての基本的な考え方，目的などを理解しておくのが望ましいと思われます。

第6章の項目

6.1　多変量データの整理

収集されたデータは通常は多数のデータ項目（属性）からなりますが，各標本個体のデータの組と，各データの組を特定するためのキー項目（たとえば，データの通し番号，個体の固有番号などの項目）からなる表の形式にまとめられます。たとえば，あるクラスの学生の試験成績を，学籍番号をキー項目として，各科目の試験成績を一連の属性データとする表にまとめます。前章では，このようにして得られたデータについて，主に一つの属性について集計しましたが，ここでは，複数の属性を集計・表示する方法について検討しましょう。

(1)　クロス集計

2つの質的変量について集計する場合，よく使うのが**クロス表**（**分割表**）です。たとえば，試験の合否について性別で合格者数に差があるか，試験の合否とゲーム時間（時間カテゴリ）とに関係があるか，などを観るためにデータをクロス集計します。クロス集計というのは，2つの変量の各カテゴリのどれかに同時に合致するデータの度数集計です。

クロス集計表

第1変量のカテゴリを行に（例表では「性別」），第2変量のカテゴリを列に（例表では「合否」）割り当てる。クロス表の各マス目をセル（cell）と呼ぶ。1行2列目のセル，(1,2) セル，には，性別=「M」，かつ，合否=「不合格」の度数9が書き込まれている。

表 6.1　男女別合否のクロス表

性別＼合否	合格	不合格	計
M	36	9	45
F	33	5	38
計	69	14	83

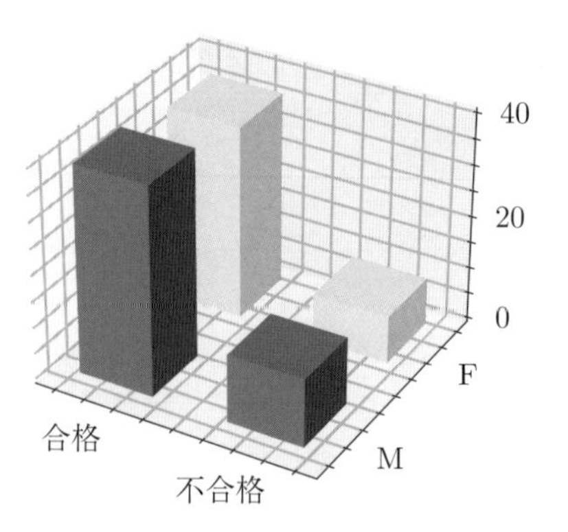

図 6.1　男女別合否の構グラフ表示

この表 6.1 は2行2列のクロス表で，2×2 クロス表（クロス集計表）といいます。質的変数「性別」と「合否」について集計してあります。それぞれの行と列で，3行目には各列（合否のカテゴリごと）の合計度数，3列目には各行（性別カテゴリごと）の合計度数，右隅には総度数（= 行合計の総和 = 列合計の総和）を示しますが，これらを**周辺度数**と呼びます。このクロス表から「男子学生の方が女子学生より不合格者が多いのでは」ということが推測できますが，その推測が正しいかどうかは，統計学的に検討が必要です。第8〜9章で説明しますが，統計的推計や検定などの手法が使われます。

量的変量についても，階級のカテゴリごとに集計すれば，質的変量と同じようにクロス表を構成することができます。

二つの変量について集計した表は，一つの変量のカテゴリごとに，他の変量の度数を棒グラフで表せます。カテゴリ数がそれほど多くなければ，図 6.1 の3次元棒グラフ（柱状グラフ）のように，クロス表の各セルの位置に度数を表す柱を描いて，俯瞰図として表すことができます。

3変量のクロス集計は3次元の表が必要となりますから，平面状の表の形で集計するのは困難です。いろいろ工夫されていますが，通常は，一つの変量の各カテゴリごとに，残りの2つの変量のカテゴリについての2次元の表として集計します。

◆クロス集計表から分かること

表 6.2 のような 2×2 クロス集計表で，各列の度数分布数が $a:c=b:d$ となったとすると，$(a+b):(c+d)$ とも等しくなります。このとき，

表 6.2　2×2 クロス表

		変量 B		
		B1	B2	計
変量A	A1	a	b	$a+b$
	A2	c	d	$c+d$
	計	$a+c$	$b+d$	$a+b+c+d$

変量 A の値 A1, A2 を持つ個体の度数比は個体の変量 B の値が B1 か B2 かどうかにかかわらず同じです。さらに $a : b = c : d = (a+c) : (b+d)$ も成立していますから，B は A に依存しません（付録 6-1）。結局，2 つの変量 A, B は互いに関係しないことになります。もしすべての行（あるいは列）の度数比が互いに似ていれば A と B とはあまり関係がないことが，逆にもし度数比が大きく異なっている行（あるいは列）があれば，A と B とは強く関係することが推測できます。

たとえば，表 6.1 の性別 × 合否のクロス集計表では，M のカテゴリでは合否の度数比は $36/9 = 4.0$，F では $33/5 = 6.6$ ですから，大きく異なっています。また，合格のカテゴリでは M/F の度数比は $36/33 \fallingdotseq 1.1$，不合格では $9/5 = 1.8$ ですから，同様にかなり異なっています。これから，性別と合否との間には強い関係があることが推測できます。

もっとも，この関係は，性別が合否に影響を与えていることを示しているわけではありません。これは，このデータの集合における変量間の**相関性**を示唆しているだけで，**因果関係**の存在を示唆しているわけではないことを強調しておきます。

(2)　散布図（相関図）

2 つの量的変量について考えるとき，各個体ごとにデータが得られているはずですが，クロス集計では階級ごとにカテゴリ化して集計します。散布図では，階級区分で集計した度数ではなく，それぞれの個体のデータの値をそのまま利用するので，複数の量的変量データの量的関係を観ることができます。

ある個体の 2 つの変量データは，それぞれの変量を座標軸とする座標平面上の点で表すことができます。2 つの変量について，集団のすべての個体のデータ点を同じ座標平面にプロットした図を**散布図**（scatter diagram, scatter plot）といいます。2 変量の間の相互関係の図示という意味で**相関図**（correlation diagram, correlation chart）とも呼びます。

散布図では，横軸に第 1 変量の値，縦軸に第 2 変量の値をそれぞれ目盛り，各個体について，その 2 変量の値に対応する座標位置に点をプロット

3 次元散布図

3 つの量的変量について散布図を描くのはあまり一般的ではない。標本データが少ないときは遠近を巧妙に表現しないと，データ点の分布が認識できない。

規模の大きい標本データでは，たとえば，俯瞰図的に，データ点を 3 次元小球で表現し，遠近感が 3 次元的に認識できるような図を工夫して，作図することもある。ネットでいろいろ公開されているので参照されたい。

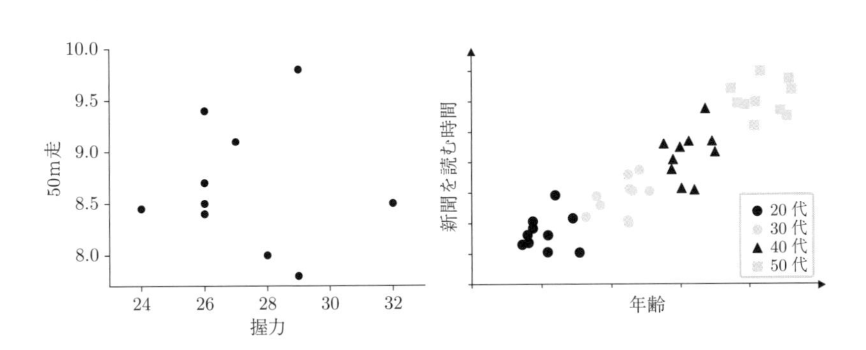

図 6.2　散布図

します。散布図のすべての点を横軸上に投影すると，第1変量の値の分布が点の濃淡（密度）で表されます（**密度分布**）。横軸を階級に区分して度数を集計すれば，第1変量のヒストグラムに対応する分布になります。縦軸についても同様にすると第2変量の値の密度分布が得られます。これも階級化して度数を集計すると第2変量についてのヒストグラムとなります。散布図は，2つの変量の値の密度分布を同時に表すものです。

第3の質的変量のカテゴリやあるいは量的変量の階級ごとに異なった形（中黒丸，中抜き三角，バク印など）や色でプロットすると，図6.2のように2変量の散布図で，第3変量との関係を同時に表すこともできます。

6.2　量的データの相関関係と相関係数

(1)　散布図と相関

2つの変量データの組について，一方の変量の値が大きいとき他の変量の値も大きい，あるいは小さい傾向がある（そのようなデータの組が多い）とき，その2変量間は**共変的**である，あるいは**共変性**があるといいます。**相関**（correlation）はそのような2変量間の関係を指すことばです。たとえば，ある学生集団で，身長と体重の2つの変量データを収集して散布図としてプロットすると，個々の学生にとっては身長と体重の関係はいろいろですが，集団全体としては，多くの場合，身長が大きいときは体重も大きいという共変性が見られます。

2変量間の共変性について，通常は**線形**（linear，直線的）であることを仮定します。共変性が線形であるとは，散布図でプロットした点の並びが，全体として直線的に右上がりか，あるいは右下がりかを表すことばです。線形な共変性があるとき**線形相関**（linear correlation）**がある**，あるいは簡単に**相関がある**といいます。

線形でない共変性があるとき，たとえば，散布図としてプロットした点の集まりがある曲線の周りに分布するように見えるとき，**非線形相関**（non-linear correlation）があるといいます。

なお，既に触れましたが，相関がある，あるいは共変的であることは必ずしも因果関係があることを示すわけではないことを，再度強調しておきます。因果関係とは，片方の変化が「原因」あるいは「要因」となって他方に変化（これが「結果」）を引き起こすことで，因果関係があれば相関がありますが，相関があるからといって因果関係があることにはなりません。

◆相関といろいろな散布図

散布図は多数の点をプロットした平面図形ですが，点の集まりは全体としてざまざまな形になります。

図6.3の(1)のような散布図では，横軸（第1変量）の値が大きくなる

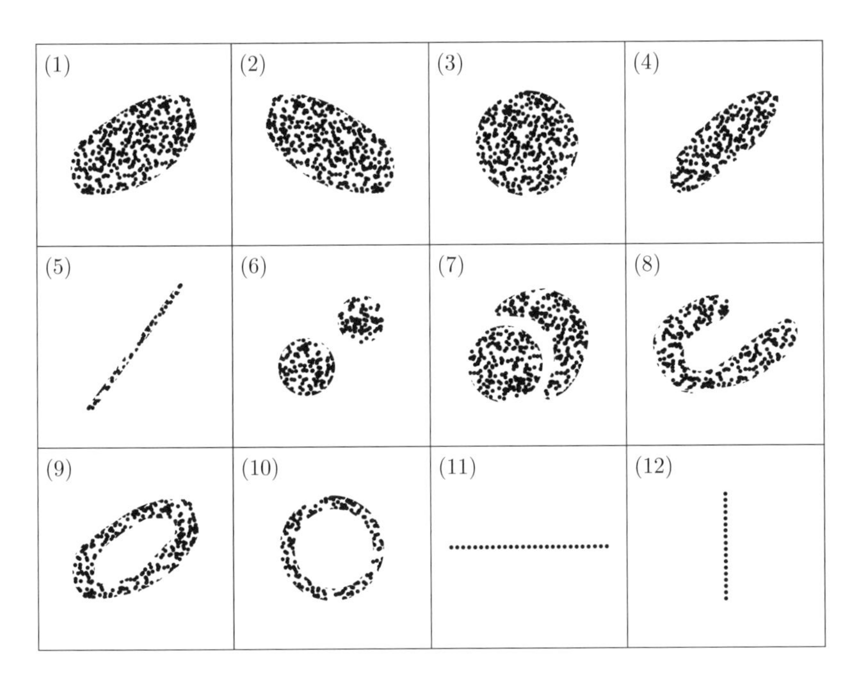

図 6.3 いろいろな散布図

と縦軸の第 2 変量の値も大きくなる傾向があります。このとき，2 つの変量の間には**正の相関**があるといいます。

(2) のような散布図では (1) とは逆の傾向がありますが，このとき，2 つの変量には**負の相関**（**逆相関**とも）があるといいます。

(3) のような散布図ではこれらのような共変性が観察できませんので，相関が無い，**無相関**です。

(4) の散布図も正の相関がありますが，(1) と比べると細長くまとまっていますから，2 つの変量の共変性は強く，強い（正の）相関があります。

(5) も正の相関を示していますが，すべてのプロット点がほぼ直線状に並んでいますから，2 変量間の線形共変性が非常に強い（それぞれの値が直線的に一対一に近い対応をする）ことを表します。

(6) は，プロット点が 2 つのグループ（クラスター）に分かれていて，グループ内ではほぼ無相関に近いのですが，全体の傾向としては正の相関があります。横軸へ投影した第 1 変量だけの分布は重なっていて二峰性ですが，第 2 変量を含めてプロットすると 2 つのグループに分かれた分布となった，と判断できます。

(7) も全体としては無相関です。左の方と右上の方の集団が曲線的な形で分離しているように見え，右上の方は非線形相関に見えます。しかし，うまく第 3 の変量を選んで 3 次元空間にプロットすると，この 2 つは完全に分離し，右上の集団はさらに 2 つ以上の集団に分かれていて，それぞれの集団には線形相関があるのかもしれません。2 変量によるこの平面プロットではほぼ無相関に見えている可能性があります。

(8)〜(10) のような散布図では，以上のような直線性の相関ではなく，曲線的な相関関係となっています。このような相関関係は**非線形相関**と呼ばれています。直線性の線形相関としては，(8), (9) はともに弱い正の相関があります。(10) では線形相関はなく，無相関になります。このときの1変量の分布は二峰性になっています。2変量の非線型相関は散布図にプロットすると把握できますが，3変量以上の多変量に関わる非線形相関は一般的な方法で把握するのは困難です。

(11), (12) のプロットは直線的ですが，(11) では第2変量が一定値，(12) では第1変量が一定値となっています。これらの場合は，2つの変量間に共変性が見られませんので，相関の概念は適用できません。

線形相関と非線形相関

線形ではない相関が非線形相関であるが，一般に非線形相関を明示するのは困難である。

多くの非線形相関では，2次元的なばらつきが大きい方向があるので，弱い線形相関がみられる。たとえばデータ値の対数で散布図を作成するなど，変量を変換することによって非線形相関を線形相関に変換することができる場合もあり，よく利用される。

一般には，非線形相関性は分析が困難な相関である。理論的に，あるいは経験的に，非線形性が想定される場合に対象とすることが多い。

相関関係と因果関係

相関関係と因果関係はしばしば混同されます。Google は 2008 年に「インフルエンザ」の検索頻度からインフルエンザの流行地を推測する相関関係を「発見」して話題になりました．これは明らかに，その地域での流行を原因として検索増加が結果した，という因果関係に基づくと推測されます。2020 年は新型コロナウィルス感染症 COVID-19 で日本のみならず世界中が騒然として 2021 年も継続するとみられます。Google は 2020 年末に，“COVID-19 感染予測（日本版）”をネットで公開しました。政府・厚労省や各都道府県自治体が発表する感染情報やネットから収集できるさまざまな情報，あるいは，個人のスマホ携帯の位置情報，さらに独自の収集情報などを予測システムに学習させて，予測を更新し続けています。

2012 年の NEJM（The New England Journal of Medicine, 医学系のトップ論文誌の 1 つ）に「チョコレート消費量が多い国民にはノーベル賞受賞者が出る割合が高い」という調査結果を示した論文が掲載されました (NEJM, **367**, 1562–1564 (2012))。30 年以上も前になりますが，筆者は「チョコレートをよく食べる子どもは落ち着きがない」という趣旨の学会報告を見た記憶があって，ある教科書（『構造的因果モデルの基礎』，黒木学著，共立出版 (2017)）にこの NEJM の論文が紹介されていたのが目についたのです。いかにも「チョコレート」を原因として「業績」や「性格」という結果がある，という「因果関係」の印象を与えますが，これは単なる「相関関係」です。なお，この NEJM の論文は，相関解析から因果推論する問題を警告する論文だそうです。

これは，相関関係から因果関係を導くという「判断指向」が今でも変わらずに残っていることを示しています。おそらく，「相関」ということばが「発明」されるよりもはるか以前から，洋の東西を問わず続いているのではないでしょうか。しかし，多くの科学的な法則も，歴史的には，数多くの経験による共起的な相関関係から論理的に推論し，そして実験と観測で実証し，帰納的に構成されてきたのも事実です。

(2) 相関係数：線形相関の強さ

相関係数（correlation coefficient）は，図 6.3(1)〜(5) のような 2 つの

変量の間の線形相関の強さ，程度を示す指標です。相関係数は，同じ図の(6)〜(10) についても線形相関と見なして，求めることができます。

相関係数の定義はいくつか提案されていて，ここで説明する線形相関は最もよく使われている，**ピアソン** (Kerl Pearson) の**積率相関係数** (product-moment correlation) と呼ばれているものです。

◆相関係数の定義

2 つの量的変量を x, y とし，標本集団の大きさが n で，i 番目の個体のデータを (x_i, y_i), $i = 1 \sim n$ とします。

まず，変量 x と y のそれぞれの平均と分散を求めます。

標本平均　$$m_x = \frac{1}{n}\sum_{i=1}^{n} x_i, \qquad m_y = \frac{1}{n}\sum_{i=1}^{n} y_i$$

標本分散　$$s_x^2 = \frac{1}{n}\sum_{i=1}^{n}(x_i - m_x)^2 = \frac{1}{n}\sum_{i=1}^{n} x_i^2 - m_x^2,$$

$$s_y^2 = \frac{1}{n}\sum_{i=1}^{n}(y_i - m_y)^2 = \frac{1}{n}\sum_{i=1}^{n} y_i^2 - m_y^2,$$

5 章でも触れましたが，標本平均，標本分散は，収集したデータについての平均，分散のことです（後で説明を追加します）。

次に，2 つの変量 x と y に対して，**共分散** (covariance, **標本共分散**) s_{xy} を求めます。これは，x と y のそれぞれの平均からの偏差の積の平均です。具体的には，データ (x_i, y_i) の偏差の積 $(x_i - m_x)(y_i - m_y)$ の $i = 1 \sim n$ の和（これを簡単に**積和**という）を n で割ったものです。

標本共分散　$$s_{xy} = \frac{1}{n}\sum_{i=1}^{n}(x_i - m_x)(y_i - m_y) = \frac{1}{n}\sum_{i=1}^{n} x_i y_i - m_x m_y$$

共分散の定義は分散の定義と似ていて，分散の場合と同様に，各データの積の平均から平均の積を引くことで得られます（付録 6-2)。

これらを用いて，x と y の間の**相関係数** r を次のように定義します。

相関係数　$$r = \frac{1}{n}\sum_{i=1}^{n}\left(\frac{x_i - m_x}{s_x}\right)\left(\frac{y_i - m_y}{s_y}\right) = \frac{\frac{1}{n}\sum_{i=1}^{n}(x_i - m_x)(y_i - m_y)}{s_x s_y} = \frac{s_{xy}}{s_x s_y}$$

相関係数の値の範囲：$-1 \leqq r \leqq 1$

相関する変量を明示するときは r_{xy} などと書きます。

相関係数 r は，-1 と 1 の間の実数値となります（付録 6.4 の追記を参照)。

共変性と共分散

共分散は 2 つの変量 x と y の偏差の積和平均である。

x が大きくなると y も大きくなる傾向があるとき，x と y は**正の共変性**を示す。逆に，x が大きくなると y が小さくなる傾向ならば，**負の共変性**である。

正の共変性があるとき，x の偏差と y の偏差は同符号となることが多くなるから，共分散は正となる。同様に，負の共変性があるときは x の偏差と y の偏差は符号が異なることが多くなるから，共分散は負になる。

共分散は，2 変量の共変性の指標である。

◆変量の標準化について

相関係数 r の定義で，データ x_i は $\frac{x_i - m_x}{s_x}$ の形で利用しています。一般に，ある変量 x があって，その平均が m, 分散が s^2 のとき，次の変換を x の**標準化**といいます（s は標準偏差）。

$$\textbf{変量}\ x\ \textbf{の標準化}\quad z = \frac{x-m}{s}$$

たとえば，身長の計測で，データの数値の単位が cm なのか m なのかで，見かけの平均値や分散の値が大きく変わります。いま，変量 x を1次式 $z = ax + b$ で z に変換すると，z の平均値は $am + b$, 分散は a^2s^2, となります（付録 5-3）。したがって，$a = \frac{1}{s}$, $b = -\frac{m}{s}$ として，

$$z\ \text{の平均}\ am+b = \left(\frac{1}{s}\right)m + \left(-\frac{m}{s}\right) = 0,\ \text{分散}\ a^2s^2 = \left(\frac{1}{s}\right)^2 s^2 = 1$$

となります。標準化した変量の特徴は，

- 計測数値の基準（原点，ゼロ点）や単位に依存しない
- 常に，平均値の位置が原点，ばらつきの程度は一定（分散 =1）

ということです。

相関係数は，このように散布図の見かけ上の位置や広がりを標準化した上で，共変関係を評価する指標となっています。標準化された変量について散布図を描くと，線形相関についての基本的な分布形状は図 6.4 のようになります。

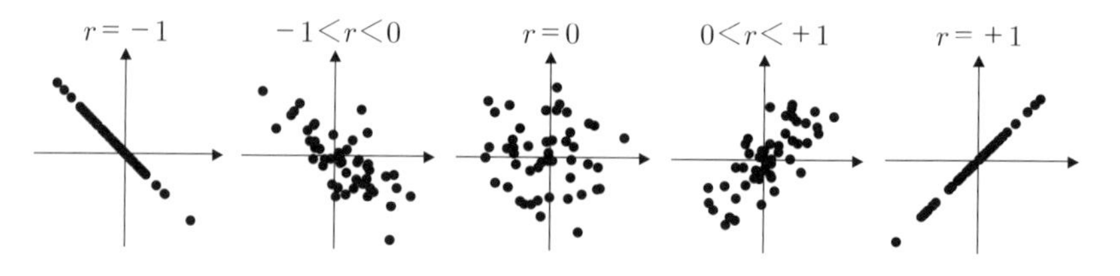

図 6.4　相関係数と散布図の関係

◆相関係数の基本的な性質

変量 x と y との間に正の相関があるとき，つまり，変量 x が平均 m_x より大きい $(x_i - m_x > 0)$ ときには変量 y も平均 m_y より大きい $(y_i - m_y > 0)$ という傾向が，逆に，$x - m_x < 0$ のときには $y - m_y < 0$ という傾向があるので，r の和の多くの項は正となり，全体としては r は正の値になります。

負の相関は x と y が上とは逆の傾向を示す場合で，このとき r の和の多くの項は負となり，r は負の値になります。

相関係数 r は，最大値が 1，最小値が -1 で，その絶対値が相関の強さを表し，$r = 0$ のときは無相関です。

相関が最も強いとき，散布図ではすべての点が一つの直線上にプロットされますから，変量 y が変量 x の1次式で表せます。k を正定数，a を定

数として，$y_i = kx_i + a$ ならば最大値（正の相関が最強）の $r = 1$ となり，$y_i = -kx_i + a$ ならば最小値（負の相関が最強）の $r = -1$ となります（付録 6-3）。標準化された変量で散布図を描くと，$r = 1$ のときは右上がり 45 度の直線，$r = -1$ のときは左上がり 45 度の直線となります（図 6.4 の最左，最右の図）。それ以外では $-1 < r < 1$ となります（付録 6-4 の追記を参照）。

なお，同じ直線性の散布図であっても，x 軸に平行な直線（図 6.3(11) のように，x の値に関わらず y が同じ値になっている），あるいは y 軸に平行な直線（図 6.3(12) のように y の値に関係なく x の値が同一の値）のときは，s_y あるいは s_x が 0 になるので，相関係数 r は定義されません（あるいは，小さな誤差で大きく揺らぐ不安定な値になります）。

6

◆標本共分散と共分散についての補足

統計学では，平均操作について，**データの自由度**（自由な値をとることのできるデータの個数）による平均を考えることがあります。その考え方では，平均操作は「データの自由度で割る」ことです。

標本データの平均値を求めるとき，そのデータの自由度はデータの個数 n と同じで，和を n で割って平均します。

標本平均値（実現値）　$m_x = \dfrac{1}{n}\sum_{i=1}^{n} x_i$

分散や共分散の計算では，そのようにして求めた標本平均値からの偏差を用いて計算しますが，偏差で標本平均値を固定値とみなして使うために自由度が 1 減って，$n-1$ となります。したがって，偏差の自乗和や積和を平均するときは，$n-1$ で割ることになります（側注参照）。

第 8 章で改めて説明しますが，$n-1$ で除して得る分散は**不偏分散**と呼ばれます。共分散も $n-1$ で平均したものを**不偏共分散**といいます。教科書によっては，$n-1$ で平均したものを分散，共分散と呼んでいますが，ここでは，$n-1$ で割ったものを「不偏分散」，「不偏共分散」と呼び，n で割ったものは「標本分散」，「標本共分散」と呼んで，区別します。

不偏分散　$u_x^2 = \dfrac{1}{n-1}\sum_{i=1}^{n}(x_i - m_x)^2,$

$$u_y^2 = \frac{1}{n-1}\sum_{i=1}^{n}(y_i - m_y)^2$$

不偏共分散　$c_{xy} = \dfrac{1}{n-1}\sum_{i=1}^{n}(x_i - m_x)(y_i - m_y)$

データ件数 n が十分に大きければ，不偏分散・不偏共分散と標本分散・標本共分散とはほとんど違いがありません。

なお，相関係数は，標本共分散 s_{xy} と標本分散 s_x^2, s_y^2 とから $r = \frac{s_{xy}}{s_x s_y}$ で求めますが，不偏共分散 c_{xy} と不偏分散 u_x^2, u_y^2 を用いて $r = \frac{c_{xy}}{u_x u_y}$ とし

データの自由度

n 個の個体からなる集団で，ある変量 x の値（データ）を計測すると n 個のデータ値 x_i が得られる。この n 個の値は，変量の変域内であれば，互いに無関係で，独立して決定できる。これを，**n 個のデータ値の自由度は n である**という。x の平均値 m は 1 自由度当たりのデータ値であるから，和を自由度 n で割る。

データ値 x_i の偏差の値 $d_i = x_i - m$ については，n 個の偏差を加えると必ず 0 になるから，n 個の偏差は独立ではない。**n 個の偏差の自由度は $n-1$ である。**したがって，分散は偏差の 2 乗平均であるから，自由度 $n-1$ で割ることになる。これが**不偏分散**である。

て計算しても，結果としては同じ値になります。相関係数を求めるときには，通常は標本分散と標本共分散とから計算します。

◆相関行列

n 個の個体からなる標本集団で，N 種類の変量 z_i, $i = 1 \sim N$ について考えます（下添え字の i は，標本個体番号ではなく，変量の番号であることに注意）。いま，i 番目の変量 z_i の標本平均を m_i，標本分散を s_i^2 とし，2つの変量 z_i, z_j についての標本共分散を s_{ij} とします。簡単のため，$\sum^n$ で n 個の標本個体についての和を表します。

$$s_{ij} = \frac{1}{n}\sum^{n}(z_i - m_i)(z_j - m_j) = \frac{1}{n}\sum^{n} z_i z_j - m_i m_j$$

ただし，$i = j$ のときは標本分散 $s_{ii} = s_i^2$ となります。この s_{ij} からなる $n \times n$ 行列 $D = (s_{ij})$ を，**分散共分散行列**と呼びます。

$$D = \begin{pmatrix} s_{11} & s_{12} & \cdots & s_{1n} \\ s_{21} & s_{22} & \cdots & s_{2n} \\ \vdots & \vdots & \ddots & \vdots \\ s_{n1} & s_{n2} & \cdots & s_{nn} \end{pmatrix}$$

D の対角要素は標本分散，非対角要素は標本共分散です。

分散共分散行列 D の $i \neq j$ 要素の s_{ij} を s_i と s_j の積 $s_i s_j$ で割ったものは z_i, z_j の間の相関係数 $r_{ij} = s_{ij}/s_i s_j$ です。$i = j$ 要素については $r_{ii} = s_{ii}/s_i s_i = 1$ となります。この r_{ij} からなる $n \times n$ 行列 C を，**相関行列**といいます。相関行列は，定義から $r_{ij} = r_{ji}$ なので対称行列で，対角要素はすべて 1，非対角要素はすべて $[-1, 1]$ の範囲の値です。相関行列は，多数の変量の間の相関関係の特徴を一度に観察することができます。

$$C = \begin{pmatrix} 1 & r_{12} & \cdots & r_{1n} \\ r_{21} & 1 & \cdots & r_{2n} \\ \vdots & \vdots & \ddots & \vdots \\ r_{n1} & r_{n2} & \cdots & 1 \end{pmatrix}$$

6.3 量的データの関係と推測—回帰直線

回帰直線

回帰直線は，2変量の線形相関関係を1次式で表します。たとえば，図6.5のような2変量 x, y の散布図で線形相関がみられるとき，上下にデータ点が万遍なく分布するように描いた直線を**回帰直線**（linear regression）といいます。散布図での横軸（変量 x）を**説明変数**あるいは**独立変数**，縦軸（変量 y）を**目的変数**あるいは**従属変数**と呼びます。目的変数 y の値を説明変数 x の値から推測する，ということです。

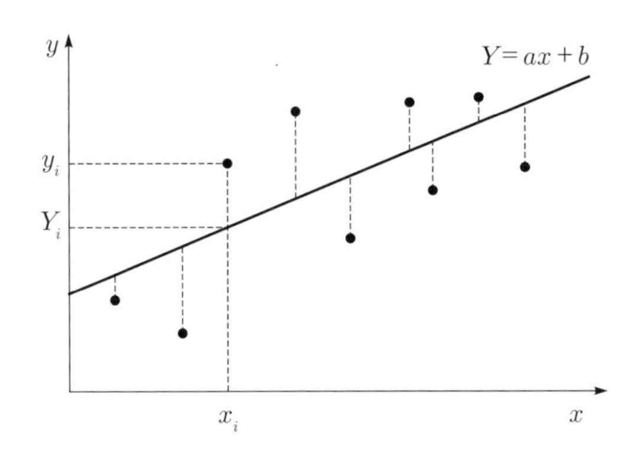

図 6.5 散布図と回帰直線

回帰直線は，直線が散布図のデータ点分布の中ほどを通るように，そして，データ点が直線の周り上下に偏らずに分布するように，直線を描きます。回帰直線は，このようにして目分量でも引けますが，普通は，次のようにして直線の方程式を決定します。

◆回帰直線（x から y への回帰直線）

説明変数を変量 x，目的変数を変量 y として，直線の方程式を

$$Y = f(x) = ax + b \quad a, b \text{ は定数の未知パラメータ}$$

とし, $x = x_i$ のデータ点 (x_i, y_i) と直線上の点 (x_i, Y_i), $Y_i = f(x_i) = ax_i + b$ との差 $y_i - Y_i$ が全体として最も小さくなるように直線を決めます。これを**回帰直線**といいます。$y_i - Y_i$ を**残差**といいます。回帰直線による目的変数の推測誤差のことです。

普通は，計算が容易になるよう，残差の絶対値の和ではなく，残差の2乗和 P が最小となるように，直線を表す定数 a, b を決定します。

$$P(a, b) = \sum_i (y_i - (ax_i + b))^2 \quad \text{が最小値となる定数 } a, b$$

a を**回帰係数**，b を回帰直線の切片といいます。また，このようにして未知パラメータ a, b を決定する方法を**最小二乗法**（least-square method）といいます。

最小二乗法で a, b を決定すると，次の回帰直線が得られます（付録6-4）。

$$\textbf{回帰直線} \quad Y = \frac{s_{xy}}{s_x^2}(x - \bar{x}) + \bar{y}$$

ただし，$\bar{x}$ と $\bar{y}$ はそれぞれ x と y の標本平均，s_{xy} は標本共分散，s_x^2 は x の標本分散です。散布図において $(\bar{x}, \bar{y})$ を分布の重心といいますが，この直線は，散布図における分布の重心 $(\bar{x}, \bar{y})$ を通ります。

x と y の間の相関係数 $r_{xy} = s_{xy}/(s_x s_y)$ を利用すると，次のように表せます（s_y^2 は y の標本分散）。

回帰 regression

回帰する（regress）とは，逆行する，後退する，もとに戻る，という意味であるが，一般には，時間を経て以前と同じような状態に戻る，ということを指す。もともとは，生物学的な祖先帰りの遺伝現象を指すことばとして使われたらしい。

統計学で使われる回帰直線は，データ点を座標平面に順にプロットしていくと，ある直線の近くの領域から離れていったと思うとまた回帰してくる，という雰囲気がよく伝わることばである。

なお，太陽の天球上の運行を表す概念に「回帰線」ということばがあるが，ギリシャ語の「帰る」に由来する tropos，英語では tropic，の日本語訳である。

回帰直線　$\dfrac{Y-\bar{y}}{s_y}=r_{xy}\dfrac{x-\bar{x}}{s_x}$

◆（補足）$\boldsymbol{y}$ から $\boldsymbol{x}$ への回帰直線

補足ですが，上では変量 y を目的変数として y 軸方向の残差の2乗和 P を最小化して，**$\boldsymbol{x}$ から $\boldsymbol{y}$ への回帰直線**を得ました。目的変数を x，説明変数を y として入れ替えて $X=ay+b$ とすると，y から x への回帰直線が得られます。

当然ながら一般には得られる回帰直線は異なったものになりますが，結果は x と y を入れ替えるだけです。相関係数は同じ $r_{xy}=r_{yx}$ なので，**$\boldsymbol{y}$ から $\boldsymbol{x}$ への回帰直線**は次のようになります。

$$r_{xy}\frac{y-\bar{y}}{s_y}=\frac{X-\bar{x}}{s_x}\qquad \textbf{y から x への回帰直線}$$

$r_{xy}=1$ ならば，x から y への回帰でも，y から x への回帰でも，同じ回帰直線になります。これは当然のことで，$r_{xy}=1$ ということは，散布図ではすべてのデータ点は1つの直線上に乗っているので，それが回帰直線です。

◆重相関と回帰直線の評価

2変量データ $(x_i,\,y_i)$, $i=1\sim n$ に対し，説明変数 y の値 y_i と，回帰直線で推測（予測）される y の値 $Y_i=\frac{s_{xy}}{s_x^2}(x_i-\bar{x})+\bar{y}$ との相関を**重相関**，その相関係数 R を**重相関係数**といいます。

この重相関係数の2乗 R^2 は，回帰直線の**寄与率**あるいは**決定率**と呼ばれます。以下，「寄与」の意味を簡単に説明しますが，詳細は付録6-5を参照して下さい。

回帰直線は散布図の重心 (x,y) を通るので，Y_i の平均 $\bar{y}$ と y_i の平均 $\bar{Y}$ とは一致します $(\bar{Y}=\bar{y})$。**全変動** A を y の平均 $\bar{y}$ からの偏差 $(y_i-\bar{y})$ の2乗和（A を n で割ると y の分散）とします。A は y 方向へのデータ点のバラツキ（変動）を表します。**予測値変動** B を Y_i の平均 $\bar{Y}(=\bar{y})$ からの偏差 $(Y_i-\bar{Y})$ の2乗和とします。B は回帰直線で表される予測値の広がりを表します。**残差変動** C はデータ点と回帰直線による予測値との差 y_i-Y_i の2乗和です。A,B,C には $A=B+C$，つまり，

$$\text{全変動}=\text{予測変動}+\text{残差変動}$$

の関係があります。Y と y との間の相関係数，つまり重相関係数 R とこの変動には次の関係があります。

寄与率　$R^2=\dfrac{\text{予測値変動}}{\text{全変動}}$

つまり，寄与率 R^2 は，全変動のうち，回帰直線で説明できる変動，つまり回帰直線が寄与している変動，の割合を表しています。

すべてのデータ点が回帰直線上にあれば $R=1$ で，回帰直線がすべてのデータの変動を説明しています。回帰直線のデータのバラツキの程度への寄与率が 1 ということです。

重相関係数の 2 乗 R^2 は，回帰直線によって目的変数のデータ値がどの程度説明できるかの目安になります。

◆相関係数の簡便な評価

2 つの変量 x, y の場合，y と Y の重相関係数 R は x, y の相関係数と一致します。既にふれましたが，x, y を標準化して散布図を描くと，回帰直線は，x からの y への回帰でも，y から x への回帰でも，原点を通る同一の傾き 45 度の直線（傾き +1，あるいは，傾き −1 の直線）になっているのです。

上で説明したことによれば，相関係数の 2 乗 r^2 は，散布図において，45 度の直線周りへのバラツキ具合（まとまり具合）の評価を，回帰直線による変動がデータの全変動にどれくらい寄与しているかを，寄与率で表したものになります。

この考え方を利用すると，相関係数が $r=0.8$ のとき，$r^2=0.64$ ですから，相関の強さの程度が 65%くらいと評価をすることができます。$r=0.7$ では相関の程度は約 50%，$r=0.6$ だと 1/3 余りに過ぎない，ということになります。$r \geqq 0.95$ では $r^2>0.9$ なので 90%以上の割合で線形回帰直線の近くにデータ点が分布していますから，x の値から y の値がかなり正確に予測できる（逆も成立），つまり線形関係がかなりの精度で成立しているとみなせることが分かります（図 6.6 参照）。

相関係数の評価は人によって少しずつ異なりますが，次のように考えるのは 1 つの目安です。

$r=0$ 〜0.3	ほぼ相関がない
0.3 〜0.5	やや相関がある
0.5 〜0.7	相関がある
0.7 〜0.8	やや強い相関がある
0.8 〜0.95	非常に強い相関がある
0.95〜1.0	ほぼ線形関係がある

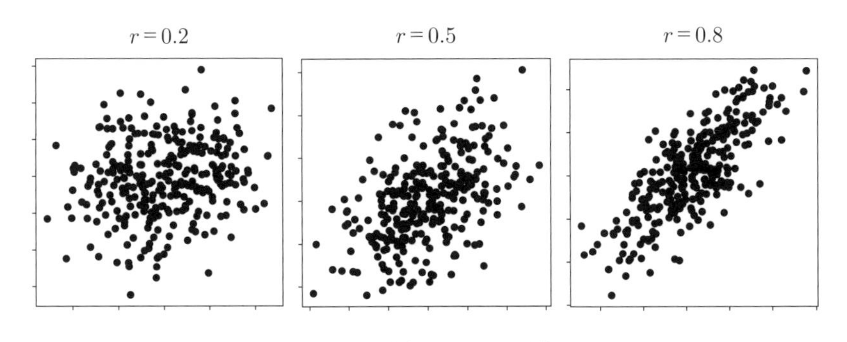

図 6.6 散布図と相関係数

非線形回帰

2変量の散布図で，データ点の分布が直線的ではなく曲線的になっているときは，回帰曲線をパラメータを含む非線形関数で表し，同様に最小二乗法でそのパラメータを決めることができる場合がある。簡便な場合は，領域を限って，多項式の曲線で非線形性を表すこともある。対象のデータを対数変換や指数変換，その他の非線形変換をして，線形回帰の手法を使うことがある。

非線形回帰を系統的に扱う方法は，それぞれに工夫されるが，一般には困難である。

◆多変量の回帰：重回帰

目的変数1つに対し説明変数を2つ以上もつ線形回帰を**重回帰**（**多重線形回帰**，multiple linear regression）と呼びます。3変量データを (x_i, y_i, z_i)，$i = 1 \sim n$ として，目的変数を z とします。2つの説明変数 x, y について，

2変数線形回帰式 $Z = f(x, y) = ax + by + c$

の形の線形回帰を仮定し，最小二乗法を適用して3個のパラメータ a, b, c を決めることができます。また，$Z_i = ax_i + by_i + c$ と z_i との相関係数が**重相関係数**です。

変量 x と変量 y が独立な変量であり無相関 $r_{xy} = 0$ だと仮定すると，得られた回帰分析の結果も解釈が容易です．しかし，もし無相関ではないとすると，一般には，x, y の間の相関が z との相関や線形回帰にさまざまな影響を及ぼすので，標本のサイズや収集方法を含めて，さらなる結果の検討と解析が必要になります。

一般に，複数個の説明変数についての回帰直線を**重回帰直線**，あるいは**多重回帰直線**といいます。さらに，多数の説明変数を用意して，目的変数を2つ以上設定して，同様の手法を適用することができます。

第9章でも簡単に触れますが，関心のある諸氏は，多変量解析などの教科書を参照して下さい。

章末問題

6.1 情報通信においてセキュリティを保つためにさまざまな工夫や技術が使われている。

- 公開鍵暗号の仕組みの基本的な考え方
- インターネット環境での暗号通信の方法
- インターネット環境での電子署名の意義と方法
- https プロトコルの概要，フィッシング詐欺などについて

その他，関心ある課題について，検討してみよう。

6.2 具体的な例をいくつか検討して，相関関係と因果関係との関係を論じてみよう。また，相関関係から因果関係を推論する可能性を検討してみよう。

6.3 データ処理に関心があれば，ネットにいろいろなデータが公開されているので，散布図，相関係数，回帰直線を求めてみよう。エクセルで，小さいデータセットを対象に，組み込み関数などを利用すると，比較的簡単に計算と作図ができる。もし，この教科書で紹介している R が使えるなら，R の練習課題として取り組めると思う。

付録

付録 6-1

$a : c = b : d$ のとき，$\frac{a}{c} = \frac{b}{d} = p$ とすると，$a = pc$，$b = pd$ だから，

$$\frac{a+b}{c+d} = \frac{p(c+d)}{c+b} = p$$

		変量 B		
		B1	B2	計
変	A1	a	b	$a+b$
量	A2	c	d	$c+d$
A	計	$a+c$	$b+d$	$a+b+c+d$

となるので，

$$a : c = b : d = (a+b) : (c+d)$$

となる。さらに，

$$\frac{a}{b} = \frac{cp}{dp} = \frac{c}{d}, \quad \frac{a+c}{b+d} = \frac{c(p+1)}{d(p+1)} = \frac{c}{d}$$

となるから，

$$a : b = c : d = (a+c) : (b+d)$$

も成立する。

付録 6-2

標本平均は，$m_x = \frac{1}{n}\sum_{i=1}^{n} x_i$, $m_y = \frac{1}{n}\sum_{i=1}^{n} y_i$ だから，標本共分散は，

$$\begin{aligned} s_{xy} &= \frac{1}{n}\sum_{i=1}^{n}(x_i - m_x)(y_i - m_y) \\ &= \frac{1}{n}\sum_{i=1}^{n}(x_i y_i - m_x y_i - m_x x_i + m_x m_y) \\ &= \frac{1}{n}\sum_{i=1}^{n} x_i y_i - m_x \frac{1}{n}\sum_{i=1}^{n} y_i - m_y \frac{1}{n}\sum_{i=1}^{n} x_i + m_x m_y \frac{1}{n}\sum_{i=1}^{n} 1 \\ &= \frac{1}{n}\sum_{i=1}^{n} x_i y_i - m_x m_y. \end{aligned}$$

付録 6-3

(x, y) の散布図が直線となっているとする。k を正定数，a を定数として，$y_i = kx_i + a$ ならば，y の平均は $m_y = km_x + a$，y の分散は $s_y^2 = k^2 s_x^2$ で，$s_y = |k|s_x = ks_x$ である。また，x と y の共分散は

$$\begin{aligned} s_{xy} &= \frac{1}{n}\sum_{i=1}^{n} x_i y_i - m_x m_y \\ &= k\frac{1}{n}\sum_{i=1}^{n} x_i^2 + a\frac{1}{n}\sum_{i=1}^{n} x_i - km_x^2 - am_x \end{aligned}$$

$$= k\left(\frac{1}{n}\sum_{i=1}^{n} x_i^2 - m_x^2\right) = ks_x^2$$

よって，$r = \frac{s_{xy}}{s_x s_y} = \frac{ks_x^2}{s_x ks_x} = 1$.

$y_i = -kx_i + a$ のとき，同様にすれば，$s_y = ks_x$, $s_{xy} = -ks_x^2$ なので $r = -1$.

付録 6-4

回帰直線 $Y = f(x) = ax + b$ に対して，データ点 (x_i, y_i) と回帰直線上の点 (x_i, Y_i), $Y_i = f(x_i) = ax_i + b$ との差，残差 $y_i - Y_i$ の二乗平均（2乗和をデータ数 n で割ったもの）が全体として最も小さくなるように係数 a, b を決める。

残差の2乗和の平均は，

$$P(a,b) = \frac{1}{n}\sum_i (y_i - Y_i)^2 = \frac{1}{n}\sum_i (y_i - (ax_i + b))^2$$

$P(a,b)$ は，回帰直線の係数 a, b について2次式で，かつ，二乗和なので $P \geq 0$ で，必ず最小値をとる (a,b) が存在する。したがって，P は

$$\frac{\partial P}{\partial a} = 0, \quad \frac{\partial P}{\partial b} = 0$$

を同時に満たす $(a,b) = (a_1, b_1)$ のとき最小値になる。この解を (a_1, b_1) とする。

変量 x, y について，標本平均を $\overline{x}, \overline{y}$，2乗平均を $\overline{x^2}, \overline{y^2}$ とすると，

標本分散　$s_x^2 = \overline{x^2} - \overline{x}^2$, $s_y^2 = \overline{y^2} - \overline{y}^2$

積 xy の標本平均を $\overline{xy}$ とすると，

標本共分散　$s_{xy} = \overline{xy} - \overline{x}\,\overline{y}$

となる。これらの変量記号を使うと，a, b の連立方程式は次のように表せる。

$$\frac{\partial P}{\partial a} = 2\frac{1}{n}\sum_i x_i(ax_i + b - y_i) = 2(a\overline{x^2} + b\overline{x} - \overline{xy}) = 0,$$

$$\frac{\partial P}{\partial b} = 2\frac{1}{n}\sum_i (ax_i + b - y_i) = 2(a\overline{x} + b - \overline{y}) = 0.$$

この a, b についての連立1次方程式を解くと，

$$a_1 = \frac{s_{xy}}{s_x^2}, \quad b_1 = -\frac{s_{xy}\overline{x}}{s_x^2} + \overline{y}$$

となるから，求める回帰直線の方程式は次のように得られる。

回帰直線　$Y = \frac{s_{xy}}{s_x^2}(x - \overline{x}) + \overline{y}$.

追記：$P(a,b)$ の最小値 $P(a_1, b_1)$ は，

$$P(a_1, b_1) = -\frac{s_{xy}^2}{s_x^2} + s_y^2 = s_y^2\left(-\frac{s_{xy}^2}{s_x^2 s_y^2} + 1\right) = s_y^2(-r_{xy}^2 + 1)$$

で，P は2乗和だから全域で非負 $P \geq 0$ なので，相関係数 r_{xy} は

$$-r_{xy}^2 + 1 \geq 0,\ \text{つまり},\ -1 \leq r_{xy} \leq 1$$

を満たすことがわかる。

付録 6-5

x_i, y_i, Y_i, $i = 1\sim n$ の平均を $\overline{x}$, $\overline{y}$, $\overline{Y} = \overline{y}$, x, y の分散・共分散を s_x^2, s_y^2, s_{xy} とする。定義から，全変動 $A = \sum_i (y_i - \overline{y})^2$，予測値変動 $B = \sum_i (Y_i - \overline{y})^2$，残差変動 $C = \sum_i (y_i - Y_i)^2$ で，回帰直線は $Y = \frac{s_{xy}}{s_x^2}(x - \overline{x}) + \overline{y}$ である。

$$A = \sum_i (y_i - \overline{y})^2 = ns_y^2, \quad (y\ \text{の分散の定義})$$

$$\begin{aligned}
B &= \sum_i (Y_i - \overline{y})^2 = \sum_i \left(\frac{s_{xy}}{s_x^2}(x_i - \overline{x}) \right)^2 = \left(\frac{s_{xy}}{s_x^2} \right)^2 \sum_i (x_i - \overline{x})^2 \\
&= n \frac{s_{xy}^2}{s_x^2},
\end{aligned}$$

$$\begin{aligned}
C &= \sum_i (y_i - Y_i)^2 = \sum_i \left((y_i - \overline{y}) - \frac{s_{xy}}{s_x^2}(x_i - \overline{x}) \right)^2 \\
&= \sum_i (y_i - \overline{y})^2 - 2\frac{s_{xy}}{s_x^2} \sum_i (y_i - \overline{y})(x_i - \overline{x}) + \left(\frac{s_{xy}}{s_x^2} \right)^2 \sum_i (x_i - \overline{x})^2 \\
&= ns_y^2 - 2\frac{s_{xy}}{s_x^2} ns_{xy} + \left(\frac{s_{xy}}{s_x^2} \right)^2 ns_x^2 = n\left(s_y^2 - \frac{s_{xy}^2}{s_x^2} \right).
\end{aligned}$$

よって，$A = B + C$（全変動=予測値変動+残差変動）が成立する。

重相関係数は $R = \frac{s_{yY}}{s_y s_Y}$ で，$R^2 = \frac{s_{yY}^2}{s_y^2 s_Y^2}$ である。同様にすると，

$$s_{yY} = \frac{1}{n} \sum_i (y_i - \overline{y})(Y_i - \overline{y}) = \frac{s_{xy}^2}{s_x^2}, \quad s_Y^2 = \frac{1}{n} \sum_i (Y_i - \overline{y})^2 = \frac{s_{xy}^2}{s_x^2}$$

となるから，

$$R^2 = \frac{s_{yY}^2}{s_y^2 s_Y^2} = \frac{s_{xy}^4}{s_x^4} \frac{s_x^2}{s_y^2 s_{xy}^2} = \frac{s_{xy}^2}{s_x^2 s_y^2} = \frac{B}{A} = \frac{\text{予測値変動}}{\text{全変動}}$$

となる。つまり，R^2 は，全変動に対する回帰直線の寄与の割合を示している。

なお，1説明変数 x，1目的変数 y の場合の回帰直線については，重相関係数 R は，x と y の相関係数 r と一致している $\left(R = \frac{s_{xy}}{s_x s_y} = r \right)$。

データ解析における確率論の基礎

第５章と第６章では，収集したデータを整理・集計し，データの特徴を基本的な記述統計により表してきました。データ解析の目的は，それによって現状を把握したり推測したりすることです。本章では，データ解析における統計的推論のよりどころとなっている確率論の基礎について，簡単にまとめます。高校レベルの確率・統計の知識が中心です。

第７章の項目

7.1　確率の基本的な考え方と基礎的知識

(1)　標本空間と確率事象

確率論（付録 7-1）は賭博から始まったといわれていますが，ここでも賭博につきもののサイコロから始めましょう。1 個のサイコロを投げると 1～6 の目のどれかが必ず出ます（出目（でめ））。1 個のサイコロを投げて 1 つの出目を得ることを**試行**（experiment, random trial）といい，試行によって得られる可能性のあるすべての結果からなる集合は**標本空間**（sample space）と呼ばれます。1 個のサイコロのとき，標本空間 Ω（オメガ，ギリシャ文字）はサイコロの出目の種類からなっていて，6 個の要素（元（げん））からなる集合 $\Omega = \{1, 2, 3, 4, 5, 6\}$ です。

確率論では，標本空間の部分集合を**事象**（event，確率事象）と呼びます。サイコロの出目が偶数（丁（ちょう））の集まりは Ω の部分集合 $\{2, 4, 6\} \subset \Omega$ で，1 つの事象（偶数事象）です。出目が 3 の倍数の事象は $\{3, 6\} \subset \Omega$ です。

Ω の要素 1 個でも部分集合ですが，そのような事象を**素事象**（elementary event，**根元事象**，**原子事象**）といいます。空集合は $\emptyset$，あるいは $\{\}$ などと書きますが，空集合も部分集合で，**空事象**（empty event）です。空事象も $\emptyset$ で表します。また，標本空間 Ω 自身も Ω の部分集合ですから，1 つの事象，**全体事象**（whole event）です。

空間（space）

「空間」という言葉はさまざまに使われる。日常的な言葉としては「物がなく空いている場所」を指すが，物理学では，我々の存在しているのは 3 次元空間である。集合論では，要素や部分集合を考えるときの全体の集合を，空間という。

事象（event）

「事象」は，普通は「事件」「事故」「行事」などの意味で使われるが，いろいろな専門分野でもそれぞれに定義して使われている。

確率論の分野では，試行によって起こり得る結果の部分集合で，「確率」が定義される集合をさす。

なお，ここでは，カテゴリからなる値をとる質的変量を念頭に説明しましたが，量的変量についても，階級などのカテゴリに区分して集計したデータであれば，同じように扱うことができます。しかし，量的変量を階級に区分せず，連続量としての数値データのまま扱うためには，離散的な素事象という概念ではなく，連続値をとる変量として扱う必要があります。その場合には，後の 7.3 節で説明するように，**確率密度**（probability density）という概念を導入して，それをもとに事象と確率を考えます。

◆事象の基本的な性質

事象は標本空間を全体集合とする部分集合ですから，事象についても集合演算と同じ演算が定義でき，演算結果もまた事象となります。演算記号は集合演算と同じ記号を使います。A, B, C を標本空間 Ω における事象として，

和事象	$A \cup B$	和集合（合併集合）と同じ
積事象	$A \cap B$	積集合（共通集合）と同じ
余事象	$\bar{A}$	補集合と同じ
差事象	$A - B$	差集合と同じ（$= A \cap \bar{B}$）

事象の論理演算をベン図で表す

和 $A \cup B$

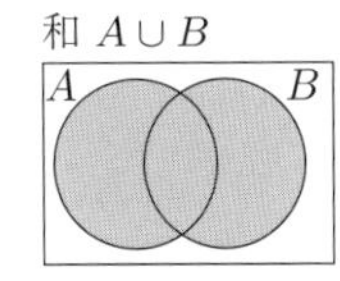

積 $A \cap B$

補 $\bar{A}$

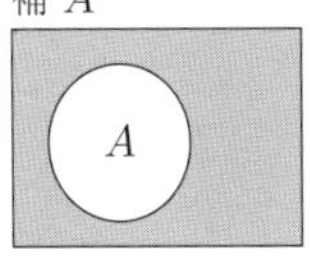

差 $A - B$

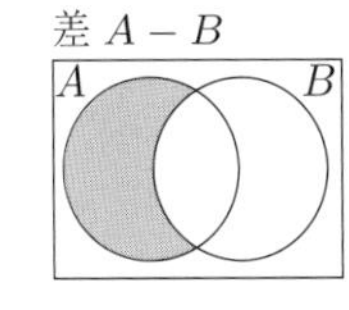

これらの演算に関する基本的な性質をまとめておきます。ほとんどは自明だと思われますが，ベン図で容易に確認できます。

ベキ等律	$A \cup A = A,\ A \cap A = A$
交換律	$A \cup B = B \cup A,\ A \cap B = B \cap A$
結合律	$A \cup (B \cup C) = (A \cup B) \cup C,$
	$A \cap (B \cap C) = (A \cap B) \cap C$
分配律	$A \cup (B \cap C) = (A \cup B) \cap (A \cup B)$
	$A \cap (B \cup C) = (A \cap B) \cup (A \cap B)$
吸収律	$A \cup (A \cap B) = A,$
	$A \cap (A \cup B) = A$
ド・モルガン律	$\overline{A \cup B} = \bar{A} \cap \bar{B},$
	$\overline{A \cap B} = \bar{A} \cup \bar{B}$
対合律（二重否定）	$\bar{\bar{A}} = A$
相補律・排中律	$A \cup \bar{A} = \Omega$
矛盾律	$A \cap \bar{A} = \emptyset$
$\emptyset$ と Ω の性質	$A \cup \emptyset = A,\ A \cap \emptyset = \emptyset$
	$A \cup \Omega = \Omega,\ A \cap \Omega = A$
	$\bar{\Omega} = \emptyset,\quad \bar{\emptyset} = \Omega$

◆包除原理

有限集合 A の要素数（A の大きさ）を $|A|$，あるいは $n(A)$ と書きます。空集合 $\emptyset$ は $|\emptyset| = 0$ です。無限集合では個数が定義できないので，ある種

の大きさを表す概念として**濃度**（cardinality）を使い，$|A|$ で表します。

2つの事象 A, B が，素事象の集合として**互いに素**である（A, B に共通な要素が含まれない）とき，A と B は互いに**排反**（mutually exclusive），あるいは，**排反事象**である，といいます。

排反事象　$A \cap B = \emptyset$　　（A, B が互いに素）

A と B が排反事象のとき，$A \cup B$ を $A + B$ と書き，**直和**（direct sum）であるといいます。

直和事象　$A + B$

$$|A + B| = |A| + |B|$$

Ω が有限集合で A, B, C を Ω 上の事象とします。これらの演算結果の要素数について次の関係が成立することが容易に確かめられます。

$$|\bar{A}| = |\Omega| - |A|,$$
$$|A - B| = |A| - |A \cap B|$$

次のような関係も容易に得られますが，これを多数の事象（部分集合）に対して一般化した関係は**包除原理**と呼ばれています。（付録 7-2）

$$|A \cup B| = |A| + |B| - |A \cap B|,$$
$$|A \cup B \cup C| = |A| + |B| + |C| - |A \cap B| - |B \cap C| - |C \cap A| + |A \cap B \cap C|$$

◆2つの標本空間の組合せ：直積集合

赤白2個のサイコロを投げる（あるいは，1個を2回投げる）試行を考えます。この試行においては，素事象は出目の組合せ（赤出目，白出目）（あるいは，（1回目の出目，2回目の出目））で，その全体 $\{(1,1),(1,2),\cdots,(6,6)\}$ が標本空間 Ω で36個の素事象からなります。たとえば，ピンゾロ（2個とも1）事象は1個，ゾロ目（2個とも同じ出目）事象は6個，「半」（和が奇数）の事象は16個の素事象からなります。

一般に，2つの集合 A, B の要素 $a \in A$, $b \in B$ を並べた (a, b) を2項組といいますが，要素 a, b として可能な組合せで得られるすべての2項組からなる集合を，A と B の**直積集合**（direct product）といい，$A \times B$ と表します。直積集合の要素数は

$$|A \times B| = |A| \times |B|$$

です。赤白の2個のサイコロを投げるときの出目の標本空間は，赤の標本空間を $A = \{1, 2, 3, 4, 5, 6\}$ とすると白の標本空間も同じ A で，直積は $A \times A$ $(= \{(1,1),(1,2),\cdots,(6,5),(6,6)\})$ と表します。なお，同じ集合の場合はベキ乗の形で A^2 と書きます。

さらに，n 個の属性項目からなるデータの集合に一般化できます。1 組のデータ値は n 項組 $(a_1, a_2, \cdots, a_n)$ で，n 個の属性項目からなるデータ全体の標本空間は，それぞれの属性の標本空間の直積です。n 項組の部分集合が事象となります。

◆標本空間におけるすべての可能な事象

ある標本空間における事象は，その部分集合です。たとえば，1 個のサイコロの出目の標本空間は 6 個の素事象からなりますが，異なった事象（部分集合）は中に含む素事象が異なっていますから，すべての可能な異なる事象は，6 個の素事象それぞれについてそれを含むか含まないかの 2 通りあり，全体事象と空事象とを併せて，$2^6 = 64$ 通りの事象が可能です。

一般に，ある有限集合集合 S があって，S のすべての部分集合からなる集合は S の**ベキ集合**（power set）と呼ばれます。集合を要素とする集合は集合族といいますが，集合 S のベキ集合は S のすべての部分集合からなる集合族であり，$\mathcal{P}(S)$, 2^S などと表します。

集合 S の**ベキ集合**　$\mathcal{P}(S)$，2^S

集合 S の要素数を $|S|$ と書くと，S が有限集合ならば

$$|S| = n \text{ のとき，}\quad |\mathcal{P}(S)| = 2^{|S|} = 2^n$$

となります。

標本空間 Ω が有限集合のときは，すべての可能な事象の集合は Ω のベキ集合です（連続な数値の空間では少し事情が異なります。側注の「ボレル集合」参照）。1 個のサイコロの出目の標本空間 Ω では，$|\Omega| = 6$ で，可能な事象の総数は $|\mathcal{P}(\Omega)| = 2^6 = 64$ です。

(2)　事象と確率

標本空間において確率を導入します。確率は，ある事象が起こるか起こらないか，確実には分からないけれど可能性があるとき，そのような事象の起こる蓋然性を，事象の生起確率として数値化したものです。確率 p は，0〜1 の間の実数値で，$p = 1$ のときは「確実に起こる」，$p = 0$ のときは「絶対に起こらない」ことを意味します。

1 つのサイコロの出目の標本空間は $\Omega = \{1, 2, 3, 4, 5, 6\}$ で，サイコロを投げれば必ず素事象 1〜6 の目の 1 つが実現しますから，全体事象（$= \Omega$ の事象）の確率は 1 です。普通のサイコロならば，各素事象はどれも同じ割合で生じ，それぞれの生起確率 $=1/6$ になると考えます（数学的確率）。もし，いかさまのサイコロならば何らかの出目の素事象が起こりにくくなっている可能性もありますが，そのときは他の出目の素事象が起こりやすくなっているはずです。試行によって必ず Ω の素事象のどれかが生じるはずですから，Ω のすべての素事象の確率の総和は 1 となります。

ボレル集合

有限な数の素事象からなる確率標本空間では，任意の部分集合に対して確率が定義でき，すべての事象の集合はベキ集合と一致する。しかし，連続的な数値からなる標本空間では，数学的な意味での部分集合には確率が定義できない集合が存在し，任意の部分集合が確率事象になるわけではない。

ボレル集合は，事象として確率の定義できるすべての部分集合だけからなる集合族である。われわれが普通に対象とする事象（連続な値の区間からなる部分集合，など）はボレル集合に属するから，確率が定義されると考えてよい。

◆確率の基本的な性質

事象の確率 Prob(A)

事象 A の確率を表す記号表現として，教科書や人によって，さまざまな記号表現が使われる。たとえば $P(A)$ とすることも多いが，ここでは，単なる記号表現ではなく，「確率」という意味を見やすくするため。

$$\mathrm{Prob}(A)$$

とする。

標本空間 Ω において，すべての素事象に確率が定義されているとします。Ω の事象 A の生起確率を $\mathrm{Prob}(A)$ と表します。$\emptyset$ を空事象，A, B を Ω の任意の事象（部分集合）として，確率には次のような基本的性質があります。

基本的性質

$$0 \leqq \mathrm{Prob}(A) \leqq 1,$$
$$\mathrm{Prob}(\Omega) = 1,$$
$$\mathrm{Prob}(\emptyset) = 0,$$
$$A \subset B \quad \text{ならば} \quad \mathrm{Prob}(A) \leqq \mathrm{Prob}(B),$$
$$\mathrm{Prob}(A \cup B) = \mathrm{Prob}(A) + \mathrm{Prob}(B) - \mathrm{Prob}(A \cap B).$$

なお，各素事象が同様に確からしくて，数学的確率として等確率とすると，

$$\mathrm{Prob}(A) = \frac{|A|}{|\Omega|} \quad \text{素事象がすべて等確率の場合}$$

となります。

A, B が排反事象 $A \cap B = \emptyset$ のときは**確率の和の法則**が成立します。

確率の和の法則 $\mathrm{Prob}(A \cup B) = \mathrm{Prob}(A)+\mathrm{Prob}(B)$ **A, B が排反**

素事象は互いに排反ですから，$\mathrm{Prob}(A)$ は，事象 A に含まれている全ての素事象の確率の和になります。また，A と A の余事象 $\bar{A}$ は排反でかつ $A + \bar{A} = \Omega$ なので，次の関係が得られます。

余事象の確率 $\mathrm{Prob}\left(\bar{A}\right) = 1 - \mathrm{Prob}(A)$

(3) 独立事象の同時生起確率

ある標本空間で，事象 A と B が同時に生起する確率は，積事象 $A \cap B$ の確率 $\mathrm{Prob}(A \cap B)$ ですが，この確率を A, B の**同時生起確率**といい，しばしば $\mathrm{Prob}(A, B)$ と表します。

◆独立試行

まず，簡単なモデル事例を用意しましょう。

［**モデル事例**］1〜6 までの番号の付いた玉を 2 個ずつ計 12 個入れた箱がある。この箱から，玉を 1 つ取り出す試行を考える。

試行を同じ状況で繰り返すことを**独立試行**といいます。このモデル事例の場合は，試行で取り出した玉を，番号を確認した後に箱に戻して，よく混ぜます。これは**復元抜き取り**と呼ばれる独立試行です（側注参照）。このモデル事例の標本空間はサイコロ投げと同じです。このとき，1 回目の試行で実現する事象 A，2 回目の試行で実現する事象 B として，独立試行 A

復元抜き取りと非復元抜き取り

1 つの試行の結果が他の 1 つの試行に影響を与えないとき，その 2 つの試行が**独立試行**である。

復元抜き取りは，箱の中の玉を 1 つ取り出して確認し，抜き出した玉を戻してから次の試行をする。一連の復元抜き取りの試行はすべて独立試行である。

非復元抜き取りは，取り出した玉を箱の戻さずに次の試行で玉を取り出す試行である。前の試行の結果に影響を受けるから，独立試行ではない。

箱から非復元抜き取りを n 回行う試行を考える。これは，一度に玉を n 個取り出す試行と同じである。n 個ずつ取り出す復元抜き取りの試行は，独立試行である。

と B の同時生起確率について，

確率の積の法則　$\mathrm{Prob}(A, B) = \mathrm{Prob}(A)\mathrm{Prob}(B)$

が成立します。

[例 7-1] 上のモデル事例で例示した玉の取り出しを復元抜き取りで行う独立試行で，1 回目が事象 A「偶数」で，2 回目が事象 B「3 の倍数」とすると，A, B の可能な組合せから

$$\mathrm{Prob}(A \cap B) = \mathrm{Prob}(\{(2,3), (4,3), (6,3), (2,6), (4,6), (6,6)\}) = \frac{1}{6}.$$

となります。ところで，$A = \{2,4,6\}$, $B = \{3,6\}$ だから，

$$\mathrm{Prob}(A)\mathrm{Prob}(B) = \frac{1}{2} \times \frac{1}{3} = \frac{1}{6} = \mathrm{Prob}(A, B)$$

となり，積の法則が成立します。

◆独立事象

2 つの事象 A, B についてその同時生起確率が積の法則を満たす場合，A と B は**独立事象**であるといいます。逆に，事象 A, B が独立事象ならば確率の積の法則を満たします。

独立事象　$\mathrm{Prob}(A, B) = \mathrm{Prob}(A)\mathrm{Prob}(B)$

独立試行で生起する事象は互いに独立な事象です。

例 7-1 の事象 A, B は独立事象です。1 回目に取り出した後，それを戻さずに 2 回目の取り出しをする場合は，**非復元抜き取り**といいますが，引き続く 2 回の取り出し事象の確率は 1 回目の取り出し結果に依存しますから，1 回目と 2 回目の試行は独立試行ではなく，その結果得られる事象は，独立事象ではありません。

[例 7-2] モデル事例を少し変更し，箱に入れる玉は，赤玉と白玉が 6 個ずつ，それぞれ 1〜6 の番号が付いているとします。1 つの玉を復元抜き取りする試行の素事象は 2 項組 (色, 番号) で表され，標本空間は異なる 2 項組からなる素事象 12 個からなります。事象を A「赤」，B「偶数」とします。この事象の確率は，

$$\mathrm{Prob}(A) = \frac{1}{2}, \mathrm{Prob}(B) = \frac{1}{2}$$

であり，同時生起の事象 $A \cap B = \{(\text{赤}, 2), (\text{赤}, 4), (\text{赤}, 6)\}$ なので，

$$\mathrm{Prob}(A, B) = \frac{1}{4} = \mathrm{Prob}(A)\mathrm{Prob}(B)$$

となります。積の法則が成立するので，A, B は独立事象です。

[例 7-3] 例 7-2 の玉の取り出し事例をさらに少し変更して，箱に入れる玉には，赤玉には $\{1,1,2,3,4,5\}$ の番号を付けます。白玉は 1〜6 のままとします。赤玉には 2 個の 1 があり，(赤,1) の素事象は 2 通りあるので，必要なときは $(赤,1)_1$, $(赤,1)_2$ と区別しましょう。

事象 A「赤」, 事象 B「偶数」について，$\text{Prob}(A) = 1/2$, $\text{Prob}(B) = 5/12$ で，$A \cap B = \{(赤,2), (赤,4)\}$ の確率は $\text{Prob}(A,B) = 1/6$ だから，

$$\text{Prob}(A,B) = \frac{1}{6} \neq \frac{5}{24} = \text{Prob}(A)\text{Prob}(B)$$

となるので，A, B は独立事象ではありません。

事象 C を「3 の剰余が 2 (3 で割ると 2 余る)」とすると，$C = \{(赤,2), (赤,5), (白,2), (白,5)\}$ だから，$\text{Prob}(C) = 4/12 = 1/3$, $\text{Prob}(A,C) = 2/12 = 1/6$ となるので，

$$\text{Prob}(A,C) = \frac{1}{6} = \text{Prob}(A)\text{Prob}(C)$$

よって，A と C は独立事象です。

上の例 7-2 では，B「偶数」の確率は，「赤」だけに限っても，「白」に限っても，どちらでも同じ確率 $3/6 = 1/2$ です。例 7-3 では B の確率は赤だけの場合は 2/6，白だけの場合は 3/6 で異なっています。つまり，B の事象は A の事象に影響を受けた（A から干渉された）のです。逆に，A の事象は，「偶数」だけのときは 2/5，「奇数」だけのときは 3/5 で異なっており，B から干渉を受けていることになります。干渉があると独立ではないということです。

一般に，複数の属性からなる事象では，属性間に関連がある（統計学的には**相関**がある）ときには，独立事象にならないことがあります。もちろんそのような場合でも，事象 A と C のように，独立な事象もありますから，注意が必要です。これは，あとで説明する**確率変数の独立**性と密接に関連します。

(4) 条件付き確率

ここで，2 つの事象 A, B について，A が生起したという条件のもとで B が生起する確率，**条件付き確率** $\text{Prob}(B|A)$ を導入します。

$$\text{Prob}(B|A) = \frac{\text{Prob}(A,B)}{\text{Prob}(A)}, \quad \text{Prob}(A,B) = \text{Prob}(B|A)\text{Prob}(A)$$

ただし，A の生成確率 $\text{Prob}(A) \neq 0$ でなければなりません。この条件付き確率は，標本空間 Ω で，A が生起する素事象だけを全体集合としたときの B の生起確率と一致します。

逆に，B が生起した条件のもとで A が生起する条件付き確率は，$\text{Prob}(B) \neq 0$ のとき，同様に

$$\mathrm{Prob}(A|B)=\frac{\mathrm{Prob}(A,B)}{\mathrm{Prob}(B)},\quad \mathrm{Prob}(A,B)=\mathrm{Prob}(A|B)\mathrm{Prob}(B)$$

と定義されます。これは，B が生起する素事象だけを全体集合としたときの A の生起確率と一致します。

なお，B と $\bar{B}$ とは排反なので，$A=A\cap B+A\cap\bar{B}$ と直和で表せますから，

$$\mathrm{Prob}(A)=\mathrm{Prob}(A,B)+\mathrm{Prob}(A,\bar{B})$$

が成立し，次の等式が成立することが分かります。

$$\mathrm{Prob}(A)=\mathrm{Prob}(A|B)\mathrm{Prob}(B)+\mathrm{Prob}(A|\bar{B})\mathrm{Prob}(\bar{B})$$

[例 7-4] 例 7-3 と同じ事例で，事象 A「赤」が生起している条件のもとで事象 D「奇数」が生起する条件付き確率は，$\mathrm{Prob}(A)=1/2$, $\mathrm{Prob}(A,D)=4/12=1/3$ なので，定義から次のようになります。

$$\mathrm{Prob}(D|A)=\frac{\mathrm{Prob}\,(A,D)}{\mathrm{Prob}\,(A)}=\frac{1/3}{1/2}=\frac{2}{3}.$$

ところで，A「赤」に含まれている素事象は 6 個，その中で D「奇数」に含まれる素事象は $\{(赤,1)_1,(赤,1)_2,(赤,3),(赤,5)\}$ の 4 個なので，$\mathrm{Prob}(D|A)=4/6=2/3$ となり，A を標本空間とみなした D の確率と一致します。

逆に，D の生起のもとでの A の条件付き確率は，$\mathrm{Prob}(D)=7/12$ なので，

$$\mathrm{Prob}(A|D)=\frac{\mathrm{Prob}\,(A,D)}{\mathrm{Prob}\,(D)}=\frac{1/3}{7/12}=\frac{4}{7}$$

です。これは，D「奇数」に含まれる素事象 7 個の内，A「赤」に属するのは 4 個なので，$\mathrm{Prob}(A|D)=4/7$ となり，D を標本空間とみなした A の確率と一致します。

◆ベイズの定理

事象 A, B についての条件付き確率の定義から，次の関係が得られます。

$$\begin{aligned}\mathrm{Prob}(A\cap B)&=\mathrm{Prob}(B|A)\mathrm{Prob}(A)\\&=\mathrm{Prob}(A|B)\mathrm{Prob}(B)\end{aligned}$$

これから，2 つの事象 A,B に対して，次の定理が導けます。

ベイズの定理

$$\begin{aligned}\mathrm{Prob}(B|A)&=\frac{\mathrm{Prob}\,(A|B)\,\mathrm{Prob}(B)}{\mathrm{Prob}\,(A)}\\&=\frac{\mathrm{Prob}\,(A|B)\,\mathrm{Prob}(B)}{\mathrm{Prob}\,(A|B)\,\mathrm{Prob}\,(B)+\mathrm{Prob}\,\left(A|\bar{B}\right)\mathrm{Prob}\,\left(\bar{B}\right)}\end{aligned}$$

となります。このベイズの定理は，条件付き確率としてはほとんど自明な

等式ですが，統計的推測において，特に主観確率を扱う**ベイズ統計**では，意思決定などの局面などにこれがさまざま形で使われます。

診断と逆問題

診断は「逆問題」である。数学の代数方程式を解いて解を得るのは一般に大変厄介である（逆問題）が，ある解候補が本当に解であるかどうかは，方程式に代入すれば容易に判断できる（順問題）。

医療診断は，ある疾病 B を要因としてある症状 A が生じる，という膨大な医学的知識をもとに，ある症状 A を呈したときに疾病 B を推測する，という行為である。これは逆問題である。

論理的には「B ならば A である」（$B \to A$）を順命題とするとき，「A ならば B である」（$A \to B$）を逆命題という。「逆は必ずしも真ならず」ということである。

[例 7-5] ある人に A という症状が発現しました。症状 A は感染症 B でよく生じる症状です。ネットで調べたら，現在の知見では，症状 A は感染症 B の特徴的な症状で，その感染症で発現する割合は80%以上あります。しかし，1%くらいの人は，その感染症でなくても（普通の状態でも）その症状を呈することがあります。しかも，そのときその人の地域では感染症 B はかなり広がっていて，市中感染率は0.5%ほどもあったそうです。その人が感染症 B に感染している可能性（確率）は，どれくらいになるでしょうか。

事前の知見データから，

$$\mathrm{Prob}(A|B) = 0.8, \quad \mathrm{Prob}(A|\bar{B}) = 0.01, \quad \mathrm{Prob}(B) = 0.005$$

です。これから，

$$\begin{aligned}\mathrm{Prob}(A) &= \mathrm{Prob}(A, B) + \mathrm{Prob}(A, \bar{B}) \\ &= \mathrm{Prob}(A|B)\mathrm{Prob}(B) + \mathrm{Prob}(A|\bar{B})\mathrm{Prob}(\bar{B}) \fallingdotseq 0.014.\end{aligned}$$

症状 A から感染症 B を疑うべき程度（確率） $\mathrm{Prob}(B|A)$ は，

$$\mathrm{Prob}(B|A) = \frac{\mathrm{Prob}\,(A|B)\ \mathrm{Prob}\,(B)}{\mathrm{Prob}\,(A)} \fallingdotseq 0.287$$

つまり，その人が感染している確率は29%です。

★もし，その人が従業員100人の職場に勤めていて，職場で3人の人が B に感染していたとします。事前の知見について $\mathrm{Prob}(B) = 0.03$ とすれば，

$$\mathrm{Prob}(A) = \mathrm{Prob}(A|B)\mathrm{Prob}(B) + \mathrm{Prob}(A|\bar{B})\mathrm{Prob}(\bar{B}) \fallingdotseq 0.712$$

となり，感染している確率は71%になります。

この例7-5で，あらかじめ持っている感染症Bについての知見・知識，つまり，Bの確率 $\mathrm{Prob}(B)$，B に感染したという条件のもとでの症状 A の条件付き確率 $\mathrm{Prob}(A|B)$, $\mathrm{Prob}\left(A|\bar{B}\right)$ を**事前確率**といいます。それに対して，A が発現した状況でBと判断（診断）すること，つまり，A を条件とする条件付き確率 $\mathrm{Prob}(B|A)$ を**事後確率**と呼びます。

この例は，1つの症状と感染症という2属性項目だけでかつ有無データのみという非常に簡単な例ですが，ベイズの定理を使った統計的推論の基本的な形式です。次の第8章でも簡単な例を紹介します。「ベイズ統計」は，従来の確率論・統計学とはやや立場が異なりますが，この定理をさらに一般化して，主観確率などを積極的に導入し，エビデンスの評価，判断や診断，意思決定などに適用します。関心のある諸氏は関連の教科書などを参照して下さい。

7.2 基礎的確率分布：2 項分布

(1) 確率変数

1 個のサイコロの出目の標本空間 Ω において各素事象は等確率であるとしましょう。出目の数を 4 で割った剰余（余り）を変数記号 X で表すと，X のとりうる値の集合は $\{0,1,2,3\}$ です。X の値は Ω における 1 つの事象に対応しますから，X の値ごとに確率が決まります。たとえば，$X=1$ は Ω の事象 $\{1,5\}$ に対応しますから，$X=1$ の生じる確率は $1/6\times 2=1/3$ です。

このような変数 X を Ω における**確率変数**（random variable, stochastic variable）といいます。確率変数 X の取り得る値 x の集合が X の**変域**（ドメイン，domain）です。X の値 x それぞれについて，Ω での確率が決まります。この確率変数 X はその値によって標本空間 Ω を 4 つの排反事象に**直和分割**し，それぞれに確率が割り当てられます。Ω の直和分割とは，Ω 全体を排反事象の直和で表すことです。

表 7.1 Ω における確率変数と確率の例

X の値	Ω の事象	確率
0	$\{4\}$	1/6
1	$\{1,5\}$	1/3
2	$\{2,6\}$	1/3
3	$\{3\}$	1/6
計	$\{1,2,\cdots,6\}$	1

この例のような，有限離散的な標本空間 Ω において，確率変数 X を定義すると，X の値 x によって Ω は直和分割され，それぞれの事象に確率が定義されます。確率変数 X がある値 $X=x$ である事象の確率を，

$$\mathrm{Prob}(X=x)$$

と表します。すべての可能な X の値 x の集合は全事象ですから，すべての可能な x についての確率の和は，1 となります。

$$\sum_x \mathrm{Prob}(X=x)=1$$

$\sum_x$ は X の可能な値 x の全て，つまり X の変域全体にわたる和を表します。

この確率 $\mathrm{Prob}(X=x)$ は X の値 x によって変化する x の関数 $p(x)$ を決めます。これを，X の**確率分布関数**（probability distribution function）といいます。

確率分布関数 $p(x)=\mathrm{Prob}(X=x)$

順序関係——半順序と全順序

順序関係 $\leqq$（上位下位関係）は，集合の任意の要素 a, b, c について，次の3つの条件を満たす。

1) $a \leqq a$（反射性）
2) $a \leqq b$ かつ $b \leqq a$ ならば $a = b$（反対称性）
3) $a \leqq b$ かつ $b \leqq c$ ならば $a \leqq c$（推移性）

順序関係のある集合を順序集合という。

一般の順序集合には比較できない要素対が存在し，半順序関係と呼ばれる。

すべての要素対で大小比較可能な順序集合の場合，すべての要素は，一列に番号付けできる。これを全順序といい，その順序関係を全順序関係という。

また，X の値 x に何らかの全順序関係（X の値 x の大小関係，あるいは，表や図に並べた時のカテゴリの順番号など（側注参照））がある場合，$\mathrm{Prob}(X \leqq x)$ は，X の値が x 以下の確率の累計を表しますが，これを**累積確率分布関数**といいます。

累積確率分布関数　$P(x) = \mathrm{Prob}(X \leqq x)$

これらは，データ集計において，相対度数分布，累積相対度数分布と呼んだものに対応する確率論の概念です。

◆確率変数の独立性

先に「独立事象」の説明をしましたが，この概念を確率変数に拡張します。1つの標本空間で2つの確率変数 X, Y が定義されているとき，X の任意の値 x に対応する事象と，Y の任意の値 y に対応する事象とが常に独立な事象であるとき，確率変数 X と Y は**互いに独立である**，あるいは簡単に，**X, Y は独立である**といいます。つまり，任意の x, y に対し，

独立変数　$\mathrm{Prob}(X = x, Y = y) = \mathrm{Prob}(X = x)\mathrm{Prob}(Y = y)$

が成立し，逆も成立します。これは，X, Y の確率が，互いに他の変数の値の影響を受けないことを表します（付録7-3）。なお，これを簡単に，

独立変数　$\mathrm{Prob}(X, Y) = \mathrm{Prob}(X)\mathrm{Prob}(Y)$

とも書きます。

[**例7-6**] 箱に赤玉と白玉が6個ずつ入っていて，赤玉，白玉それぞれに1～6の番号が付いているとします（例7-2と同じ例）。箱から玉を1つ取り出す試行で，確率変数 X が玉の色（X の変域は{赤, 白}）を，確率変数 Y が玉の数字が3の剰余（3で割った余り，Y の変域は $\{0, 1, 2\}$）を，それぞれ表すとします。X の値 x に対応する事象と，Y の値 y に対応する事象とは，すべての x, y の組み合わせに対して独立事象ですから，この確率変数 X と Y とは独立です。

★例7-2を変更した例7-3では，赤玉6個の番号が $\{1, 1, 2, 3, 4, 5\}$ で，白玉は同じままです。この例では，$Y = 2$ の事象は $X =$"赤","白"のいずれの事象とも独立ですが，$Y = 0$ あるいは $Y = 1$ の事象は $X =$"赤"か $X =$"白"かで異なった確率となりますから，独立事象ではありません。よって，X, Y は独立ではありません。

(2)　2項分布とポアソン分布

◆2項分布

赤玉10個と白玉15個の入った箱があります。玉を1個取り出して玉の

色を確認して箱に戻す復元抜き取りを n 回繰り返す操作を 1 つの試行とします。この n 回の復元抜き取り操作からなる試行で，赤玉が何回出たかを考えます。このような繰り返し独立試行を，**ベルヌーイ試行**と呼びます。

この試行の標本空間は，赤と白が取り出し順に n 個並んだ n 項組を素事象とする標本空間 Ω_n です。標本空間 Ω_n の素事象は 2^n 個あります。n 回の復元抜き取りで赤玉の出た回数を確率変数 X とします。

$k\,(0 \leqq k \leqq n)$ として，$X = k$ である確率 $\mathrm{Prob}(X = k)$ は，Ω_n において，赤の回数が k となる n 項組の集合からなる事象の確率を表します。赤の回数が k, 白の回数が $n-k$ となる素事象の確率は，1 回の取り出しで赤の確率 $p = 10/25 = 2/5$，白の確率 $q = 15/25 = 3/5$ として，$p^k q^{n-k}$ です。k 個の赤と $n-k$ 個の白からなる n 項組の数は 2 項係数 ${}_n\mathrm{C}_k$ $(= {}_n\mathrm{C}_{n-k})$ で表されます（2 項係数は，そういう数値だということだけ理解しておいて下さい．付録 7-4）から，赤が k 回抜き出される確率は，次のように表されます。

$$\mathrm{Prob}(X = k) = {}_n\mathrm{C}_k \left(\frac{2}{5}\right)^k \left(\frac{3}{5}\right)^{n-k}$$

一般に，箱に N 個の玉が入っていて M 個が赤玉，残りが白玉として，n 回の復元抜き取りのベルヌーイ試行をするとき，確率変数 X をこの試行における赤玉を取り出す回数として，$X = k$ となる確率は，$p = M/N$, $q = 1 - p$ として，

$$\mathrm{Prob}(X = k) = {}_n\mathrm{C}_k p^k q^{n-k}$$

です。もちろん，すべての可能な k の値についての総和は 1 となります。

$$\sum_{k=0}^{n} \mathrm{Prob}\,(X = k) = 1$$

この分布は **2 項分布**（binomial distribution）と呼ばれ，$B(k; n, p)$ などと表記されます。

2 項分布　$B(k; n, p) = {}_n\mathrm{C}_k p^k q^{n-k}$, $q = 1 - p$, k は整数, $0 \leqq k \leqq n$

n と p を定数パラメータとして，n 個のうち k 個が赤の確率を表す k の関数です。

ある確率的操作による成功の確率が p，失敗の確率が $q = 1 - p$ のとき，これを独立試行として n 回繰り返し行うベルヌーイ試行で成功する回数が k となる事象の確率は，この 2 項分布で表されます。

[例 7-7] サイコロを 6 回続けて投げるとき，3 の倍数が 4 回以上でる確率を求めてみよう。3 の倍数の出る確率は $p = 1/3$，3 の倍数以外の確率は $q = 1 - p = 2/3$，確率変数 X を $n = 6$ 回で 3 の倍数が k 回出る事象の確率変数とすると，X は 2 項分布 $B(6, 1/3)$ に従います。異なる k の値の事

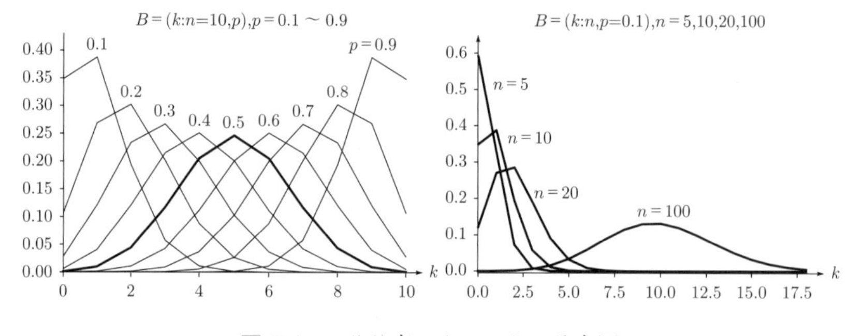

図 7.1 2 項分布 $B(k;n,p)$ の分布図

象は排反事象ですから，求める確率は，次のようになります。

$$\begin{aligned}\mathrm{Prob}(4\leqq X\leqq 6)&=\mathrm{Prob}(X=4)+\mathrm{Prob}(X=5)+\mathrm{Prob}(X=6)\\&={}_6\mathrm{C}_4\left(\frac{1}{3}\right)^4\left(\frac{2}{3}\right)^2+{}_6\mathrm{C}_5\left(\frac{1}{3}\right)^5\left(\frac{2}{3}\right)^1\\&\quad+{}_6\mathrm{C}_6\left(\frac{1}{3}\right)^6\left(\frac{2}{3}\right)^0\\&=15\cdot4\cdot3^{-6}+6\cdot2\cdot3^{-6}+1\cdot3^{-6}=73\cdot3^{-6}\\&\fallingdotseq 0.100.\end{aligned}$$

◆ポアソン分布

N 個の箱が並べられていて，玉を無作為に投げ入れたとき特定の箱（たとえば 1 番目の箱）に入る成功確率を p（箱がすべて均一なら $p=1/N$）として，n 回繰り返し投げ入れる試行を考えましょう。特定の箱に入る玉の数 k を確率変数 X とすると，X の確率は 2 項分布 $B(k;n,p)$ に従います。いま，試行回数 n が大きくて，かつ，n 回の試行で成功する平均回数 np は有限でそれほど大きくならないとします。このとき，$np=\lambda$（ラムダ，ギリシャ文字）として，λ があまり大きくならない範囲で，この 2 項分布は，次の**ポアソン分布**で近似できます。

ポアソン分布 $\quad \mathrm{Prob}(X=k)=\dfrac{\lambda^k}{k!}e^{-\lambda}$

ポアソン分布は $P(k;\lambda)$ などと表記します（指数関数 $e^{-\lambda}$ については側注参照）。2 項分布 $B(k;n,p)$ は，$np=\lambda$ を一定にしたまま，$n\to\infty$, $p\to 0$ とする極限でポアソン分布 $P(k;\lambda)$ と一致することが示せます（付録 7-5）。なお，この数式表現で指数関数 $e^{-\lambda}$ が使われていますが，とりあえずは気にする必要はありません。

確率変数 X がポアソン分布に従う場合，X の変域は整数 k で $0\leqq k<\infty$ です。したがって，素事象は $k\geqq 0$ のすべての整数に対応するので，全事象は無限集合です。全事象の確率は 1 となります。

$$\sum_{k=0}^{\infty}\mathrm{Prob}\,(X=k)=\sum_{k=0}^{\infty}\frac{\lambda^k}{k!}e^{-\lambda}=1$$

指数関数 $\quad y=e^x$

一般の指数関数は a を正定数として，

$$y=a^x$$

の形に表される関数である。指数関数は，対数関数

$$x=\log_a(y)$$

の逆関数で，a を対数の底（てい）という。

ネピアの数 e を底とする自然対数の逆関数が，e を底とする指数関数

$$y=e^x$$

あるいは

$$y=\exp(x)$$

である。ネピアの数は

$$e=2.71828\cdots$$

である。

なお，指数関数の値 e^{-2} などは，たとえば EXCEL の組み込み関数を使って，

$$=\exp(-2)$$

とすれば簡単に求められる。

[例 7-8] 繰り返し回数 n が大きいとき，2 項分布がポアソン分布とどれくらい近いのか比較しよう。同窓会で集まった 500 人について，誕生日が 1 月 1 日の人が k 人いる確率を，$k = 0$〜5 についてそれぞれ求めてみます。これは，$N = 365$ の箱に玉を無作為に投げ込む試行を 500 回繰り返すとき 1 番目（1 月 1 日）の箱に k 個入る確率と同じですから，2 項分布 $B(k;n,p)$，$n = 500$，$p = 1/365$ です。また，ポアソン分布は $P(k;\lambda), \lambda = np = 500 \times 1/365 = 1.3699$ です。$k = 0$〜5 について求めると，2 項分布とポアソン分布は小数 3 ケタまで一致していることが分かります。

まれな現象とポアソン分布

一般に，まれな（p の小さい）現象がランダムに発生すると考えられる場合，その現象の発生確率はポアソン分布に従うと考えられる。その場合，平均値と分散は同じくらいで，現象の発生も大きくは揺らがない（ランダムである）はずである。生起確率 p が小さいにもかかわらず揺らぎが大きかったり，バースト（いくつも続いて起こる）が発生するなど，ランダムでない場合は，ポアソン分布に従わないと判断される。その現象の発生には何らかの偏りがある，偏らせる要因がある，と考えられる。

表 7.2　2 項分布とポアソン分布の比較

k	0	1	2	3	4	5
$B(k;n,p)$	0.2537	0.3484	0.2388	0.1089	0.0372	0.0101
$P(k;\lambda)$	0.2541	0.3481	0.2385	0.1089	0.0373	0.0102

[例 7-9] ある交差点ではよく交通事故があり，この季節には 1 週間当たりの交通事故が平均 2 件でした。交通事故の発生がポアソン分布に従うとすると，1 週間に 1 件も事故のない確率，1 週間に 4 件以上の事故が起こる確率は，それぞれどれくらいになるでしょうか。

1 週間に起こる件数が k となる確率は，$\lambda = 2$ のポアソン分布になりますから，

$$p(k) = P(k;2) = \left(\frac{2^k}{k!}\right) e^{-2}$$

よって，1 週間の事故件数を確率変数 X とすると，

$$\begin{aligned}
&\mathrm{Prob}(X = 0) = p(0) = e^{-2} \sim 0.135, \\
&\mathrm{Prob}(X \geqq 4) = 1 - \mathrm{Prob}(X < 4) \\
&\qquad\qquad\qquad = 1 - (p(0) + p(1) + p(2) + p(3)) \sim 0.143.
\end{aligned}$$

1 週間の事故件数の確率は，1 件もないのは 13.5%，4 件以上は 14.3% です。

(3)　確率変数の期待値と分散

◆期待値

確率変数 X の期待値（expected value）は，試行を繰り返したときの X の値 x の生起確率による重み付き平均のことで，$E(X)$ と書きます。

$$\text{期待値}\quad E(X) = \sum_x x \cdot \mathrm{Prob}(X = x)$$

X の任意の関数 $f(X)$ についての期待値は，$f(x)$ の重み付き平均

$$f(X)\text{ の期待値}\quad E(f(X)) = \sum_x f(x) \cdot \mathrm{Prob}(X = x)$$

で得られます。

「平均」は多数の標本個体（繰り返し抜き出すという独立試行）について得られる数値データ（X の値 x）の平均値です。確率論的には無限回試行での平均なので，生起頻度割合（= 生起確率）による重み付き平均となります。「平均」μ は，確率論的にはこの「期待値」のことです。

$$\boldsymbol{x}\text{ の平均値}\quad \mu = E(X)$$

◆分散

「分散」は，平均からの偏差の 2 乗平均です。確率変数 X の分散を $V(X)$ と書きます。簡単のため $\mathrm{Prob}(X = x) = p(x)$，$X$ の平均を $E(X) = \sum_x xp(x) = \mu$ と書いて，$\sum_x p(x) = 1$ に留意すると，次の関係が得られます。

$$\begin{aligned}\text{分散}\quad V(X) &= E((X-\mu)^2) \\ &= \sum_x (x-\mu)^2 p(x) = \sum_x x^2 p(x) - \mu^2 \\ &= E(X^2) - E^2(X)\end{aligned}$$

◆ 2 項分布・ポアソン分布の期待値と分散

確率変数 X が 2 項分布 $B(k;n,p)$ に従うとき，X の期待値と分散は，

$$E(X) = np, \quad V(X) = npq$$

となります（付録 7-6）。

ポアソン分布 $P(k;\lambda)$ の期待値と分散は，成功の回数を確率変数 X として，

$$E(X) = \lambda, \quad V(X) = \lambda$$

となります（付録 7-7）。n と同様に k にも上限がないことに留意して下さい。

7.3　連続変量の確率と分布：正規分布

(1)　連続量をとる確率変数，連続確率変数

連続量の実数のデータ値を対象とする確率変数 X について考えます。

まず，事象としては，任意の部分集合ではなく，実数値の区間とします。また，確率変数 X は（対象データに関する）連続的な実数値だけとることとし，また，特に断らない限り，X の変域は実数値の全域 $(-\infty, \infty)$ とします。

なお，連続変量の場合は，積分や微分，e を底とする指数関数などが頻

出しますが，これらにあまり馴染みのない諸氏は，気にする必要はありません。ほとんどの場合，分析や確率などの計算を直接手ですることはなく，関数表などを利用したり，EXCEL などの表計算ソフトに組み込まれている統計解析ツールを使うのが普通です。本書で紹介している R などのツールも手軽に利用できます。むしろ重要なのは，そのようなツールやプログラムから得られる結果が，どのような考え方から構成され得られているのか，どのような特徴を持つか，さらに，適用範囲や限界について理解することです。

◆連続変量の確率分布

まず，**累積確率分布**から始めます。任意の実数を変域とする連続確率変数 X について，累積確率分布は実数値 x の関数で，それを $P(x)$ とすると，

累積確率分布関数　$P(x) = \mathrm{Prob}(X \leqq x)$

と定義します。確率変数 X が x 以下である区間 $(-\infty, x]$ に対応する事象の確率です。これは，試験の成績 X の相対度数分布で，成績が x 点以下の累積確率を $\mathrm{Prob}(X \leqq x)$ とするのと全く同じ意味です。ただし，変数が連続値をとります。この定義では区間は $X \leqq x$ としましたが，その代わりに，等号を含まない $X < x$ を区間としても基本的には同じです。これから，次の関係が得られます。

区間 $[\boldsymbol{a}, \boldsymbol{b}]$ での確率　$\mathrm{Prob}(a \leqq x \leqq b) = P(b) - P(a)$

次に，**確率密度**です。微小区間 Δx における確率の平均は $\frac{P(x+\Delta x)-P(x)}{\Delta x}$ ですから，$\Delta x \to 0$ の極限で，**確率密度分布関数** $p(x)$ は累積確率分布 $P(x)$ の微分（導関数）となります。逆に，$P(x)$ は $p(x)$ の積分で表されます。

確率密度分布関数　$p(x) = \dfrac{dP(x)}{dx}$

累積確率分布　$P(x) = \displaystyle\int_{-\infty}^{x} p(x)dx$

微分や積分が現れましたが，気にする必要はありません。確率密度分布関数 $p(x)$ のグラフで，区間 $[a, b]$ での $p(x)$ と x 軸との間の面積が，その区間に対応する確率 $\mathrm{Prob}(a \leqq X \leqq b)$ ということだけは理解して下さい。なお，$(-\infty, \infty)$ は標本空間の全体なので，$p(x)$ と x 軸との間の全域における面積は 1 です。

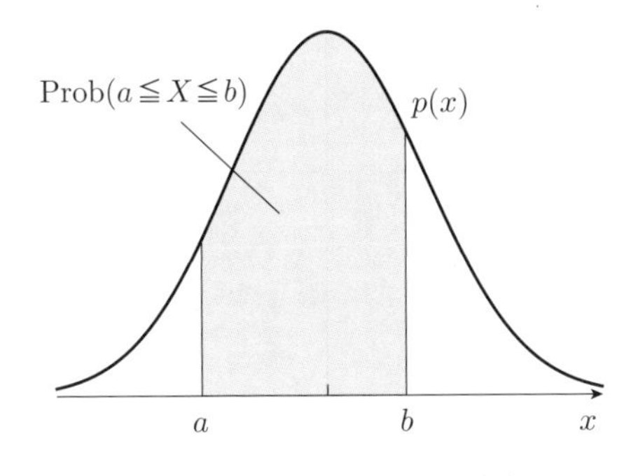

図 7.2　確率密度分布と確率

累積確率分布 $P(x)$ の微分と確率密度分布 $p(x)$ の積分

累積確率分布 $P(x)$ において，狭い区間幅 Δx に対する確率は $\Delta P(x)$，区間幅での確率密度 $p(x)$ は $\Delta P/\Delta x$ だから，その $\Delta x \to 0$ の極限が確率密度 $p(x) = dP/dx$ となる。

確率密度 $p(x)$ において，狭い区間 Δx での確率は $p(x)\Delta x$ で，それの区間 [a,b] での和 $\sum p(x)\Delta x$ がその区間の確率となる。これは，$\Delta x \to 0$ の極限で区間 [a,b] での積分であり，区間 [a,b] での $p(x)$ と x 軸と間の面積である。

$$\int_{-\infty}^{\infty} p(x)dx = 1$$

連続値をとる確率変数 X やその関数 $f(X)$ の期待値，分散は，確率密度度分布関数 $p(x)$ を使って，次のように定義されます。

期待値 $$E(X) = \int_{-\infty}^{\infty} x\, p(x)dx = \mu,$$

$$E(f(X)) = \int_{-\infty}^{\infty} f(x)\, p(x)dx$$

分散 $$V(X) = E((X-\mu)^2) = \int_{-\infty}^{\infty} (x-\mu)^2 p(x)dx$$

$$= E(X^2) - (E(X))^2 = \int_{-\infty}^{\infty} x^2 p(x)dx - \mu^2$$

◆一様分布

確率密度分布が，$[-1, 1]$ で一様になっている分布を**標準一様分布**といいます。

$$p(x) = \begin{cases} \dfrac{1}{2} & -1 \leqq x \leqq 1 \\ 0 & \text{その他} \end{cases}$$

$$平均 = 0,\ 分散 = \frac{1}{3}$$

一般には，区間 $[a, b]$ での**一様分布**で，

$$p(x) = \begin{cases} \dfrac{1}{b-a} & a \leqq x \leqq b \\ 0 & \text{その他} \end{cases}$$

$$平均 = \frac{a+b}{2},\ 分散 = \frac{(b-a)^2}{12}$$

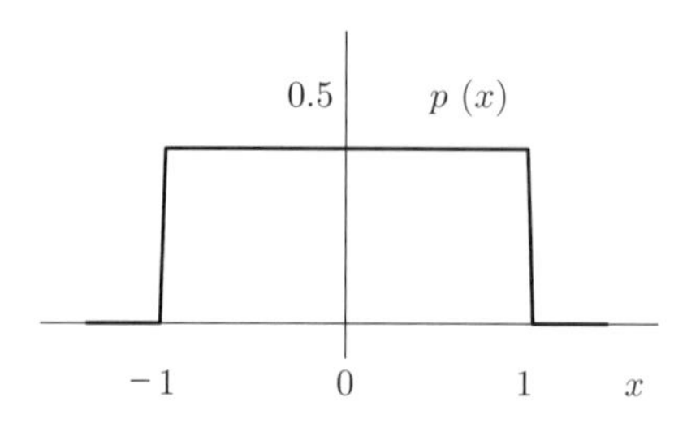

図 7.3 一様分布の確率密度分布

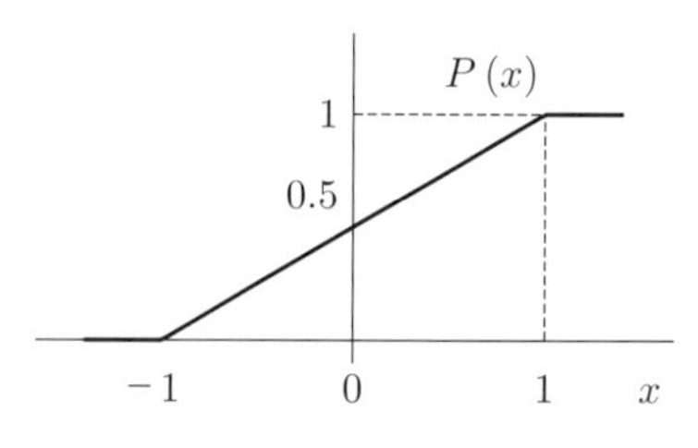

図 7.4 一様分布の累積確率分布

◆指数分布

確率密度関数が指数関数的に減少する分布です。

$$p(x) = \begin{cases} \lambda e^{-\lambda x} & x \geqq 0, \lambda \text{は正定数} \\ 0 & x < 0 \end{cases}$$

$$\text{平均} = \frac{1}{\lambda}, \ \text{分散} = \frac{1}{\lambda^2}$$

累積分布は, $P(x) = 1 - e^{-\lambda x}$

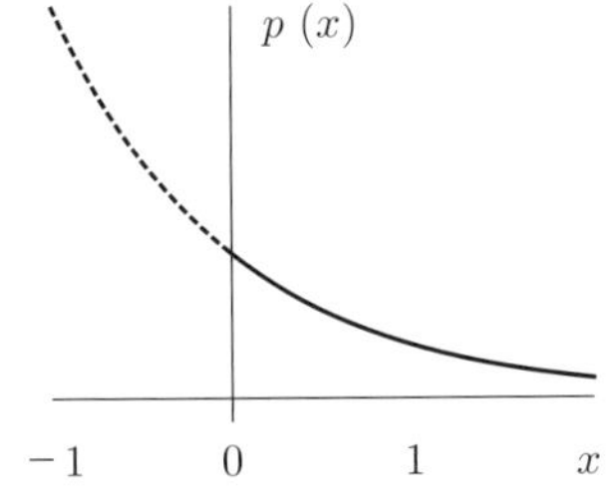

図 7.5　指数分布の確率密度分布

(2)　正規分布

最も標準的な，かつ，重要な分布が**正規分布**（normal distribution）です。平均値 μ，分散 σ^2 の正規分布は $N(\mu, \sigma^2)$ と表します。

平均値 $\mu = 0$, 分散 $\sigma^2 = 1$ の**標準正規分布** $N(0,1)$ は，次の確率密度分布関数で表されます。

標準正規分布　$N(0,1)$,　$p(x) = \frac{1}{\sqrt{2\pi}} e^{-\frac{x^2}{2}}$

なお, $\int_{-\infty}^{\infty} e^{-x^2/2} dx = \sqrt{2\pi}$ なので（証明は略），$\int_{-\infty}^{\infty} p(x)dx = 1$ となっています。$N(0,1)$ に従う確率変数 X について

平均　$E(X) = \frac{1}{\sqrt{2\pi}} \int_{-\infty}^{\infty} xe^{-\frac{x^2}{2}} dx = 0,$

分散　$V(X) = \frac{1}{\sqrt{2\pi}} \int_{-\infty}^{\infty} x^2 e^{-\frac{x^2}{2}} dx = 1$

となります。平均は，被積分関数 $xe^{-x^2/2}$ が奇関数ですから $E(x) = 0$ となることは容易に分かります。分散の計算はちょっと厄介ですが，結果は簡単です。

一般の正規分布 $N(\mu, \sigma^2)$ の確率密度分布関数は，次のようになります。

正規分布　$N(\mu, \sigma^2)$　$p(x) = \frac{1}{\sqrt{2\pi}\sigma} e^{-\frac{(x-\mu)^2}{2\sigma^2}}$

平均 $= \mu$, **分散** $= \sigma^2$

正規分布の確率計算や分散などの計算

正規分布は，極めて普通に使われる確率密度分布関数であるが，分散を求めるのも結構厄介で，確率の計算でも実際の計算を手で実行することはない。そのため，積分や微分，指数関数などに馴染みのない諸氏も気にする必要はない。

正規関数に限らず，通常は確率密度分布の関数表を使ったり，統計の計算ツールやパッケージなどを利用する。

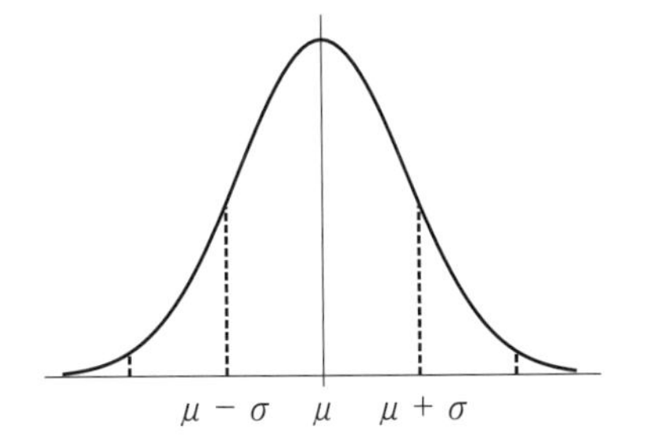

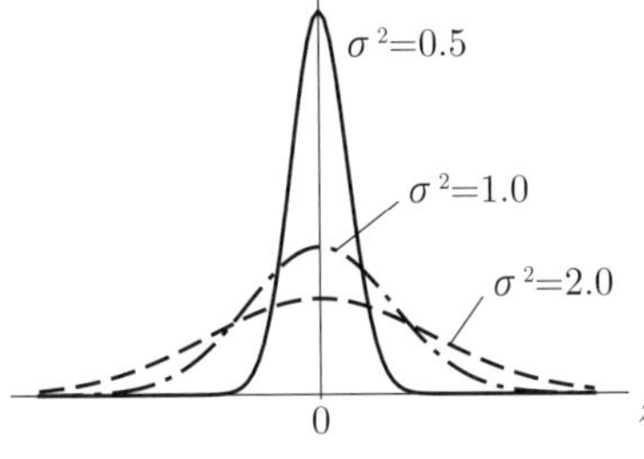

図 7.6　正規分布

$N(\mu, \sigma^2)$ に従う確率変数 X を，次のように標準化すると，確率変数 Z は $N(0,1)$ に従います。これを，正規分布の「**変数の標準化**」といいます。

変数の標準化　$Z = \frac{X - \mu}{\sigma}$

正規分布関数表は $N(0,1)$ についてだけ用意されています。一般の正規分布については，変数を標準化してから関数表を利用します。

正規分布の大きな特徴は，

単峰性：分布の山の峰が1つ

対称性：左右対称に裾が延びた分布

です。平均の位置 $x=\mu$ に峰があり，$x=\mu\pm\sigma$ の位置に変曲点（曲線の凹凸が入れ替わる点）があって，そこから外側へなだらかに減少する形の密度分布です。σ が小さいと峰が高く急峻で，変曲点から外側も早く減少します。σ が大きいと，峰は低くなり全体としてなだらかな分布になります。

測定データの分布や測定誤差の分布，社会現象で現れるさまざまなデータの分布において，確率密度分布が正規分布に近いと考えられるものが多数あります。また，データ変換によって正規分布に近くする工夫も経験的に使われます。偏差値も利用の一つです。

また，正規分布から派生するいろいろな確率密度分布があり，それらもさまざまに適用・利用されています。t-分布，F 分布，χ^2（カイ二乗）分布などの分布関数はその代表です。正規分布は，さまざまなデータ解析手法における基本的な分布として使われています。

◆正規分布関数表の見方

標準正規分布関数 $N(0,1)$ の分布関数は原点について左右対称なので，関数表には $z\geqq 0$ の領域だけ示されています。また，関数表の累積確率は，

下側確率　中心からの累積確率 $\mathrm{Prob}(0\leqq Z\leqq z)$

上側確率　上の裾の累積確率 $\mathrm{Prob}(Z\geqq z)$

のいずれかの確率値について，そのときの値 z が表としてまとめられてい

表7.3 標準正規分布表（Z から P へ）

z	下側確率 $\mathrm{Prob}(0\leqq Z\leqq z)$	上側確率 $\mathrm{Prob}(Z\geqq z)$
0.00	0.0000	0.5000
0.50	0.1915	0.3085
1.00	0.3413	0.1587
1.50	0.4332	0.0668
2.00	0.4772	0.0228
2.50	0.4938	0.0062
3.00	0.4987	0.0013

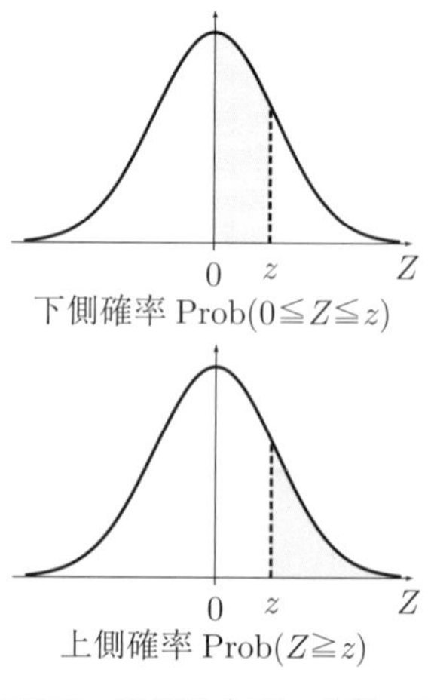

図7.7 正規分布表の上側，下側確率

ます。

次の例 7-10 では，下側確率がまとめられている表を参照しています。

[例 7-10] ある大学の 1 年次生 800 人の身体測定で，身長の平均値が 172 cm，標準偏差が 8 cm でした。身長の分布は正規分布であるとすると，160 cm 以下の学生は何人くらいいるでしょうか。また，190 cm 以上の学生は何人くらいでしょうか。

$N(172, 8^2)$ において，標準化した確率変数は，$Z = (X - 172)/8$ ですから，$x = 160$ のとき $z = -1.5$，$x = 190$ のとき $z = 2.25$。正規分布 $N(0, 1)$ の関数表から，160 cm 以下の学生は $P(-1.5) = 0.5 - P(1.5) = 6.68\%$ で約 53 人，190 cm 以上の学生は $0.5 - P(2.25) = 1.22\%$ で約 10 人です。

◆正規分布の再生性

正規分布についての次の性質が成立することが示せます。

2 つの確率変数 X, Y があって，X が $N(\mu_X, \sigma_X^2)$ に，Y が $N(\mu_Y, \sigma_Y^2)$ にそれぞれ従い，かつ X, Y が独立であるとき，a, b を定数として，次の性質があります。

$$Z = aX + bY \text{ は } N(a\mu_X + b\mu_Y, a^2\sigma_X^2 + b^2\sigma_Y^2) \text{ に従う}$$

つまり，正規分布に従う独立な確率変数の線形結合は，やはり正規分布になります。この性質を，**正規分布の再生性**といいます。特に，

$$Z = X \pm Y \text{ は } N(\mu_X \pm \mu_Y, \sigma_X^2 + \sigma_Y^2) \text{ に従う}$$

は重要です。

章末問題

7.1 2 項分布，あるいはポアソン分布すると考えられている事象のデータにはどのようなものがあるか，具体的な事例を調べてみよう。そして，それらの分布がどのような特徴・性質を持つのか，検討してみて下さい。また，それを基礎としてデータ解析できる事象，たとえば，窓口の待ち時間や混雑具合，放射性物質の半減期と保管管理，高速道路の交通量解析，工業製品の品質管理などなど，関心のある事例について，検討してみるのも面白いのではないでしょうか。

7.2 コイン投げで，表（Head, H）が出たら得点 1，裏（Tail, T）が出たら失点 1 とします。持ち点を 0 点から始めて n 回のコイン投げをしたとき，途中一度も持ち点が 0 にならずに最後までマイナスの持ち点のままである確率を求めてみよう。コインは表あるいは裏が出る確率はどちらも 1/2 とします。

　　$n = 1$ のときは T だけなので確率は 1/2

$n=2$ のとき，TT だけ1通り，確率は 1/4

$n=3$ のとき，TTT, TTH の2通り，確率は $2/8=1/4$

$n=4$〜7 について，それぞれ確率を求めてみよう。

補足 繰り返しの勝負で，一度負け越すとなかなか取り戻せない，ということはしばしば経験する。たとえ確率5割の勝負であっても，一度負け越してマイナスになると，プラスに復帰するまで時間がかかるのである。この場合，無限回の試行ならば結果はプラスマイナスゼロのはずだが，有限回数の途中ではどちらかに大きく偏ってしまうことが普通に起こる。プロ野球で，打率3割超えの打者でも，ある年度の開幕からの通算打率が一度2割台に下がると，特に不調でなくてもなかなか戻らない。

付録

付録 7-1 確率と確率論

確率は，偶然に起こる一連の現象の集まりがあって，ある現象がたまたま起こる程度を数値を 0〜1 の間の値で表す。

確率論は確率の数学的な体系として構成されてきた。確率を具体的に定義する方法はいくつも提案されているが，基本的には，統計的確率，数学的確率（理論的確率，古典的確率とも），公理的確率論が代表的である。

統計処理（数値処理）は，統治・管理の目的で有史時代から行われてきたし，カードやサイコロなどの賭け事でも使われてきたと思われる。理論体系というよりは経験的な知識の集大成的なものであった。古典統計学は数値処理における経験的科学を論理的に集約しつつ体系化してきたもので，それを一般化した形で確率概念が形成されてきた。確率論は，そのような経験科学としての統計学や確率概念を数学的な基礎の上に構築するべく生まれた，数学の歴史ではかなり新しい分野である。

付録 7-2 包除原理（principle of inclusion and exclusion）

3個の部分集合の包除原理は，2個の包除原理を利用すると，

$$|A\cup B\cup C| = |(A\cup B)\cup C| = |A\cup B| + |C| - |(A\cup B)\cap C|$$

右辺第1項：$|A\cup B| = |A| + |B| - |A\cap B|$

右辺第3項：$|(A\cup B)\cap C| = |(A\cap C)\cup(B\cap C)|$

$$= |A\cap C| + |B\cap C| - |(A\cap C)\cap(B\cap C)|$$

$$= |A\cap C| + |B\cap C| - |A\cap B\cap C|$$

$$= |A| + |B| + |C| - |A\cap B| - |A\cap C| - |B\cap C| + |A\cap B\cap C|$$

これを帰納的に続ければ，n 個の部分集合についての包除原理が構成できる。

$$|A_1\cup A_2\cup\cdots\cup A_n|$$

$$= \sum_i |A_i| - \sum_{i<j} |A_i \cap A_j| + \sum_{i<j<k} |A_i \cap A_j \cap A_k| - \cdots$$
$$+ (-1)^{n-1} |A_1 \cap A_2 \cap \cdots \cap A_n|$$

ただし，$\sum_{i<j}, \sum_{i<j<k}$ などは，不等式の条件を満たす i, j, k などの組すべてについての和を表す。

付録 7-3

確率変数 X, Y の任意の値 $X = x, Y = y$ について，同時生起確率を条件付き確率を用いて表すと

$$\begin{aligned}\mathrm{Prob}(X = x, Y = y) &= \mathrm{Prob}(X = x)\mathrm{Prob}(Y = y|X = x)\\ &= \mathrm{Prob}(Y = y)\mathrm{Prob}(X = x|Y = y)\end{aligned}$$

である。$X = x$ の事象と $Y = y$ の事象が独立である

$$\mathrm{Prob}(X = x, Y = y) = \mathrm{Prob}(X = x)\mathrm{Prob}(Y = y)$$

ということは,

$$\mathrm{Prob}(X = x|Y = y) = \mathrm{Prob}(X = x),$$
$$\mathrm{Prob}(Y = y|X = x) = \mathrm{Prob}(Y = y)$$

であり，つまり，X と Y の確率は，互いに他の変数の値に関係しないことを意味する。

付録 7-4　2 項係数 ${}_n\mathrm{C}_k$

$(a + b)^n$ を展開したときの，項 $a^k b^{n-k}$ の係数が 2 項係数である。

$$(a + b)^n = \sum_{k=0}^{n} {}_n\mathrm{C}_k a^k b^{n-k}, \quad \text{2 項係数} \quad {}_n\mathrm{C}_k = \frac{n!}{k!(n-k)!}$$

n 個の $a + b$ の積を単純に展開すると，a, b が n 個並んだ積からなる項（積項）が 2^n 個得られるが，これはその同類項（$a^k b^{n-k}$ の項）をまとめた形の公式である。n 個の積のうち k 個が a, 残りが b となっている積項の数が ${}_n\mathrm{C}_k$ である。

これは，1 列に並んだ赤と白の玉 n 個のうち，k 個が赤（残りが白）となっている異なる並べ方の数と同じである。

★ $n = 5, k = 2$ の異なる並べ方（順列）は次の 10 通り。

$${}_5\mathrm{C}_2 = \frac{5!}{2!3!} = \frac{120}{2 \cdot 6} = 10$$

●●○○○　●○●○○　●○○●○　●○○○●　○●●○○
○●○●○　○●○○●　○○●●○　○○●○●　○○○●●

付録 7-5　2 項分布の極限としてのポアソン分布

多数の箱が並んでいて，1箱あたり λ 個のボールを無作為に投げ入れる。特定の箱（たとえば1番目の箱）に入るボールの数を x とする。その箱を n 等分して n 個の小箱に分割すると，小箱にボールの入る確率は $p = \lambda/n$ である。n は十分大きいとして小箱には高々1個しか入らないとする。1番目の箱に x 個のボールが入ったとすると，これは2項分布 $B(x;n,p)$ である。ここで，$\lambda = np$ を固定したまま，$n \to \infty$ の極限を考える。当然ながら，λ は固定されているから $p = \lambda/n \to 0$ となる。特定の箱に x 個入る確率を $P(x)$ とすると，

$$P(x) = \lim_{n\to\infty} B(x;n,p)$$

ここで，

$$B(x;n,p) = \frac{n!}{(n-x)!x!}\left(\frac{\lambda}{n}\right)^x\left(1-\frac{\lambda}{n}\right)^{n-x}$$

これは，

$$= \left\{\frac{\lambda^x}{x!}\right\}\left\{\frac{n\,(n-1)\cdots(n-x+1)}{n\cdot n\cdots n}\right\}\left\{\left(1-\frac{\lambda}{n}\right)^n\right\}\left\{\left(1-\frac{\lambda}{n}\right)^{-x}\right\}$$

と変形できる。$n\to\infty$ の極限で，$\left\{\frac{n(n-1)\cdots(n-x+1)}{n\cdot n\cdots n}\right\}$ が1に，$\left\{\left(1-\frac{\lambda}{n}\right)^n\right\}$ が $e^{-\lambda}$ に，$\left\{\left(1-\frac{\lambda}{n}\right)^{-x}\right\}$ が1に収束する（$n\to\infty$ で $\left(1+\frac{x}{n}\right)^n \to e^x$ を利用）から，次の結果を得る。

$$P(x) = \frac{\lambda^x}{x!}e^{-\lambda}$$

2項分布で，$\lambda = np$（平均生起事象数）を一定に保ったまま $n \to \infty (p \to 0)$ としたときの極限の分布は，ポアソン分布と一致する。

付録 7-6　2項分布の期待値と分散

2項展開

$$(p+q)^n = \sum_k {}_n\mathrm{C}_k p^k q^{n-k}$$

の両辺を p で微分すると，

$$(*)\quad n\,(p+q)^{n-1} = \sum_k k\,{}_n\mathrm{C}_k p^{k-1} q^{n-k} = \frac{1}{p}\sum_k k\,{}_n\mathrm{C}_k p^k q^{n-k} = \frac{1}{p}E(X)$$

ここで，$p+q=1$ を適用すると，

$$E(X) = \sum_k k\,{}_n\mathrm{C}_k p^k q^{n-k} = np$$

次に，$(*)$ の両辺に p を掛けた等式 $np\,(p+q)^{n-1} = \sum_k k\,{}_n\mathrm{C}_k p^k q^{n-k}$ の両辺を p で微分すると

$$\text{左辺} = n\left\{(p+q)^{n-1} + p\,(n-1)\,(p+q)^{n-2}\right\}$$

$$\text{右辺} = \sum_k k^2{}_n\mathrm{C}_k p^{k-1} q^{n-k} = \frac{1}{p}\sum_k k^2{}_n\mathrm{C}_k p^k q^{n-k} = \frac{1}{p}E\left(X^2\right)$$

ここで，$p+q=1$ を適用すると，次の結果を得る。

$$E(X^2) = np(1+p(n-1)) = np(np+(1-p)) = np(np+q)$$
$$V(X) = E\left(X^2\right) - E^2(X) = np(np+q) - (np)^2 = npq$$

付録 7-7　ポアソン分布の期待値と分散

指数関数 e^x のベキ級数展開

$$e^x = \sum_k \frac{x^k}{k!} = 1 + x + \frac{1}{2}x^2 + \frac{1}{3!}x^3 + \frac{1}{4!}x^4 + \cdots$$

の両辺を x で微分して x を掛けると，e^x の微分は e^x のままだから，

$$(*) \quad xe^x = \sum_k k\frac{x^k}{k!}$$

さらに，両辺を微分して x を掛けると

$$(**) \quad x(x+1)e^x = \sum_k k^2\frac{x^k}{k!}$$

ポアソン分布 $P(k;\lambda) = \frac{\lambda^k}{k!}e^{-\lambda}$ に従う確率変数 X の期待値は，(*) から，

$$E(X) = \sum_k k\frac{\lambda^k}{k!}e^{-\lambda} = e^{-\lambda}\left(\sum_k k\frac{\lambda^k}{k!}\right) = e^{-\lambda}(\lambda e^{\lambda}) = \lambda$$

(**) から，

$$E(X^2) = \sum_k k^2\frac{\lambda^k}{k!}e^{-\lambda} = e^{-\lambda}\sum_k k^2\frac{\lambda^k}{k!} = e^{-\lambda}(\lambda(\lambda+1)e^{\lambda}) = \lambda^2 + \lambda,$$
$$V(X) = E(X^2) - E^2(X) = (\lambda^2+\lambda) - \lambda^2 = \lambda.$$

第8章 統計的データ処理の基本

この章では，第5章と第6章でのデータ処理と，第7章の確率論による論理的な扱いを統合し，統計的データ処理・分析において必要な，基礎的かつ初歩的な統計学的知識と方法をまとめます。

まず，標本集団をどうサンプリングするについて説明します。多くの教科書では第5章，第6章でまとめたデータ処理のところで説明されますが，データの統計解析では重要な視点なので，この章の冒頭で説明することとします。次に，標本データの処理に関わる統計学的基礎について，簡単にまとめます。標本データの処理から得られる特徴量から母集団の特徴量を推定する統計的推定の考え方の要点をつかんでください。

第8章の項目

8.1　標本集団のサンプリング

母集団から標本集団を無作為抽出する

データ解析の対象は個体の集団（集合）で，その集団の特徴や性格を解析・分析によって明らかにすることです。あるクラスでの試験の成績データの分析では，集団のサイズが小さいので，集団全体のデータを調査できます。全数調査は母集団の個体数が小さい場合以外はほとんど行いません。国勢調査や現行の学力テストなどは，例外的に，時間と予算，人手を使って全数調査をします。ある対象とする集団の構成個体について全数調査することを，悉皆（しっかい）調査といいます。

大きな規模の集団に対しては，多くの場合**標本調査（サンプリング調査）**をします。調査対象の集団**母集団**から小さい集団，**標本集団**，を抽出してデータを収集し，標本集団のデータから母集団の特徴を推測・判断します。

標本集団をどう構成するかというのは，極めて重要です。母集団からいくつかの個体を抽出して標本集団を構成することを**サンプリング**（sampling）といい，抽出した標本個体の数を**標本サイズ**（**サンプルサイズ**）といいます。標本集団から得たデータの数という意味でデータサイズとも云います。容易に想像できるように，標本抽出が偏っていると，その標本データを分析して得られる指標などは母集団のそれとは大きく異なってしまう可能性があります。

なお,「ビッグデータ」からデータを収集する場合は，母集団は明示的ではないので，何らかの母集団を想像・想定することになります。実際問題としては，ネット環境が極めて広範に使われている状況なので気にしないことも多く，対象データの範囲がターゲットの母集団とみなしていることもあるようです。しかし，ビッグデータに系統的に含まれない個体やデータもあるので，そのことを念頭に置きながらデータ解析の結果を観る必要があると思われます。

一般に母集団は多様な個体から構成されていますが，標本集団でも母集団と同じような多様性を維持する必要があります。サンプル集団の個体分布が母集団と比べて偏っていると，標本集団の調査や解析・分析から母集団の情報を推測するときに，母集団のもともとあった多様性の一部が抜けてしまったり，逆に強調され過ぎてしまったりします。サンプリングの基本は，**無作為抽出**（ランダムサンプリング）です。母集団からランダムに n 個の個体を選んでサイズ n の標本集団を構成します。たとえば，内閣の支持率を調査するときのように，対象の母集団が極めて大きいときにはどのようにサンプリングするのが良いでしょうか。基本はランダムサンプリングですが，できるだけ偏らないように，かつ，なるべく容易に調査できるように，いろいろ検討する必要があります。以下に，いくつかの代表的なサンプリング方法を説明します。

◆単純無作為抽出

母集団全体を何らかの方法で番号付し，乱数を使って均質にランダムサンプリングする方法で，もっとも基本となるサンプリング法です。サイズ n の標本集団を抽出するには n 個の異なる乱数を発生させます。

もし母集団の個体がランダムに番号付けされていれば，その番号を利用する方法があります。最初の番号 m と間隔 k をランダムに選び，m 番から始めて k 番ごとに抽出を繰り返すと，$m, m+k, m+2k, \cdots, m+(n-1)k$ 番目の個体が選ばれてサイズ n の標本集団が構成できます（**系統抽出**）。

単純ランダムサンプリングでは，母集団の大きさに比べて標本サイズが小さいと母集団の多様性が反映されないことが起こりますから，注意が必要です。

母集団と標本集団

内閣支持率は，全国民の中で，どれだけの人が支持あるいは不支持かを示すデータであるが，通常はごく一部の国民について世論調査と称して得た結果から全国民の動向を推測する。この場合，全国民の集団が「母集団」で，調査した個人の集まりは「標本集団」（サンプリング集団）である。

ところで，日本の人口は1.3 億人余りで，有権者に限っても 7～8 千万人はいるが，実際の世論調査は多くても 2000 人余りである。母集団の大きさに比べて標本集団の大きさが非常に小さいことに，疑問を持ったことはないか。本章で簡単に触れるが，統計的推論によれば，適切なサンプリングをすれば，これで数%程度の誤差の範囲で内閣支持率を推定できる。

乱数の生成法

かつては，乱数は乱数表として紙媒体で配布し利用していた。それらは，様々な方法で作成され，偏りが大きい場合は手で補正されてきた。

現在の乱数はコンピュータによって必要の都度，ときには大量に生成されている。コンピュータで生成する乱数はアルゴリズム（決定論的手続き）によって生成されるから，初期値とアルゴリズムを指定すると乱数が規則的な決定手続きで得られるので，ある種の規則性は排除できない。

現在では，見かけ上の規則性を見えなくするように，アルゴリズムが工夫され，ほぼ無限に計算時間を消費しないと規則性が発見できないアルゴリズムが使われている。

たとえば，100 個の玉からなる母集団が壺の中にあって，10 個の玉が赤，残りの 90 個が白とします。そこから 10 個の玉をランダムに取り出して標本集団とするとき，サイズ 10 の標本集団に赤玉が 1 つも含まれない確率は約 33% になります（コラムを参照)。つまり，単純なランダムサンプリングでは，この場合では白の中に混じる赤という多様性が標本集団に全く反映されないことが 3 回に 1 回くらいあるのです。

赤玉白玉のランダムサンプリング

10 個が赤，90 個が白，計 100 個の玉からランダムに 1 個選んだとき，それが白玉である確率は 90/100 であることは容易に分かります。そのとき残りの玉は 99 個で，そのうち白は 89 個だから，2 つ目の玉を取り出したときにそれが白である確率は 89/99，よって 2 個とも白の確率は，$(90/100) \times (89/99)$。これを同様に続けていくと，取り出した 10 個すべてが白の確率は

$$\frac{90 \times 89 \times 88 \times \cdots \times 81}{100 \times 99 \times 98 \times \cdots \times 91} \sim 0.33$$

となります（これは，Excel などの表計算ソフトで簡単に確かめられます）。

全体の玉の数が多数の場合でも赤と白の比率が 1:10 ならば，ランダムに 10 個とりだしたとき 1 つも赤が含まれない確率はほぼ $0.35(\sim(9/10)^{10})$ となりますから，やはり 3 回に 1 回くらいは赤が含まれない標本集団になります。サンプルサイズ 10 は小さすぎますが，サイズを 100 としても，赤が「7 個以下または 13 個以上」となる確率は約 0.40 ですから（計算式は省略），単純なランダムサンプリングでは，少数者が過小評価されたり，逆に過大評価されたりすることがかなりの確率で起こり得ます。

◆層化無作為抽出

たとえば，若い人と年配者で調査データの傾向が異なると思われる場合，ある地域の人を母集団としてサンプルデータを調査・収集するとします。あらかじめ年齢分布を調べておいて，年齢をいくつかの層に分けて，それぞれの層のサイズに比例した数の標本をサンプリングして，全体の標本集団を構成します（**比例配分法**)。これは，ランダムサンプリングではよく使われる方法，**層化無作為抽出**，です。

この方法で，サンプルサイズに各層で極端に差が出るときがあります。そのときは，各層ごとにサンプリングしてデータ集計し，その結果を各層のサイズを考慮して重み付けして統合してから，全体の解析や分析の結果を得る，という方法をとることもあります（**最適配分法**)。

◆クラスター（集落）抽出

母集団を，いくつかの同質のグループ（クラスター）に分割してクラス

ターの集団とします。クラスター集団からいくつかの標本クラスターをランダムサンプリングし，サンプリングした各標本クラスターについて全数調査をします。たとえば，ある地域の高校生についてアンケート調査をするとき，高等学校をランダムサンプリングして，標本となった高等学校の生徒全員にアンケート調査をするという方法です。

標本クラスターのサイズが大きいときは，さらにその中でクラスター抽出することがあります。クラスター抽出を2段以上繰り返す方法です（**多段抽出**）。例えば，全国の高校生についてアンケート調査をするとき，全国（沖縄〜北海道）をいくつかの地域に大きく分けてクラスター抽出し，抽出した地域から都道府県を，都道府県内の地区を，地区内の高等学校を順次抽出します。そして，抽出した各高校でさらに学年別にいくつかのクラスを抽出して，全数調査するという多段階の方法が試みられることもあります。

8.2　確率論に基づく統計量の評価

大きな集団を対象とした抽出調査対象では，対象の個体集合が母集団で，実際にデータを収集するのは母集団から抽出した標本集団（サンプル）です。標本集団のデータを統計的に処理して，第5章，第6章で説明したような平均値や分散，相関係数などの統計的な特徴量を得ることができます。それらの標本集団の統計的特徴量は，もとの母集団の特徴量ではありませんが，全く無関係ではないはずです。標本データを解析するのは，直接には標本集団の特徴を把握するためですが，普通は間接的に母集団の特徴を推測するためでもあります。

統計的推定は，標本データの処理から得られる特徴量から母集団の特徴量を見積もる，推定する，ということです。ここでは，統計的推定の考え方を説明します。

(1)　母集団と標本集団の統計量

母集団の統計量を**母数**といいます。たとえば，ある変量 x について，

母平均　母集団の平均 μ
母分散　母集団の分散 σ^2

などです。母集団から抽出した標本集団のサンプルサイズを n として，各標本個体の対象量 x の測定値（標本データ）を $x_i,\ i = 1 \sim n$ とすると，

標本平均　$\bar{x} = \frac{1}{n}\sum x_i$

標本分散　$s^2 = \frac{1}{n}\sum (x_i - \bar{x})^2 = \bar{x^2} - \bar{x}^2$

が，上の母数に対応する**標本統計量**です。

統計的推定は，母集団から抽出された標本集団の統計量から母集団の統

計量を推測することです。これは，基本的には確率論に基づく基礎付けによります。

逆に，母集団の統計量が既知あるいは推定済みであるとき，ある標本データの統計量が母集団のそれと同じとみなせるか（誤差の範囲か）どうかということも課題となります。これは言い換えれば，標本データの集団は，対象としている母集団からサンプリングされたものか，あるいは母集団と比較すると異常な集団ではないかを判断することです。これも統計学の一つの役割で，**統計的検定**（statistical test，あるいは statistical testing）です。

以下では，統計的推定について簡単にまとめます。統計的検定については第9章でまとめます。

(2) 確率論による基礎統計量

サンプルサイズ n の標本集団の i 番目の個体の測定値を確率変数 X_i で表し，その値を x_i とします。母集団から標本集団を構成するのですが，得られるサイズ n の標本集団はさまざまに構成可能で，そのうちの1つがたまたま実際の標本集団となります。また，標本個体の順列番号付けも多様な順序付けが可能で，そのうちの1つの方法で番号付けされた i 番目 X_i の値が x_i ということですから，確率変数としての X_i の変域は母集団全域にわたります。したがって，X_i の期待値は母集団の母平均 μ と一致し，分散は母分散 σ^2 と一致するとみなすのは自然でしょう。

$$E(X_i) = \mu$$
$$V(X_i) = E((X_i - \mu)^2) = \sigma^2$$

◆標本平均の期待値と分散

標本集団は n 個の確率変数 $X_1, X_2, \cdots, X_n$ からなっていて，すべて同じ母集団の分布に従う確率変数です。X_i の算術平均を表す確率変数を

$$\bar{X} = \frac{1}{n}\sum_i X_i \qquad \left(\sum_i X_i \text{ は } i = 1\sim n \text{ の和 } \sum_{i=1}^{n} X_i \text{ の略記}\right)$$

とします。1つの標本集団において得られる確率変数 $\bar{X}$ の実現値 $\bar{x} = \frac{1}{n}\sum x_i$ は，その標本集団の標本平均です。任意の i について $E(X_i) = \mu$ なので，$\bar{X}$ の期待値は，

$$E(\bar{X}) = E\left(\frac{1}{n}\sum_i X_i\right) = \frac{1}{n}\sum_i E(X_i) = \mu$$

となります。標本平均の期待値は母平均 μ と一致します（側注参照）。

標本平均の確率変数 $\bar{X}$ の分散（母平均 μ からの偏差の二乗平均）について，同様に計算すると，次の結果になります（付録8-1）。

$$V(\bar{X}) = E((\bar{X} - \mu)^2) = \frac{\sigma^2}{n}$$

標本平均と母平均

平均値は代表的な統計量である。標本平均の期待値は母平均と一致する。しかし，このことは，その標本集団の実現値 が母平均と一致していることを主張しているわけではない。

いろいろな標本集団ごとに実現値としての標本平均が得られるが，それらはある確率分布で母平均 μ の周りに分布していて，その分布の平均値が μ ということである。

なお，その標本平均値の分布はサンプルサイズ n が大きいときは正規分布に近い。

n 個の平均の分散は，個々の分散の $1/n$ となります。

一般に，同じ分布に従う n 個の確率変数の平均の分散は，母分散の $1/n$ になります。

◆不偏推定量としての標本平均

n 個体の標本集団で，標本平均を表す確率変数を $\bar{X} = \frac{1}{n}\sum X_i$ とすると，上に示したように，$\bar{X}$ の期待値（平均）は母平均 μ と一致します。

一般に，標本集団におけるある統計量を表す確率変数の期待値が，母集団の対応する統計量（母数）と一致するとき，その確率変数の実現値（標本値）は，母数の**不偏推定量**，あるいは**不偏量**と呼ばれます。

標本平均の実現値 $\bar{x}$ は，母平均 μ の不偏推定量です。

◆不偏分散

標本集団において，母平均 μ からの偏差の 2 乗平均について，標本平均の場合と同様に考えると，

$$E\left(\frac{1}{n}\sum_i (X_i - \mu)^2\right) = \frac{1}{n}\sum_i E((X_i - \mu)^2) = \sigma^2$$

となり，母分散 σ^2 と一致します。しかし，標本分散は，母平均 μ からの偏差ではなく，標本平均 $\bar{x}$ からの偏差の 2 乗平均です。したがって，標本分散に対応する確率変数は，

標本分散の確率変数　$S^2 = \frac{1}{n}\sum_i (X_i - \bar{X})^2$

となります。

標本分散 s^2 は確率変数 S^2 の実現値の 1 つです。$E(\bar{X}) = \mu$ なので大きく異なることはないと思われますが，この影響がどのようなものか，実際に $E(S^2)$ を求めて確かめてみると，次の結果を得ます（付録 8-2）。

標本分散の期待値　$E(S^2) = \frac{n-1}{n}\sigma^2$

したがって，確率変数 S^2 の期待値は母分散 σ^2 と一致しません。つまり，標本分散 s^2 は不偏推定量ではありません。

この結果から，次の確率変数 U^2 の期待値は，母分散に等しくなることがわかります。これを**不偏分散**といいます。

不偏分散の確率変数　$U^2 = \frac{1}{n-1}\sum_i (X_i - \bar{X})^2$

不偏分散の期待値　$E(U^2) = \sigma^2$

標本平均 $\bar{x}$ からの偏差の 2 乗和を $n-1$（第 6 章で説明した標本平均からの偏差データの自由度）で割った標本値 u^2 が不偏分散で，不偏分散は母分散に直接対応する標本集団の不偏推定量です。確率変数 U^2 の実現値（標

不偏分散

現在ではデータ処理はコンピュータによる処理が基本であるが，かつては手で処理していた。

意思決定のために大きなサイズのデータ集団の処理をしているとき，予備的に小さい部分的なデータ集団を抜き出して統計処理し，平均や分散などを求める。いろいろな部分集団で試行錯誤を繰り返した後，最終的に全体のデータで統計処理し，最終的な意思決定をする。そのとき，平均値は全体の集団の平均値の前後にばらつくが，分散については，全体集団の分散の周りの小さい方に偏る傾向が現れる。そのための補正が，n で割る代わりに，$n-1$ で割ることだった。

これを確率論の立場から理論的に解決した概念が，不偏分散である。

本値）u^2 と標本分散 s^2 との関係は次のようになります。

$$u^2 = \frac{1}{n-1}\sum_i (x_i - \bar{x})^2 = \frac{n}{n-1}s^2$$

すでにふれていますが，標本分散については，

$$s^2 = (x^2\text{の平均}) - (x\ \text{の平均})^2$$

という計算手続きが可能でしたが，不偏分散 u^2 ではこの方法は適用できませんから，注意してください。u^2 は，s^2 を求めてから $n/(n-1)$ を掛けるのが簡明です。サンプルサイズ n が大きければ，両者はほとんど同じですから，気にする必要はありません。n が小さいときは，標本分散は母分散と比べて小さめになるので気を付けて下さい。

データ解析で分散を扱う場合は，標本集団から得られる統計量も母集団のそれを代表しているとみなすので，分散としては，不偏分散を使います。標本分散の定義を不偏分散の定義で代替してしまう教科書もあります。

大数の法則

大数の法則は，同質の多数のデータの平均は，件数が多ければ1つの値に近づくことを保証している。たとえば，サイコロを多数回投げて，それぞれの目の出る割合が1/6に近ければ偏りが無いといえる。

しかし，1の目が出にくいサイコロがあったとき，何回投げればそのような偏りが分かるのかは，分からない。偏りの程度に大きく依存する。コイン投げも同様で，普通は，数学的に等確率として済ませてしまう。

手品師（イカサマ師？）は，初期条件をコントロールして，出目を偏らせるから，多数回投げても，わからない。

◆不偏共分散

以上のような分散についての状況は，2つの確率変数 X_i, Y_i の共分散についても同様です。データ解析では不偏共分散を使うのが普通です。

X, Y の期待値を $E(X) = \mu_X$, $E(Y) = \mu_Y$ とすると，

母共分散 $\quad \mathrm{Cov}(X,Y) = E((X-\mu_X)(Y-\mu_Y)) = E(XY) - \mu_X\mu_Y$

標本共分散 $\quad \dfrac{1}{n}\sum_i (X_i - \bar{X})(Y_i - \bar{Y})$

不偏共分散 $\quad \dfrac{1}{n-1}\sum_i (X_i - \bar{X})(Y_i - \bar{Y})$

(3) 大数の法則と中心極限定理

次のような法則・定理があります。データ解析・分析の根拠となる重要な法則の1つです。ここでは証明なしで，かつ，数学的には荒っぽい表現ですが，了解して下さい。

法則と定理

数学的には，「法則」は帰納的な経験則あるいは「公理」に対応するが，「定理」は論理的な手続きで公理や基本的な法則から証明される。

「大数の法則」は，もともと基本的には帰納的な経験則・予測であるが，数学的には，確率論の下で，「大数の弱法則」および「大数の強法則」として定式化され，証明される。

「中心極限定理」は，確率論において，論理的に証明される「定理」である。

〈大数の法則〉

確率変数 X_i, $i = 1〜n$ がすべて独立で同じ確率分布（平均 μ）に従うとき，n が大きくなると，標本平均の確率変数 $\bar{X} = \frac{1}{n}\sum_i X_i$ の実現値 $\bar{x} = \frac{1}{n}\sum x_i$ は μ に近づく。

これは，$\bar{X}$ の母平均 μ からの分散が $V(\bar{X}) = \sigma^2/n$ なので，n が大きくなると標本平均 $\bar{x}$ の分布の幅が μ 周りに狭くなることからも推測できます。なお，この法則は，確率変数の分布型に依らないことが重要です。

大数の法則と並んで，もう一つ重要な定理があります。大数の法則と似

ていますが，標本平均の分布の形状に関する定理です。これも証明なしで，かつ，同様に数学的には荒っぽい表現ですが，データ解析・分析において重要な法則の 1 つです。

〈中心極限定理〉

確率変数 X_i, $i = 1{\sim}n$ がすべて独立で同じ確率分布（平均 μ，分散 σ^2）に従うとき，n が大きくなると確率変数 $\bar{X} = \frac{1}{n}\sum_i X_i$ の実現値 $\bar{x} = \frac{1}{n}\sum x_i$ の分布は，平均値 μ，分散 σ^2/n，の正規分布 $N(\mu, \sigma^2/n)$ に近づく。

この定理は，確率変数の従う分布型に依らず，標本平均の分布が正規分布に近づく，という点が極めて重要です。

［例 8-1］（世論調査）内閣を支持する割合が p として，それを世論調査で調べようとしています。調査対象を無作為に n 人選んで支持するかどうかを調査し，n 人中 k 人が支持すると答えたとすると，これは成功確率 p の 2 項分布 $B(k; n, p)$ ですから，k の平均値は np，分散は npq（ただし，$q = 1 - p$）です。

いま，標本集団の i 番目の人の確率変数 X_i を，その人が支持するときは $X_i = 1$, 支持しないときは $X_i = 0$ とすると，X_i の期待値 $E(X_i)$ と分散 $V(X_i)$ は，

$$E(X_i) = p, \quad V(X_i) = pq$$

となります。したがって，確率変数 $\bar{X} = \frac{1}{n}\sum_i X_i$ については，

$$E(\bar{X}) = p, \quad V(\bar{X}) = \frac{1}{n}pq$$

です。中心極限定理によれば，$\bar{X}$ の実現値 $\bar{x} = \frac{1}{n}\sum x_i$ の分布は，n の大きいときには正規分布 $N(p, pq/n)$ に近づきます。世論調査結果の標本支持率 $\bar{x}$ を $b(= k/n)$ とすると，大数の法則によれば n が大きいときには b は p に近づくから，b を p の推定値として使うことにします。同時に，X_i の分散 $pq = p(1-p)$ も $b(1-b)$ に近づくから，$\bar{X}$ の分散は $\frac{1}{n}b(1-b)$ が推定値となります。したがって，n が十分に大きいときには，$\bar{X}$ の分布は，$b = k/n$ として，正規分布 $N\left(b, \frac{1}{n}b(1-b)\right)$ で近似することができることになります。

ところで，n をどれくらいにすれば支持率 p が推定できるのか，という目安はここからは得られません。有権者数を 7000 万人としてそのうちの 10%を調査すると 700 万人，1%でも 70 万人なので，簡単には調査できないのです。しかし，実際の世論調査では 2000 人前後を対象にしているだけですが，そのためには，推定精度と調査個体数の関係を検討する必要があります。これは，次節で簡単に触れます。

平均値が存在しない確率密度分布関数

大数の法則や中心極限定理は，確率変数の分布型に依らず成立しますが，実は平均値や分散の存在しない分布が知られています。その場合それらの定理は適用できません。

そのような分布の代表的な分布関数は，コーシー分布あるいはローレンツ分布と呼ばれる確率密度分布関数です。

標準コーシー分布　$p(x) = \dfrac{1}{\pi}\dfrac{1}{(1+x^2)}$

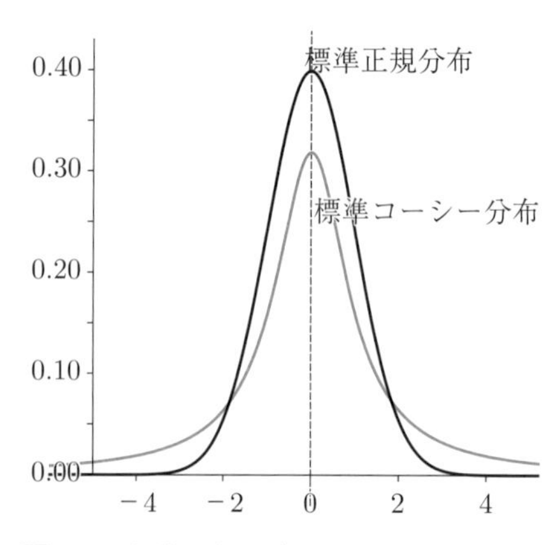

図 8.1　標準正規分布と標準コーシー分布

コーシー分布関数の分布図は，図 8.1 のように標準正規分布

$$N(0,1) = \frac{1}{\sqrt{2\pi}}e^{-x^2/2}$$

に似ています。しかし，左右に伸びる裾がゆっくりしていてたいへん長いです。これは正規分布では指数関数 e^{-x^2} 的に減少しますが，コーシー分布ではべき乗 x^{-2} で減少するので裾が長くなるという特徴に依ります。そのため，全体の確率は 1 となりますが（広義積分 $\int_{-\infty}^{\infty} p(x)dx$ は収束する），平均値は存在しないので（平均を計算する $\int_{-\infty}^{\infty} x\,p(x)dx$ は収束せず，極限を取る方法に依存して任意の実数値になり得る），平均値の存在を前提とする大数の法則や中心極限定理が成立しません。

この分布関数は，以前から物質の極限的な状態など自然界でも実際に見出されています。物質の臨界点（液体状態と気体状態が連続的に変化して液体状態と気体状態の境界が無くなる高温高圧状態の点）では，分子の空間分布密度（微小領域での分子数の平均）が大きく揺らぐ現象がありますが，これは分子の空間分布がコーシー分布のような分布になり，ちょっとした要因でその空間密度が大きく変動するためです。混合流体の超臨界流体状態もその 1 つで，そこでの揺らぎを利用して，化学物質の分離や特殊な染色に使われたりします。

中心極限定理のいう，標本集団における測定値の平均値の分布が正規分布で近似できる，という性質は極めて重要です。データ処理で得られる統計量は，多くの場合，何らかの意味の「平均」なので，正規分布を前提として分析・解析・評価できることになります。たとえば，分散は偏差の自乗平均，共分散は偏差の積の平均，相関係数は共分散と標準偏差の積との比などです。このような統計量を対象とした分析・解析では，χ^2 分布（カイ二乗分布），F-分布，t-分布など，正規分布をもとに数学的に構成できる確率分布が普通に使われています。これらについては次節で簡単にふれます。

8.3　母数の統計的推定

第 5 章から第 6 章にかけて標本集団の標本データから統計的特徴量を得るデータ処理方法をいくつか説明してきました。母集団の悉皆（しっかい）調査の代わりに，標本集団を抽出して調査しデータ処理をするのは，基本的に，標本データから母集団の統計量（母数）を推測することが目的です。一般に，標本抽出を繰返し行うとその都度異なった統計量が得られますから，標本統計量を母数の推定値と見なす根拠が必要です。根拠の基本は確率論です。前節で説明した大数の法則と中心極限定理は重要な根拠の 1 つです。

(1)　点推定

点推定は，直接には標本統計量の値を母集団の統計量とみなし，母数の点推定値とするのが基本です。

一般には，標本統計量は母集団の統計量（母数）と比較して偏ることがあり，確率論的には偏りのない（確率論的に期待値が母数と一致する）不偏量が定義できます。しかし，これはあまり気にする必要はありません。ただし，最もよく使われる分散については，標本分散は標本集団サイズが小さいときは偏りがあるので，母分散の推定値としては，計算も非常に簡単なので不偏分散が推奨されています。

母平均 μ の推定値：$\mu = \bar{x} = \dfrac{1}{n}\sum_i x_i$（標本平均が不偏推定量）

母分散 σ^2 の推定値：$\sigma^2 = u^2 = \dfrac{1}{n-1}\sum_i (x_i - \bar{x})^2$（不偏分散）

2 変量 X, Y の共分散についても同様に，不偏共分散が使われます。

母共分散の推定値：$\dfrac{1}{n-1}\sum_i (x_i - \bar{x})(y_i - \bar{y})$（不偏共分散）

2 変量 X, Y の相関係数は，第 6 章で説明したように標本共分散 s_{xy} と標本標準偏差の積 $s_x s_y$ の比なので，不偏分散と不偏共分散を用いても同じ値となります。しかし，この量は不偏量ではありません。不偏推定量としての相関係数は少々厄介なので，通常は標本相関係数がそのまま使われます。線形回帰における回帰係数（回帰直線の係数や定数項）も同様です。

他の統計量についても不偏量が定義できますが，データ解析ではあまり使われておらず，多くの場合，標本統計量が母数の点推定値として利用されています。

(2) 区間推定：既知の母分布を利用した信頼区間

標本集団における計測値（標本統計量，平均，分散など）は，母集団全体の計測値（母数）に対する点推定で，一般には母数とは一致しません。**区間推定**は，母数（母集団における統計量）を，幅を持った区間として推定する評価方法です。

◆信頼度と信頼区間

まず，**信頼水準**（confidence level）と**信頼区間**について説明します。

確率変数 X が，母分布が母平均 μ，母分散 σ^2 の正規分布 $N(\mu, \sigma^2)$ に従っているとき，X の計測値 x（標本集団での実現値）の**信頼水準** α の区間推定を行います。これは，x が μ からどれくらい離れているかを区間 $[x_1, x_2]$ で表し，X が区間の値となる確率が α であることと定義されます。

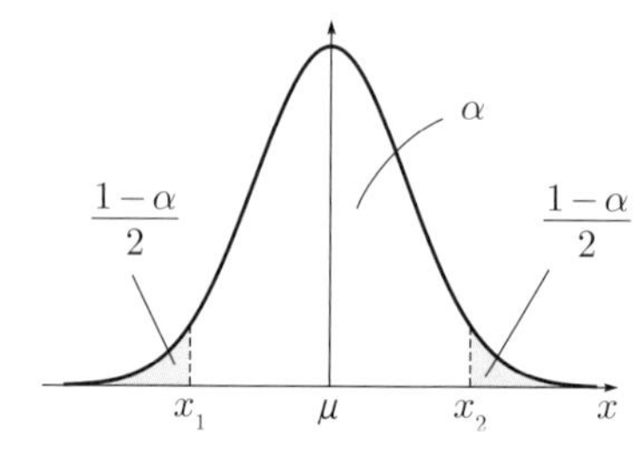

図 8.2 信頼水準と危険率

$$\textbf{信頼区間}\quad \mathrm{Prob}(x_1 \leqq X \leqq x_2) = \alpha$$

信頼水準 α としては，90%, 95%, 99%, 99.5%が使われますが，最もよく使われるのは $\alpha = 95\%$ です。

次に，この区間 $[x_1, x_2]$ を具体的にどのように決めるかを説明します。

信頼水準 α は，確率 α で X の値が区間 $[x_1, x_2]$ にあることを意味しますが，これは逆に，$1-\alpha$ の確率でこの区間から外れることを意味します。つまり，信頼区間の外側は**危険域**で，$1-\alpha$ は**危険率**です（次章の検定では，**有意水準** significant level ということが多い）。信頼区間は，その両側（りょうそく）（上と下とそれぞれ）に危険率を 1/2 ずつ採るのが普通です（目的によっては，片側に $1-\alpha$ を採ることもあります）。ここでは危険域を両側にとりましょう。

$$\textbf{両側危険域}\quad \mathrm{Prob}(X \leqq x_1) = \mathrm{Prob}(X \geqq x_2) = \frac{1-\alpha}{2}$$

次に，正規分布の場合について，具体的に説明します。正規分布関数表は標準正規分布 $N(0, 1)$ だけ用意されていますから，正規分布 $N(\mu, \sigma^2)$ の確率変数 X を標準化します。標準化した変数を Z とします。

$$Z = \frac{X-\mu}{\sigma}, \quad X = Z\sigma + \mu$$

Z は標準正規分布 $N(0, 1)$ に従います。

信頼水準 $\alpha = 95\%$の場合，標準正規分布関数表から，上側危険率が

$$\mathrm{Prob}(Z > Z_0) = \frac{1}{2}(1 - \alpha) = 0.025 \text{（危険率の上側 1/2）}$$

となる z_0 を探すと，$z_0 = 1.96$ が得られます。表 8.1 は上側危険率を p としてまとめてあります（表 7.3 も似た表である）。

標準化変数 Z をもとの変数 $X = \mu + Z\sigma$ へ戻すと，$x_2 = \mu + 1.96\sigma$ となります。信頼区間 $x_1 \leqq X \leqq x_2$ の x_1 と x_2 は μ の上下に対称な点ですから，$x_1 = \mu - 1.96\sigma$ です。以上より，この場合の 95%信頼区間は，

表 8.1　標準正規分布表（p から z）

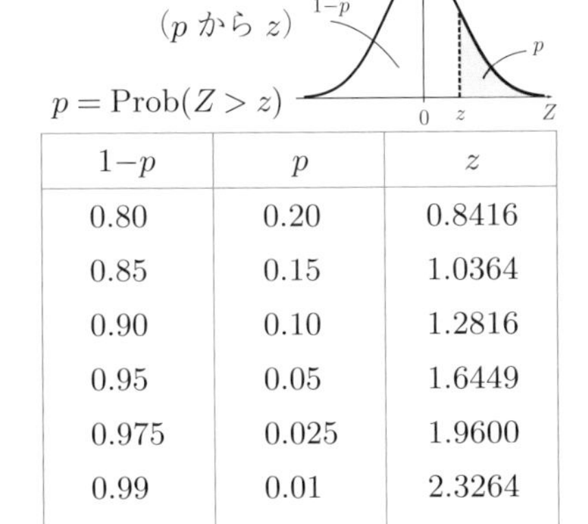

$1-p$	p	z
0.80	0.20	0.8416
0.85	0.15	1.0364
0.90	0.10	1.2816
0.95	0.05	1.6449
0.975	0.025	1.9600
0.99	0.01	2.3264
0.995	0.005	2.5758

$$X \text{ の 95\%信頼区間}\quad \mu - 1.96\sigma \leqq X \leqq \mu + 1.96\sigma$$

母平均 μ と母分散 σ^2 は，点推定で推測した値を使います。

なお，正規分布表について，すでに第 7 章で触れましたが，念のためここでも簡単に触れておきます。標準正規分布関数 $N(0, 1)$ は原点について対称なので，関数表には $z \geqq 0$ の領域だけ示されています。また，関数表の累積確率は，次の 2 種類のどちらかの確率値について，

下側確率　$\mathrm{Prob}(0 \leqq Z \leqq z)$，

上側確率　$\mathrm{Prob}(Z \geqq z)$

そのときの値 z が表としてまとめられています（側注も参照のこと）。

標準正規分布表の検索

正規分布は正負で対称なので，正規分布表は，標準正規分布 $N(0, 1)$ についてだけ，片側 $z \geqq 0$ だけ作られている。

分布表は次の 2 種類ある。

① $\mathrm{Prob}(0 \leqq Z \leqq z)$

② $\mathrm{Prob}(Z \geqq z)$

① は z と信頼水準，② は z と危険率の表となっている。信頼水準 95%のとき，危険率は両側で $(1 - \alpha)/2 = 2.5\%$だから，① の表では，$\mathrm{Prob}(0 \leqq Z \leqq z_0) = 0.5 - 0.025 = 0.475$ となる z_0 の値を探すと $z_0 = 1.96$ である。② の表では，$\mathrm{Prob}(Z \geqq z_0) = 0.025$ となる z_0 を探すと，同じ値を得る。

◆母平均の区間推定

確率変数 $X_i, i = 1 \sim n$ がすべて独立で同一の分布 $N(\mu, \sigma^2)$ に従うとき，標本平均の確率変数を $\bar{X} = (1/n)\sum X_i$，不偏分散の確率変数を U^2 とし

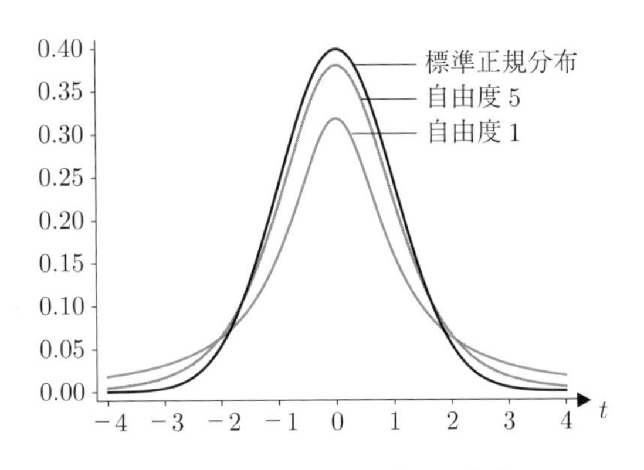

図 8.3　スチューデントの t-分布

て，次の確率変数 T は，**自由度** $n-1$ **の** t**-分布**に従います（t-分布関数表は自由度ごとに用意されています）。

$$T = \frac{\bar{X} - \mu}{\sqrt{U^2/n}}$$

不偏分散 U^2 は標本集団から得られた母分散の推定値です。

標本個体のデータ値について，標本平均 $\bar{x}$（$\bar{X}$ の実現値）と不偏分散値 u^2 とから得られる T の値

$$t = \frac{\bar{x} - \mu}{\sqrt{u^2/n}}$$

を，$\bar{x}$ の t**-値**といいます。

t-分布表は，自由度ごとに用意されています。中心極限定理によれば，標本サイズ n が大きいときは標本平均 $\bar{X} = (1/n)\sum_i X_i$ は正規分布 $N(\mu, \sigma^2/n)$ に従うと考えられます。実際，n が大きい（30〜50 以上）とき，t-分布は標準正規分布 $N(0,1)$ で近似できます。

区間推定の説明を簡単にするため，まず，n は相当に大きいとして正規分布で近似できるとしましょう。

[例 **8-2**] 母平均の区間推定

母分散 σ^2 は推定値の標本分散（あるいは不偏分散）で近似できるので，すでに得られているとします。標本平均の確率変数 $\bar{X}$ の分散は σ^2/n です。母平均を μ とすると，$\bar{X}$は $N(\mu, \sigma^2/n)$ に従います。$\bar{X}$ の実現値 $\bar{x}$（標本平均）から，母数 μ について信頼水準 $\alpha = 95\%$ の区間推定をします。

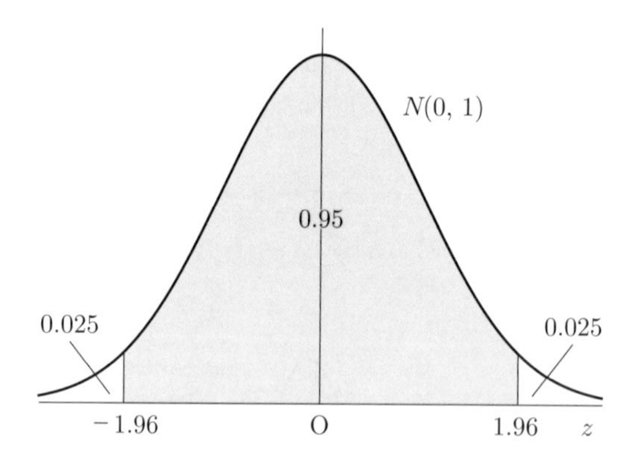

図 8.4　標準正規分布での 95%信頼水準

変数 $\bar{X}$ を標準化して，標準正規分布 $N(0,1)$ に従う変数 Z に変換します。

$$Z = \frac{\bar{X} - \mu}{\sqrt{\sigma^2/n}},\ \bar{X} = Z\sqrt{\frac{\sigma^2}{n}} + \mu.$$

危険率は $1 - \alpha = 5\%$ なので，標準正規分布表 $N(0,1)$ において危険率の

上側の 1/2 の点，つまり，$\mathrm{Prob}(Z \geqq z_0) = (1-\alpha)/2 = 0.025$ となる z_0 を読み取ると $z_0 = 1.96$ です。下側の危険域に対応する点は $Z = -z_0$ ですから，したがって $\bar{X}$ の実現値 $\bar{x}$ は，信頼水準 95%（危険率 5%）で次の範囲に存在することになります。

$$\mu - 1.96\sqrt{\frac{\sigma^2}{n}} \leqq \bar{x} \leqq \mu + 1.96\sqrt{\frac{\sigma^2}{n}}$$

ところで，標本値 $\bar{x}$ が μ の周り $\pm 1.96\sqrt{\sigma^2/n}$ の幅の区間にあるということは，逆に見れば，母数 μ が $\bar{x}$ の周り $\pm 1.96\sqrt{\sigma^2/n}$ の幅の区間にあることと同じです。この不等式を書き換えれば，

母数 μ の 95%信頼区間　$\bar{x} - 1.96\sqrt{\dfrac{\sigma^2}{n}} \leqq \mu \leqq \bar{x} + 1.96\sqrt{\dfrac{\sigma^2}{n}}$

が得られます。これが母平均 μ の 95%信頼区間の推定結果となります。

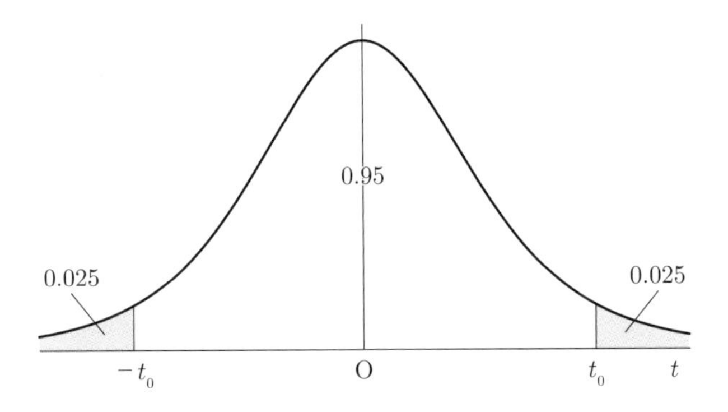

図 8.5　t-分布（自由度は任意の値）

標本サイズ n が小さくて 30〜40 以下のときには，正規分布の代わりに，自由度 $n-1$ の t-分布を利用する必要があります。t-分布も原点に対称な分布ですから，上の正規分布の場合とほとんど同様にして，母平均の信頼水準 $\alpha = 95\%$ による信頼区間を求めることができます。片側の危険率は $(1-\alpha)/2 = 0.025$ ですから，自由度 $n-1$ の t-分布表で，$\mathrm{Prob}(T \geqq t_0) = 0.025$ となる t_0 を求めると，95%信頼区間は，

95%信頼区間　$-t_0 \leqq T \leqq t_0$　（t_0 は，自由度 $n-1$ に依存する）

となります。t_0 は自由度 $n-1$ に依存しますから，定数にはなりません。これに T の定義を代入して $\bar{X}$ についての区間に変換し，実現値 $\bar{X} = \bar{x}$ による母平均 μ の区間推定を求めると，次の結果が得られます。

母平均 μ の 95%信頼区間　$\bar{x} - t_0\sqrt{\dfrac{u^2}{n}} \leqq \mu \leqq \bar{x} + t_0\sqrt{\dfrac{u^2}{n}}$

なお，u^2 は U^2 の実現値で，標本データから得られる不偏分散です。

◆母分散の区間推定

$X_1, X_2, \cdots, X_n$ が互いに独立で，かつ，標準正規分布 $N(0,1)$ に従う

確率変数としたとき，次の確率変数 Z

$$Z = \sum X_i^2$$

の分布を，自由度 n の χ^2 分布（カイ二乗分布）といいます。χ^2 分布は，負の側でゼロなので，左右対称な分布ではありません。

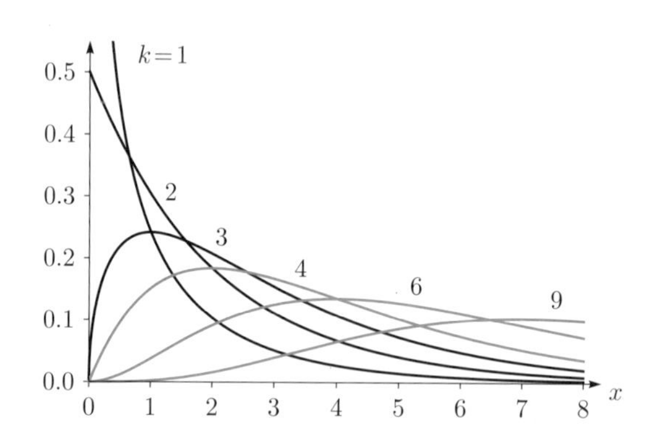

図 8.6　自由度 $k(=n-1)$ の χ^2 分布

確率変数 $X_i, i = 1 \sim n$ がすべて独立で同一の分布 $N(\mu, \sigma^2)$ に従うとき，標本平均の確率変数を $\bar{X} = (1/n)\sum X_i$ とすると，次の確率変数 χ^2 は自由度 $n-1$ の χ^2 分布に従います。χ^2 分布表も自由度ごとに用意されています。

$$\chi^2 = \frac{1}{\sigma^2}\sum_i (X_i - \bar{X})^2 = \frac{n}{\sigma^2}S^2$$

$S^2 = \frac{1}{n}\sum_i (X_i - \bar{X})^2$ は標本分散です。χ^2 分布は，定義からわかるように，正の領域のみ存在しますから，非対称性の強い分布です。

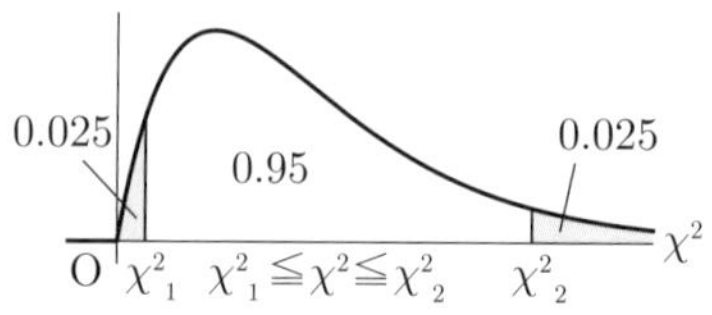

自由度 $n-1$ の χ^2 分布表で，信頼水準 $\alpha = 95\%$ として，

図 8.7　χ^2 分布の両側検定

$$\text{Prob}(0 \leqq \chi^2 \leqq {\chi^2}_1) = \frac{1-\alpha}{2} = 0.025$$

$$\text{Prob}(\chi^2 \geqq {\chi^2}_2) = \frac{1-\alpha}{2} = 0.025$$

となる ${\chi^2}_1, {\chi^2}_2$ を読み取ると，

$${\chi^2}_1 \leqq \chi^2 \leqq {\chi^2}_2$$

これに χ^2 の定義を代入すると，母分散 σ^2 についての信頼区間が得られます。

母分散 σ^2 の信頼水準 α の区間　$\dfrac{ns^2}{{\chi^2}_2} \leqq \sigma^2 \leqq \dfrac{ns^2}{{\chi^2}_1}$

なお，$\chi^2{}_1$, $\chi^2{}_2$ は自由度 $n-1$ にも依存することに注意して下さい。

χ^2 分布は，自由度が大きくなる（標本サイズ n が極めて大きい）と，中心極限定理に従って，正規分布に近づきます。しかし，分布が正の領域だけの非対称性の強い分布なので，正規分布への近づき方が左右に対称な t 分布などよりかなり遅く，自由度が 50 以上にならないと分布誤差が大きいといわれています。さらに，その場合でも，分布のゆがみ（非対称性，峰の尖り，裾の長さなど）がかなりの程度まで残るなどと評価されています。

章末問題

8.1 ある検診施設で男性のグループ A と女性のグループ B それぞれで BMI（Body Mass Index，肥満度を表す指数，BMI = (身長 m)^2/(体重 kg)）を計測した結果，次のデータが得られました。

A 20.3, 18.3, 20.2, 25.4, 19.4, 21.1, 21.8, 21.9, 27.4, 22.3, 20.5, 25.8, 28.4, 27.1, 19.6, 20.7, 21.5, 17.4, 22.7, 19.4, 19.6, 19.4, 20.8,

B 18.2, 25.3, 24.7, 18.5, 25.9, 17.8, 20.8, 23.4, 22.1, 25.8, 17.9, 27.4, 21.8, 21.4, 27.5, 20.1, 24.1, 22.1, 28.3, 23.7

(1) 階級を BMI = 16 から階級幅 2 で設定して，男女それぞれのデータを集計し，度数ヒストグラムを描いてください。また、累積度数を折れ線グラフで示してください。

(2) 集計したデータに基づき，A, B それぞれについて標本平均 m，不偏分散 u^2，および，標準偏差 s を求めて下さい。

(3) 中央値（メディアン）と最頻値（モード）を答えて下さい。

(4) A, B それぞれのグループについて，平均の 95%信頼水準の信頼区間を求めて下さい。平均値の分布は正規分布に従うとします。

(5) (4) に基づき，A, B それぞれのグループで上への外れ値，あるいは下への外れ値の有無，人数について，調べて下さい。

8.2 意外と少ない世論調査数（内閣支持率の調査には，何人程度必要か）

電話で，無差別に $n = 1000$ 人の有権者に聞き取り調査をして，内閣の支持率を調査した結果，$a = 336$ 人が支持すると回答しました。

全有権者（母集団）の支持率を p，不支持率を $q = 1 - p$ とすると，これは 2 項分布で，平均は p，分散は pq です。n 人の標本集団で，i 番目の人の確率変数 X_i を，支持のとき 1，不支持のとき 0 とすると，X_i の期待値と分散は

$$E(X_i) = p, \quad V(X_i) = pq$$

です。調査結果の支持率については，$\bar{X} = \frac{1}{n}\sum_{i=1}^{n} X_i$ とすると，2 項分布ですから

$$E(\bar{X}) = E(X_i) = p,$$

$$V(\bar{X}) = \frac{1}{n}V(X_i) = \frac{pq}{n}$$

となります。$\bar{X}$ の分布は，n は十分大きいので正規分布 $N(\mu, \sigma^2)$ に従うと考えてよいでしょう。これらの母数は点推定値を利用して，$\mu = p, \sigma^2 = pq/n$ とします。

信頼区間を設定して，調査人数 n を評価することが，課題です。

(1) 母平均 μ の 95 %信頼区間を求めて下さい。

（$p = a/n = 0.336,\ q = 1 - p = 0.664,\ \mu,\ \sigma^2$ はこれから推定する。$N(0,1)$ で危険率 2.5%の位置を z_0 とすると，μ は 95%信頼水準で $p \pm z_0\sigma$ の区間にある。z_0 の値は第 7 章の「正規分布表の見方」を参照。）

(2) 同じ信頼区間で，推定支持率を ±2% 程度の幅とするには何人くらい調査すればよいでしょうか。

（σ の中の n を変数とする。区間の幅を ±2% とするには，$z_0\sigma = 0.02$ となる n を概算する。）

(3) もし，同じ信頼区間で支持率の幅を ±1% 程度にしようとすると，何人くらいの調査が必要となりますか。

付録

付録 8-1

確率変数 $\overline{X}$ の分散（母平均 μ からの偏差の二乗平均）について，

$$V(\overline{X}) = E((\overline{X} - \mu)^2) = \frac{\sigma^2}{n}$$

となるが，これは次のように容易に示すことができる。

$$E((\overline{X} - \mu)^2) = E\left(\frac{1}{n^2}\left(\sum_i X_i - n\mu\right)^2\right) = E\left(\frac{1}{n^2}\left(\sum_i (X_i - \mu)\right)^2\right)$$
$$= \frac{1}{n^2}\left\{\sum_i E((X_i - \mu)^2) + \sum_{i,j,i\neq j} E((X_i - \mu)(X_j - \mu))\right\}.$$

$\{\}$ の第 1 項 $= \sum_i \sigma^2 = n\sigma^2$.

$\{\}$ の第 2 項 $= \sum_{i,j,i\neq j}\{E(X_iX_j) - \mu(E(X_i) + E(X_j)) + \mu^2\}$.

$X_i, X_j, i \neq j$ は独立な確率変数なので，$E(X_iX_j) = E(X_i)E(X_j)$,

$E(X_i) = E(X_j) = \mu$ だから，$\{\}$ の第 2 項 $= 0$.

よって，$E((\overline{X} - \mu)^2) = \frac{\sigma^2}{n}$ となる。

付録 8-2

標本分散 $S^2 = \frac{1}{n}\sum_i (X_i - \overline{X})^2$ の期待値を求めると，

$$E(S^2) = \frac{1}{n}E\left(\sum_i (X_i - \mu) - (\overline{X} - \mu)^2\right)$$
$$= \frac{1}{n}\left\{\sum_i E((X_i - \mu)^2) - 2\sum_i E((X_i - \mu)(\overline{X} - \mu)) + \sum_i E((\overline{X} - \mu)^2)\right\}$$

$\{\}$ の第 1 項 $= \sum_i \sigma^2 = n\sigma^2$，$\{\}$ の第 3 項 $= n(\frac{\sigma^2}{n}) = \sigma^2$，

$\{\}$ の第 2 項 $= -2\{\sum_i E(X_i - \mu)\frac{1}{n}(\sum_j (X_j - \mu))\}$

$= -2\frac{1}{n}\{\sum_i (E((X_i - \mu)^2) + \frac{1}{n}\sum_{i,j,i \neq j} E((X_i - \mu)(X_j - \mu))\}$

この 2 つ目の項の確率変数 $X_i, X_j, i \neq j$ は独立な確率変数だから，

$E((X_i - \mu)(X_j - \mu)) = E(X_i - \mu)E(X_j - \mu) = 0 \cdot 0 = 0$ なので，

$\{\}$ の第 2 項 $= -2\frac{1}{n}n\sigma^2 = -2\sigma^2$

よって，$E(S^2) = \frac{1}{n}(n\sigma^2 - 2\sigma^2 + \sigma^2) = \frac{n-1}{n}\sigma^2$.

8

第9章 統計的検定および多変量解析への道

第８章では，統計的推定を具体的に説明しましたが，この章では統計的検定について説明します。統計的検定は，仮説検定という論理的手法によって基礎づけられています。データ解析の現場ではこれを拡張して，主観的な判断まで取り込んでいますが，その場合でも，このような論理的枠組みを軽視しているわけではありません。さまざまな考え方の基本を理解しましょう。

データ解析で多用される多変量解析についても少しだけ触れましたが，手法としては数学的な議論になるので，極めて簡単に記述しました。実践的には，さまざまな解析パッケージなどを利用することになりますから，ここでは基礎的な考え方を学びます。

第９章の項目

9.1　統計的検定の基本的な考え方

統計的検定は，母集団からサンプリングされた１つの標本集団が母集団を代表していて，その統計量が母集団のそれと見なしてよいかどうか，統計的に評価・判定するものです。標本データは標本集団に依存しますから，サンプリングのたびに揺らぎます。たとえば，あるウィルス感染症について過去のそのデータが蓄積されているとき，ある時ある地域で発生した同種の感染症のデータが，過去の統計量と異なっている場合にはウィルスが変異した可能性が考えられます。この場合，過去のデータが母集団で，当該の地域は標本集団であり，母集団のデータと標本集団のデータとに相違があるかどうかを判断する必要がありますが，それは統計的検定の役割です。変異株の可能性があれば，遺伝子解析をして，変異したかどうか確定できます。

(1) 外れ値と外れ値検定

これは第 8 章の区間推定のところで説明したことと同様の内容ですが，ここでは少し異なった見方を加えて説明をします。

ある確率変数 X の従う確率分布（連続変数なら確率密度分布）$p(x)$ があって，ある定数 α, $0 \leqq \alpha \leqq 1$ に対して，

$$\mathrm{Prob}(x_1 \leqq X \leqq x_2) = \alpha$$

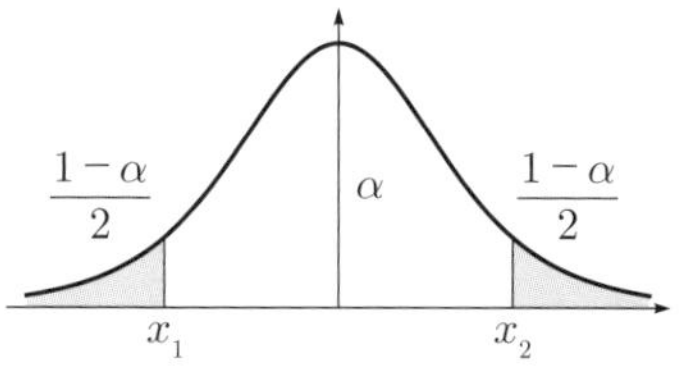

図 9.1 正規分布での外れ値

となる区間 $[x_1, x_2]$ を X の**正常域**，あるいは**信頼区間**といい，信頼区間の外側の領域を**外れ域**，あるいは**危険域**といいます。外れ域にある x の値を**外れ値**（outlier）と呼びます。

信頼区間 $x_1 \leqq x \leqq x_2$

外れ域 $x < x_1$, $x > x_2$

この判別の基準となる確率 α は，通常，$\alpha = 0.90, 0.95, 0.99, 0.995$ などとします。この α を**信頼水準**（confidence level，あるいは**信頼限界**）といいます。信頼水準を満たす変量の区間 $[x_1, x_2]$ が信頼区間です。これに対して，$1-\alpha$ を**有意水準**（significant level，あるいは**危険率**）といいます。

通常，信頼区間は，図 9.1 の正規分布のように分布が対称な場合は平均値を中心として上下両側に同じ幅にとります。第 8 章の区間推定のところでも触れましたが，分布が左右対称でない場合は，図 9.2 のように上下からそれぞれ確率が $(1-\alpha)/2$ となる部分を除いた間の区間とするのが普通です。

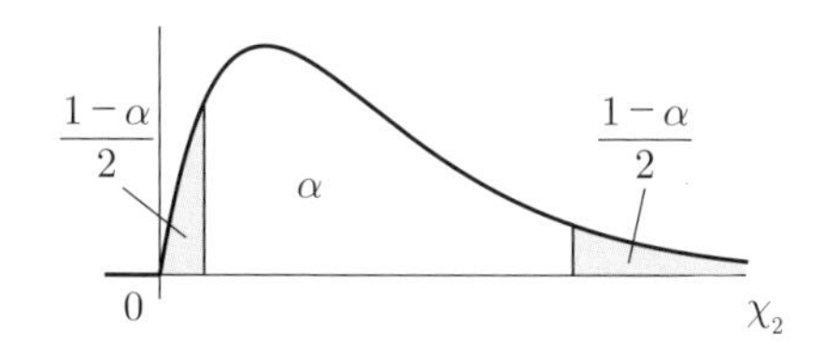

図 9.2 χ^2 分布での外れ値

◆外れ値検定

外れ値検定は，母集団でのデータ分布が既知であるとき，ある標本データが，母集団ではめったに起こらないことかどうかを，あらかじめ設定した信頼水準（あるいは有意水準，危険率）で判定することです。

たとえば，健康診断における血液検査の LDL コレステロール値については，LDL データが何年もにわたって数多く蓄積されていて，あらかじめデータ分布が分かっている母集団（たとえば，医学的に健康な成人男性の LDL データ分布）と比べて，対象の人の LDL データが，正常かそうでないか，信頼区間に入っているかどうかを検定します。標準的な場合，信頼水準を $\alpha = 95\%$ として，信頼区間を**正常値**の範囲，**正常域**とします。外れ域の値が「**異常値**」です。ある人の健康診断での LDL データが信頼区間に入っているときは「信頼水準 95%で正常値」，外れ値の場合は「信頼水準 95%で異常値」あるいは「有意水準 5%で異常値」になどと判定します。

医療検査の正常値と異常値

正常値・異常値について，次の点は留意しておく必要がある。

たとえば，LDL 値は，多様な生体の生理的状況の結果であるし，生体データは揺らぐのが普通で，さらに計測そのものにも精度にばらつきがある。「正常な母集団」の中にも 5%の個体が「異常値」を持っていて，「正常である」のに「異常である」と判定されるという，危険率 =5%が残っている。

外れ値は，母集団ではめったに起らないことを意味するが，しかし，「めったに起こらない」ということは「たまには起こる」ということである。

あと知恵

検定は，基本的には外れ値検定です。ある信頼水準で，標本値が外れ値であるかどうかを判定します。重要なことは，信頼水準（あるいは有意水準）を決めてから外れ値を判定することです。

判定後に，あるデータが外れ値となるように，あるいは，外れ値とならないように，あとから水準を変更する（決め直す）ことは「あと知恵」と呼び，データ処理ではねつ造・隠ぺいと同じ水準で許されない，絶対に犯してはいけないことです。

もし，ある外れ値がデータ解析上困った問題なのであれば，それはその外れ値データ自身の問題であって，その外れ値データがなぜ得られたのか，対象としていた母集団との関係の中で分析・解析・解明すべきで，その上で標本データとしてどのように扱うかを決める必要があります。

◆両側（りょうそく）検定と片側検定

外れ値が，大きい方に外れているか，小さい方に外れているかが，重要な場合があります。つまり，

上への外れ値 $x > x_2$
下への外れ値 $x < x_1$

ということです。確率密度分布でいえば，上への外れ域（外れ値の領域）は右側の裾で，下への外れ域は左側の裾です。たとえば，血糖値は血液中のブドウ糖濃度を表す数値で，高すぎると高血糖・糖尿病の危険があり，低すぎると低血糖症の危険がありますから，上への外れ値か，下への外れ値か，どちらなのかで全く異なった診断になります。

分布の上下の裾に危険域を設定して検定することを**両側検定**，上側の裾だけ，あるいは下側の裾にだけ危険域を設定して検定することを**片側検定**といいます。通常は両側検定を行いますが，特に，上か下かを判定する必要がある場合は，片側検定を使います。

両側検定，片側検定の 外れ域

両側検定と片側検定で，危険率の幅に留意する必要がある。

信頼水準 α のとき，両側検定では上下の裾に $(1-\alpha)/2$ ずつの危険域を設定するが，片側検定では，どちらかの裾に $(1-\alpha)$ の危険域を設定する。

上側（下側）の片側検定のときの外れ域（外れ値の領域）は，両側検定のときの上側（下側）の外れ域より広い領域で，危険率（信頼水準）は2倍である。

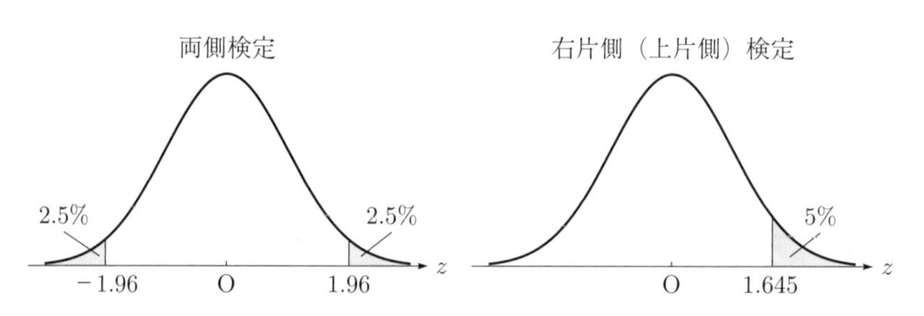

図 9.3 標準正規分布における両側検定と片側検定

正規分布が仮定できる，あるいは，正規分布で近似できる場合は，分布の検査値の変数 X を X の平均 μ と分散 σ^2 で標準化した変数 Z

$$Z = \frac{x - \mu}{\sigma}$$

を用いて，標準正規分布 $N(0, 1)$ で検定します。

信頼水準 α としてよく用いられる値について，分布の上側で $\mathrm{Prob}(Z \geqq z_0) =$ 危険率 を与える z_0 の値をまとめておきます。危険域は両側と上片側とに分けてあります。

表 9.1　標準正規分布 $N(0, 1)$ における $\mathrm{Prob}(Z \geqq z_0) =$ 危険率の z_0 値

信頼水準	両側危険率		上片側危険率	
α	$\frac{1-\alpha}{2}$	z_0	$1-\alpha$	z_0
0.900	0.0500	1.645	0.100	1.282
0.950	0.0250	1.960	0.050	1.645
0.990	0.0050	2.576	0.010	2.326
0.999	0.0005	3.291	0.001	3.090

[例 9-1]（演習課題 1　試験成績の相対評価） A 君のクラスで，ある科目の試験がありました。A 君は 60 点でしたが，クラス全体では，平均点は $\mu = 70$（点），分散 $\sigma^2 = 200$（点 ^{2}）で，得点分布は正規分布をしているとみなせました。

(1) A 君はクラスで平均的な成績といえるか，信頼水準 95%で検定してみよう。

(2) A 君はクラスの中で悪かったのか，信頼水準 95%で検定してみよう。

（(1) は両側の外れ値検定で，95%信頼区間に入るかどうか検定する。
(2) は下側外れ値検定なので，z_0 を上片側での $\mathrm{Prob}(Z \geqq z_0) = 1 - \alpha$ とすると，対称性から $\mathrm{Prob}(Z \leqq -z_0) = 1 - \alpha$ となる。）

(2)　統計的仮説検定

たとえば，あるグループの LDL コレステロールデータが，専門家の目から見て少し高めの人が多いという観察結果が得られたとき，過去のデータの集まり（母集団）の分布と比較して高めに外れていると判断していると考えられます。統計学的には，比較しているのは個人データではなく，その標本集団としてのグループの性格・特徴を母集団と比較しています。これが，ここで検討する検定，仮説検定の基本です。統計的な計測量（統計

量），たとえば，ある変量の平均値や分散，あるいは変量間の相関係数などが，母集団の対応する統計量の分布と比較したとき，外れ値と判断できるかどうかという問題です。標本集団と母集団との比較検定です。

見方をかえると，標本集団の統計量が母集団のそれと異なっているということは，標本集団が，検討対象の母集団からではなく，母集団とは別の異なる集団からサンプリングされたのではないかという問題と同じになります。LDL データの正常範囲というのは「正常な母集団」の信頼区間であり，外れ値を示す標本集団は「正常でない集団」を母集団としている可能性（危険性）があると見なすことになります。

◆仮説検定

仮説検定（hypothesis testing）の考え方を簡単に説明します。

いま，標本集団におけるある統計量（ある変量の平均値や分散など）について検定するとき，対象となる母集団におけるその統計量の分布は既知であるとします。統計量について，次の 2 つの仮説，**帰無仮説**（Null hypothesis）と**対立仮説**（Alternative hypothesis）を立てます。

帰無仮説 H_0　標本集団は，母集団から抽出したものである
対立仮説 H_1　標本集団は，母集団から抽出したものではない

検定の目的は，標本集団の統計値が母集団における統計値の分布において外れ値であることを示すことによって，標本集団が「正常な」母集団からのサンプリングではなく「正常でない」（あるいは「異常である」）集団からのサンプリングであることを主張することです。主張が成立したとき，そのことを「（帰無仮説 H_0 が棄却され）対立仮説 H_1 が採択された」といいます。もし外れ値であることが示せなかった場合は，「H_1 が棄却され，H_0 が成立している」ことになります。

◆第 1 種の過誤と第 2 種の過誤

仮説検定において，念頭に置いておくべきことの 1 つが，この過誤の問題です。

仮説検定では，帰無仮説 H_0 と対立仮説 H_1 の 2 つの仮説について，標本集団が H_0 を満足することを立証するために，外れ値検定します。外れ値でなければ H_0 を，外れ値ならば H_1 を採択します。

具体的には，検定のための検査値，あるいは，多数の検査から得る総合指標 Z があって，仮説 H_0 のもとで Z の値の分布（相対度数分布，あるいは確率密度分布）を想定して，その分布において外れ値検定をします。検定の結果外れ値であると判断されれば対立仮説 H_1 を採択しますが，H_1 のもとでは，当然ながら H_0 での分布とは異なっていて，H_0 での分布から（上あるいは下に）外れた分布になっているはずです。

説明を簡単にするため，ここでは上への外れ値として説明しましょう。

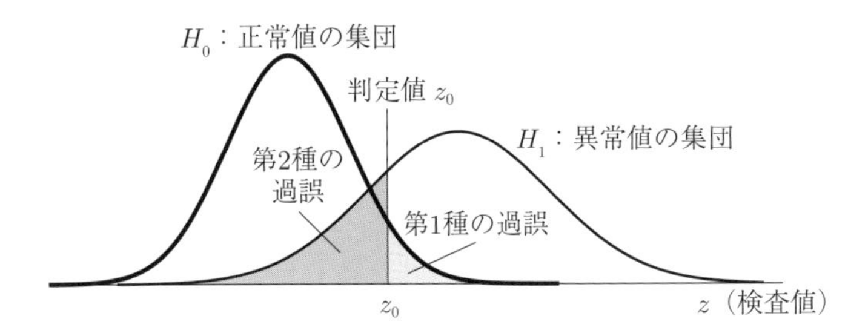

図 9.4 判定値 z_0 による判定過誤

図 9.4 は横軸が検査値 Z で，H_0 の分布の上方に H_1 での分布がある様子を示しています。仮に，H_0 のもとでの分布を「正常集団」，H_1 のもとでの分布を「異常集団」としています。正常集団の Z の分布と異常集団の Z の分布は，普通は分布の裾が重なり合います。

検査値の外れ値の判断となる値 $Z = z_0$ を**判定値**（**カットオフ値**）といいます。信頼水準 α で両側で外れ値判定をするとき，H_0 での分布において危険率 $(1-\alpha)/2$ となる上側の z_0，つまり，

$$\mathrm{Prob}(Z \geqq z_0) = \frac{1-\alpha}{2}$$

となる値が，ここでのカットオフ値 z_0 です。

検定は，基本的には H_0 の分布においてある信頼水準 α で外れ値かどうかを判定するものですから，必ず判定の過誤が危険率 $1-\alpha$ で生じます。正常集団に属するにもかかわらず異常値と判定される過誤です。ところで，一般には図 9.4 のように，H_0 の正常集団の上側のすそは H_1 の異常集団の下側のすそと重なっていますから，異常集団の左側のすその部分はカットオフ値 z_0 を超えて延びているため，異常集団に属するにもかかわらず正常値と判断される過誤も生じます。

仮説検定では，この 2 種の過誤を区別する必要があります。

第 1 種の過誤：H_0 が成立しているにもかかわらず，H_0 を棄却する誤り（正常であるにもかかわらず，異常と判断してしまう過誤）

第 2 種の過誤：H_0 が成立していないにもかかわらず，H_0 を採択する誤り（異常であるにもかかわらず，正常と判断して見逃す過誤）

一般に，第 1 種の過誤と第 2 種の過誤はトレードオフの関係にあります。カットオフ値 z_0 を上下に変化させて第 1 種の過誤の可能性を減らすと第 2 種の過誤の可能性が増大し，第 2 種の過誤を減少させると第 1 種の過誤が増大するのです。カットオフ値は（正常分布の）仮説 H_0 に基づく分布の信頼水準 α あるいは有意水準（危険率）$1-\alpha$ によって決まります。ところで，有意水準は第 1 種の過誤の確率レベルを表します。有意水準の小さ

検査の精度と過誤

検査には過誤が必ず付いてまわる。精度の高い検査は，第 1 種の過誤および第 2 種の過誤がともに少ない検査である。過誤の確率の小さい検査は，図 9.4 で正常と異常の各集団の分布の重なりが小さく，分布の分離が顕著である。

しかし精度のよい検査が万能ということではない。たとえば，感染症の検査で感染率が数%と小さいときに感染状況を調べる検査（社会検査，疫学検査）では，第 1 種の過誤が少ない検査，正常集団の分布の裾が延びない検査の方が有効である。過誤で異常値判定される個体が少なくなるからである。

過ぎる設定（高すぎる信頼水準）は第 2 種の過誤を見逃す確率が増えます。

既に触れましたが，よく使われる信頼水準 α は 0.9, 0.95, 0.99，ときには 0.999 などです。H_0 と H_1 のそれぞれの分布の重なり状況を認識しながら，設定する必要があります。$\alpha = 0.90, 0.95$ あるいは 0.99（有意水準 10%，5%，あるいは 1%）がよく使われます。

◆医療診断検査における偽陽性・偽陰性

検定判定の過誤に関連して，ある性質があるか無いかの有無検査，たとえば感染症のウィルス検査を例に取り上げます。この場合には，次のことばがよく使われます。ウィルスに感染していることを「ポジティブ」，感染していないことを「ネガティブ」，といいます。ここでは，標本個体を事例と呼びます。検査値は，ポジティブ集団の分布とネガティブ集団の分布が異なっていて，かつ，分布の裾は互いに重なっています。

ある感染症の感染の有無について，ある検査キットの判定結果が度数表として次のような 2×2 分割表にまとめられているとします。

表 9.2　検査キットの判定結果

検査＼感染	有 Positive	無 Negative	計
陽性	a	b	$a+b$
陰性	c	d	$c+d$
計	$a+c$	$b+d$	$a+b+c+d$

この分割表の各要素 a, b, c, d について，次のような言葉が使われます。

a： **真陽性，TP**（True Positive）ポジティブ事例を正しくポジティブと判定（a の割合 $a/(a+c)$ =TPR(rate)）

b： **偽陽性，FP**（False Positive）ネガティブ事例を誤ってポジティブと判定（b の割合 $b/(b+d)$ =FPR）

c： **偽陰性，FN**（False Negative）ポジティブ事例を誤ってネガティブと判定（c の割合 $c/(a+c)$ =FNR）

d： **真陰性，TN**（True Negative）ネガティブ事例を正しくネガティブと判定（d の割合 $d/(b+d)$ =TNR）

また，次のことばもよく使われます。すべてのポジティブ事例のなかで真陽性と判断された事例の割合（TPR，true positive rate）を**感度**（**正答率**，sensitivity）

$$\text{感度 (TPR)} \quad \frac{a}{a+c}$$

と呼びます。これは検査が感染者を正しく検出する割合，正解率です。すべてのネガティブ事例のなかで真陰性と判断された事例の割合（TNR，true nagative rate）を，**特異度**（**特異率**，specificity）

$$\text{特異度 (TNR)} \quad \frac{d}{b+d}$$

と呼びます。非感染者を間違って検出しない割合です（付録 9-1 も参照のこと）。

陽性か陰性かの判断基準（カットオフ値）について，感度はできるだけ高い方が望ましいのですが，感度と特異度はトレードオフの関係にありますから，感度を上げると特異度が下がります。検査の目的や規模，感染状況などに合わせて（たとえば，診断のための医療検査か，感染状況把握のための社会的検査か）決定する必要があります。

検査はその判定方法や基準も含めて，感度だけではなく特異率もともに高い検査が良い検査です。つまり，ポジティブ事例とネガティブ事例とでそれぞれの検査値の分布はすそが重なりますが，重なる程度が小さい検査方法がより検出力の高い検査となります。判定が完璧な検査なら，2 つの分布は完全に分離していてすその重なりはなく，感度も特異度もともに 1 とすることができます。

仮説検定の「過誤」と感染症検査の「誤判定」

ウィルス検査の場合，検査の目的はポジティブ事例（感染者）を見つけ出すことなので，検査での外れ値はネガティブで，非感染の判断です。

仮説検定では，帰無仮説 H_0 は「標準的である」を前提にするので，その分布は「正常値集団の分布」として説明しました。対立仮説 H_1 は，H_0 を否定して「標準的でない」なので，その分布は「異常値集団の分布」としました。

感染症検査は，感染したかどうかを判断することなので，検査値が基準以内ならば「感染者」＝「異常者」で，外れ値ならば「非感染者」＝「正常者」です。感染症検査の結果について仮説検定をするときは，H_0 は「検査が正常値」＝「感染者」で，H_1 は「検査が外れ値」＝「非感染者」です。したがって，直接には，第 1 種の過誤は，「感染しているのに感染していない」と見逃し判断する偽陰性（FN）に対応しているはずです。第 2 種の過誤は，「感染していないのに感染している」と過剰判断する偽陽性（FP）に対応します。ときどき混乱することがあるのは，筆者だけでしょうか。

◆検査方法を比較評価する ROC 解析

ウィルス検査については，実際にはさまざまな検査方法があり，また新しい手法や試薬が発見・開発されたりします。検査の方法や試薬などの優劣判断，あるいは試薬や検査・判断方法の細かい調整（チューニング）をするのに，古くから使われている方法の 1 つに **ROC**（Receiver Operating Characteristic，受信者操作特性）を利用した **ROC 解析**があります。

ROC 解析

もともとは遠距離通信の工学分野で開発された性能解析手法である。

ウィルス検査に限らず，化合物の不純物検出検査，製品の性能検査，生体の生理検査，行動心理学での判断方法や基準など，新しい検査方法の優劣を判断したり，調整（チューニング）するときに古くから使われている方法の 1 つである。

医療画像診断システムの分野では，コンピュータ画像処理が始まった初期のころから，画像の特徴抽出手法のチューニングや画像診断手法の評価方法などとして使われてきている。

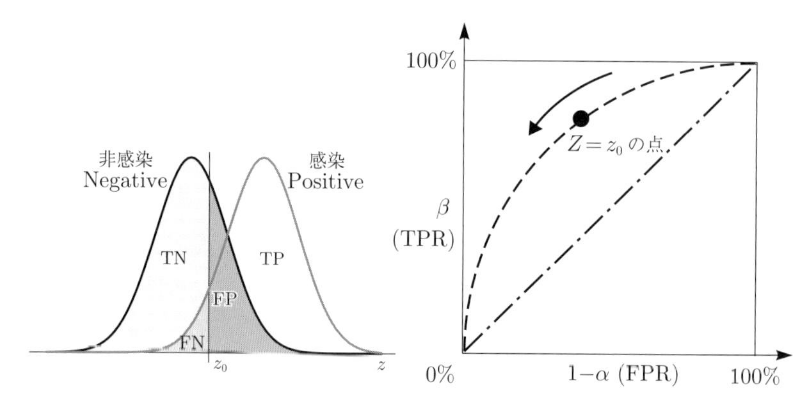

図 9.5 感染集団と非感染集団のデータ分布と判定基準 z_0（左図）による判断から ROC 曲線（右図）をつくる

ウィルス検査では，検査試料の試薬による検出マーカーでウィルス由来の化合物などの有無を判断します。検出マーカーの強度は連続的に変化しているので，標準的な判断強度を決定する必要があります。マーカー強度について，予め多数の個体に対してデータを集積しており，マーカー強度を横軸として，図 9.5 の左図のように，感染者集団の強度分布（右側の分布曲線）と，非感染者集団の強度分布（左側の分布曲線）を構成します。一般には，左図のように両者の裾が重なり合います。感染の有無判断では，マーカー強度に閾値 z_0（判定基準値，カットオフ値）を設定して，それ以上はポジティブ（感染者），それ未満はネガティブ（非感染者），と判断します。

ある z_0 のときの特異度（TNR）を α，感度（TPR）を β として，図 9.5 右図のように横軸に $1-\alpha$（偽陽性率，FPR），縦軸に β をとったグラフを用意して，z_0 を変化させて得る評価結果のデータ点をプロットします。カットオフ値 z_0 を左右に変化させると α, β は変化しデータ点は曲線を描きます。$\alpha = 1$ になると $\beta = 0$, $\alpha = 0$ では $\beta = 1$ となりますから，このデー

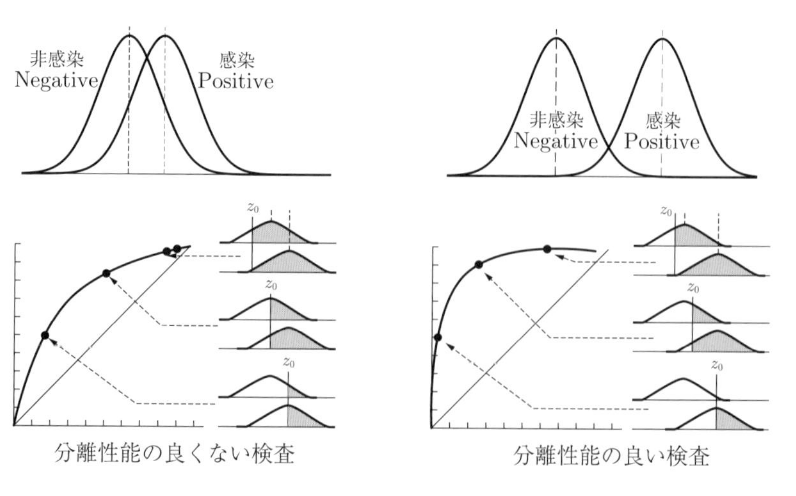

図 9.6 検査の性能と ROC 解析

タ点の描く曲線は原点 $(0,0)$ と $(1,1)$ を結んだ曲線を描きます。基本的には右図のような左上方向に膨らんだ曲線となります。この曲線を **ROC 曲線** といいます。

図 9.6 のように，判定精度の良い検査の ROC 曲線は，判定精度の良くない検査の ROC 曲線より左上に膨らみます。検査の優劣を，各検査の ROC 曲線と $(0,0)$ と $(1,1)$ を結ぶ直線との間の面積で評価することもあります。

9.2　統計的検定の方法

仮説検定は，帰無仮説で母集団の分布を前提として，標本集団のデータが外れ域にあるかどうかを判定します。なお，帰無仮説が棄却されたときに標本集団が抽出されたはずの別の母集団の分布については問題にしません。帰無仮説で利用される分布は，多くの場合，正規分布あるいはそれから導出された分布が使われます。

なお，統計的検定はさまざまな対象データに対してさまざまな方法が提案されていますが，通常，これらの検定を手で直接解析することはありません。統計パッケージなどのシステムを利用するのが普通です。本書でも R という統計解析支援プログラムのパッケージを紹介しています。ここでは，統計的検定の基本的な代表的な考え方について理解してもらうことを目的とします。具体的な解析方法や詳細は，本書の他の章や，必要に応じて他書を参照されることを勧めます。

(1)　χ^2 分布を利用する検定 χ^2 検定

検定（statistical test）を具体的に説明するために，最も分かり易い検定例として，8 章で説明した確率密度分 χ^2（カイ 2 乗）分布を利用する検定を最初に紹介します。

χ^2 分布は，確率変数 $X_i,\ i=1\sim n$ が互いに独立で，標準正規分布 $N(0,1)$ に従うとき，確率変数 $Z=\Sigma_i X_i^2$ の分布は，**自由度 n の χ^2 分布**となります。確率変数 Z の値は常に非負ですから，負の領域が 0 となっている左右非対称な分布です。χ^2 分布表は自由度ごとに用意されます。

◆検定例 9-1　カテゴリ変量の度数分布の整合性検定

まず，1 元配置によるカテゴリ変量の母集団との比較検定について説明します。k 個のカテゴリ・クラスからなるカテゴリ変数について，n 個体からなる標本集団におけるそれぞれの**観測度数**（標本集団の度数分布データ）を $x_i,\ i=1\sim k$ とし，母集団で予め知られているクラス i の割合 r_i から得られる**期待度数**を $x_i'=nr_i$ とします。期待度数は，母集団からのサンプリングとしたときに期待される度数です。

このとき，次の確率変数は，自由度 $k-1$ の χ^2 分布をします。

1 元配置度数表の自由度

カテゴリ変量あるいは量的変量が k 個の属性値あるいは階級からなるときの度数表は，k 個のデータからなる 1 元配置分割表となる。

1 元配置表の適合性比較は，各クラスの度数比率に対する検定となる。k 個の度数比率データの和は 1 であるから，k 個のうち 1 個は，残りの $k-1$ 個から決まってしまう。データの自由度は $k-1$ である。

表 9.3　1元配置度数表

カテゴリ	C_1	C_2	$\cdots$	C_k	計
観測度数	a_1	a_2	$\cdots$	a_k	n
期待度数	a'_1	a'_2	$\cdots$	a'_k	n

$$\chi^2 = \sum_i \frac{(x_i - x'_i)^2}{x'_i}$$

仮説検定のための仮説は，

帰無仮説 $\mathbf{H}_0$：標本集団のカテゴリの度数分布は，母集団からの期待度数分布と適合的（母集団からのサンプリング）である

対立仮説 $\mathbf{H}_1$：標本集団のカテゴリの度数分布は，母集団と適合的ではない

です。確率変数 χ^2 がある信頼水準で外れ値判定となれば H_1 が採択され，標本集団は母集団とは異なる分布を持つということになります。

[例 9-2]（演習課題 2　メンデルの実験）

エンドウ豆のしわの形質は潜性遺伝（側注参照）で，しわの無い丸い豆としわのある豆を掛け合わせると第1世代は全て丸い豆になります。この第1世代の豆同士を掛け合わせた第2世代では，丸い豆としわのある豆の比率は3:1となります（メンデルの法則）。ある人が法則を確認するため栽培実験をして，収穫した第2世代の n 個の豆のうち，丸い豆が p 個，しわのある豆が q 個という結果を得ました。期待度数を含めて表にまとめると，次のようになります。

顕性遺伝と潜性遺伝—メンデルの法則とエンドウ豆のしわ—

メンデルは，ある形質に顕性（優性）遺伝と潜性（劣性）遺伝があることから，遺伝をつかさどる1対の「粒子」状のものを想定し，遺伝法則として説明した。その遺伝をつかさどる「粒子」がのちに「遺伝子」と名付けられた。

メンデルが行なったエンドウ豆の表面の「しわ」の遺伝法則はよく取り上げられるが，実験で確かめるためには，最初の親世代はしわ形質の遺伝子の有無について「純系」でなければならない。純系のものは人為的に作り出す必要がある。メンデルは交配を繰り返して純系を選別した。

なお，日本の遺伝学会は，従来の遺伝学における「優性」と「劣性」ということばの代わりに「顕性」と「潜性」を使うこととし，日本医学会もそれを推奨している。英語はそれぞれ dominant と recessive でそのままである。

表 9.4　丸い豆としわのある豆の度数表

カテゴリ	丸い	しわ	計
観測度数	p	q	n
期待度数	$p' = 0.75\,n$	$q' = 0.25\,n$	n

この結果がメンデルの法則を支持するかしないか，仮説検定しよう。

$\mathrm{H}_0 =$「実験結果はメンデルの法則と整合する（法則は成立している）」

$\mathrm{H}_1 =$「実験結果は法則とは整合しない（法則は成立していない）」

次の確率変数は，$k = 2$ で自由度 $k - 1 = 1$ の χ^2 分布します。

$$\chi^2 = \frac{(p - p')^2}{p'} + \frac{(q - q')^2}{q'}$$

この値を，信頼水準 $\alpha = 95\%$ の両側（上と下の両側）で外れ値かどうかを

検定します。外れ値でなければ H_0 が採択され，実験で法則を確認できたということになります。

さて，メンデル自身は，253 本の第 2 世代の苗から豆を 7324 粒収穫し，丸い豆 5474 粒，しわのある豆 1850 粒を収穫しました（Fisher, R. A. (1936), "Has Mendel's work been rediscovered?", *Annals of Science*, **1**(2), pp.115–137.）。このメンデルの実験結果は彼の法則と整合するかどうか，95%信頼水準で両側検定してみよう。

なお，自由度 1 の χ^2 分布表で，$\mathrm{Prob}(\chi^2 \leqq \chi_1) = \mathrm{Prob}(\chi^2 \geqq \chi_2) = (1-0.95)/2 = 0.025$ となる χ_1, χ_2 は，それぞれ次の値となります（有効数字 3 ケタ）：$\chi_1 = 0.000982$, $\chi_2 = 5.02$（χ^2 分布表は本書には付属していないので，ネットにアップされている表などを参照されたい）。

◆検定例 9-2　2 元配置クロス表（分割表）の χ^2 検定

2 つの特徴変量 A,B があって，ある標本集団で A と B の特徴の有無を度数として計測しました。計測度数は，次のように 2×2 分割表で表せます。

表 9.5　計測度数の 2 元配置クロス表（分割表）

A＼B	B	not B	周辺度数
A	a	b	$p=a+b$
not A	c	d	$q=c+d$
周辺度数	$r=a+c$	$s=b+d$	$n=p+q=r+s$ $=a+b+c+d$

特徴 A と特徴 B の間に関連はない（独立）か，あるいは関連があるかを検定します。特徴 A の有無によらず B の有無の度数比が同じ $a:b=c:d$ である（B の有無によらず A の度数比が同じ $a:c=b:d$ である，としても同じ）とき，A と B とは独立な特徴であることになります。そうでなければ，B の有無に依存して A の有無が影響を受けることになります。

これに対する帰無仮説と対立仮説は次のようになります。

H_0=「A と B は関連がない」（A と B は互いに独立である）
H_1=「A と B は関連がある」（A と B には相関がある）

仮説 H_0 のもとでの期待度数を，やはり 2×2 クロス表にまとめると，次のようになります。

表 9.6　仮説 H_0 のもとでの期待度数の 2 元配置表

A＼B	B	not B
A	$a'=p\times(r/n)$	$b'=p\times(s/n)$
not A	$c'=q\times(r/n)$	$d'=q\times(s/n)$

2×2 クロス表の自由度

2×2 クロス表のデータ自由度は 1 である。

2×2 クロス表の周辺度数は，H_0 では割合計算に使うための定数値として扱っていて，確率変数ではない。周辺度数が固定されていると 4 つの度数データのうち独立なものは 1 つだけになるので，自由度は 1 となる。度数 a, b, c, d の 4 つのデータに対し，拘束条件は，

横行方向の和 p, q

縦列方向の和 r

の 3 つの拘束で，残りは 1 自由度になる。縦列のもう一つの度数 s は $p+q=r+s=n$ で決まってしまう。

以上のデータに対して，次の統計量 χ^2 は，**自由度1の χ^2 分布**をします。

$$\chi^2 = \frac{(a-a')^2}{a'} + \frac{(b-b')^2}{b'} + \frac{(c-c')^2}{c'} + \frac{(d-d')^2}{d'}$$

仮説検定で χ^2 が外れ値でないときは，AとBは独立で互いに関係がなく（H_0 を採択），逆に，χ^2 が外れ値であるときは，AとBは独立ではなく何らかの関係が想定されます（H_1 を採択）。

計測した度数が小さい場合は「イェーツの補正」と呼ばれる度数データ値の補正をすることがあります（付録9-2に補足）。

◆検定例 9-3　薬効検査の第Ⅲ相臨床試験

治療薬の薬効を調べる治験の第Ⅲ相検査（臨床試験）では，比較的多人数の被験者を対象に，**ダブルブラインド検査（二重盲検）**をします。被験者を2群に分け，一方には治療薬（真薬）を投与，他方には偽薬（プラセボ，治療薬に似せた効果のないニセ薬）を投与します。（付録9-4）

二重盲検

被験者には，真薬と偽薬のどちらを投与しているか知らせない（被験者のプラセボ効果・偽薬効果を排除）。また，担当している医師にも，自分の担当している被験者がどちらの投薬を受けているか知らせない（医師の期待効果を排除）。

被験者にも治験担当者にも知らせないで，治験の計画・実施責任者だけが知っている。これがダブル・ブラインド，二重盲検の名前の由来である。（付録9.4参照）

治験の結果を検定によって，対象疾病・疾患に改善効果が観られたかどうか，判定します。治験の結果は度数表として，つぎのような 2×2 クロス表にまとめられます。

表9.7　治験結の 2×2 の集計表

投薬＼治療効果	あり	なし	計
真薬	a	b	p
偽薬	c	d	q
計	r	s	n

帰無仮説と対立仮説を

H_0＝「真薬・偽薬の効果は区別できない」

H_1＝「真薬・偽薬の効果が区別できる」

として，これに対して上記の検定例9-2の統計量

$$\chi^2 = \frac{(a-a')^2}{a'} + \frac{(b-b')^2}{b'} + \frac{(c-c')^2}{c'} + \frac{(d-d')^2}{d'}$$

を，ある信頼水準で χ^2 検定して，薬効の有無を判定します。外れ値であれば H_0 が棄却され，薬効が認められることになります。

通常，ここでは両側検定をしますが，真薬の薬効の方が偽薬のそれより低いというケース（たとえば $a < c, b > d$）は，事前に（治験前実験を含めて第Ⅱ相試験までに）排除されています（もし，そういうケースが第Ⅲ相試験で生じれば，検定する前に対象薬剤そのものの再検討が必要となる）。

[例9-3]　（演習課題3　治験における薬効の有無）

新薬の治験で200人にダブルブラインドテストを行なった結果，表の

ような結果を得ました。この新薬は有効な薬効があるかどうか，信頼水準95%で検定しよう。

表 9.8 ダブルブラインドテストの結果

投薬＼治療効果	あり	なし
真薬	79	31
偽薬	52	38

自由度 1 の χ^2 分布表から得る χ_1, χ_2 は，例 9-2 に示したものを使います。

(2) t-分布を利用する検定：t-検定

確率変数 X が $N(0,1)$ に従い，Y が自由度 n の χ^2 分布に従うとき，次の統計量の従う分布を，**自由度 n の t-分布**といいます（t-分布の分布図は 8 章図 8.3 参照）。

$$t\text{-分布}\quad T = \frac{X}{\sqrt{Y/n}}$$

t-分布は 0 の周りに対称な分布で，自由度 n が大きい（おおむね n～30 以上の）ときは，正規分布 $N(0,1)$ で近似できます。t-分布関数表は自由度ごとに作られています。

確率変数 T に対してある標本集団における実現値を代入したものを，その標本集団の **t-値**といいます。その t-値が，ある自由度の t-分布で外れ値であるかどうかを検定します。

◆平均値の検定

いま，$X_1, X_2, \cdots, X_n$ が正規分布 $N(\mu, \sigma^2)$ に従う独立な確率変数とするとき，$\bar{X} = (1/n)\Sigma_i X_i$ として，次の確率変数 T は，自由度 $n-1$ の t-分布に従うことが示されています。

$$T = \frac{\bar{X}-\mu}{\sqrt{\frac{S^2}{(n-1)}}} = \frac{\bar{X}-\mu}{\sqrt{\frac{U^2}{n}}}$$

ただし，$S^2 = \frac{1}{n}\Sigma(X_i - \bar{X})^2$, $U^2 = \frac{1}{n-1}\Sigma(X_i - \bar{X})^2$ です。自由度 $n-1$ が大きい場合は，t-分布は標準正規分布 $N(0,1)$ で近似できます。

確率変数 T に対して，母分散 μ は既知として，$\bar{X}$ にその実現値（標本平均の値）m，S^2 にその実現値 s^2（標本分散値），あるいは U^2 に実現値 u^2（不偏分散値）を代入して得られる値が，その標本平均値 m の **t-値**です。

$$t = \frac{m-\mu}{\sqrt{\frac{s^2}{(n-1)}}} = \frac{m-\mu}{\sqrt{\frac{u^2}{n}}}$$

この t-値が自由度 $n-1$ の t-分布で外れ値かどうか検定します。

H_0＝「標本平均は母平均に近い（標本集団は母集団から標本された）」
H_1＝「標本平均は母平均とは異なる（標本集団は母集団とは異なる）」

信頼水準 α で，両側検定では $\mathrm{Prob}(T \geqq t_0) = (1-\alpha)/2$ となる t_0 を関数表から得て，$-t_0 \leqq t \leqq t_0$ ならば，H_0 が採択されます。

◆検定例 9-4　平均値の母平均との比較

乾電池には寿命があります。個々の電池の寿命はかなりばらついていますが，1つの製造会社の同じ規格の乾電池の平均寿命 μ は，人数の法則によれば，正規分布 $N(\mu, \sigma^2)$ に従うはずです。その会社は，新しい電池構成材料を開発して長寿命乾電池を開発しています。n 個の新しい電池の寿命の標本平均 m とその標本分散 s^2 を求めれば，標本平均についての t-値が得られます。この t-値を信頼水準 α で上側の片側 t-検定をして確認することができます。t-値が上への外れ値であると，H_0＝「従来の平均寿命と同程度である」が棄却され，H_1＝「従来の平均寿命より長い」が採択されます。

◆相関係数の検定

2つの変量 X, Y がそれぞれ正規分布に従うとき，標本集団における2つの変量の相関係数を r とします。

$$r = \frac{s_{xy}}{s_x s_y}$$

ただし，s_{xy} は標本共分散，s_x^2, s_y^2 は標本分散です（第6章の相関係数の定義を参照）。この r に対して，H_0＝「相関係数は0である（無相関である）」の仮説のもとで，次の t-値

$$t = \frac{\sqrt{n-2}\,r}{\sqrt{1-r^2}}$$

は，自由度 $n-2$ の t-分布によって検定できます。

◆検定例 9-5　無相関の検定

ある n 人からなるクラスで，英語と数学の試験の成績に相関があるかどうか調べようとして，標本相関係数 r を求めました。これを信頼水準 α で両側検定し，外れ値であれば，H_1＝「無相関ではない（相関係数の値は有意に0ではない）」が採択されて，英語の成績と数学の成績には有意な関係があることになります。

(3)　F 分布による検定：F-検定

X が自由度 m の χ^2 分布に従う確率変数，Y が自由度 n の χ^2-分布に従う確率変数で，互いに独立であるとするとき，

$$F = \frac{\frac{X}{m}}{\frac{Y}{n}}$$

の分布を自由度 (m, n) の F-分布といいます。F-分布は負の側でゼロで，左右対称な分布ではありません。

F-分布の形から，つぎのことが導けます。X_i, $i = 1\sim m$ が正規分布 $N(\mu_x, \sigma_x^2)$ からの標本（サイズ m）で，Y_j, $j = 1\sim n$ が正規分布 $N(\mu_y, \sigma_y^2)$ からの標本（サイズ n）であるとき，$U_x^2 = \frac{1}{m-1}\Sigma_i(X_i - \bar{X})^2$, $U_y^2 = \frac{1}{n-1}\Sigma_i(Y_i - \bar{Y})^2$ をそれぞれ X, Y の不偏分散として，

$$F = \frac{\frac{U_x^2}{\sigma_x^2}}{\frac{U_y^2}{\sigma_y^2}}$$

は，**自由度** $(m-1, n-1)$ **の** F**-分布**に従うことが示されています。

もし，X と Y の母集団の分散が等しい $\sigma_x^2 = \sigma_y^2 = \sigma^2$ とみなせるときは，

$$F = \frac{U_x^2}{U_y^2}$$

が自由度 $(m-1, n-1)$ の F 分布に従います。もちろん，分散が等しいかどうかというのも検定して確かめる必要があります。

◆検定例 9-6　等分散性の検定

2 つの標本集団があって，m 個と n 個のデータからなる 2 組の測定値 $(x_i, i = 1\sim m, y_j, j = 1\sim n)$ があるとき，それぞれの測定値について，分散が等しい（$\sigma_x^2 = \sigma_y^2 = \sigma^2$，母集団が同じ）かどうかを検定します。$U_x^2$, U_y^2 はそれぞれ x_i, y_j の不偏分散として，

$\mathrm{H_0}$：それぞれのデータの分散が等しい（母集団が共通である）

とすると，$\mathrm{H_0}$ のもとでは，

$$F = \frac{U_x^2}{U_y^2}$$

は，自由度 $(m-1, n-1)$ の F 分布に従います。適切な信頼水準 α で両側検定をして，もしこの値が F 分布の外れ値でなければ，$\mathrm{H_0}$ が採択され，X と Y の分散には，信頼水準 α で差はないことになります。

◆検定例 9-7　2 つの標本集団の平均値の差の検定

m 個と n 個のデータからなる 2 組の測定値があって，その平均値に差があるかどうかを検定するとき，次の 2 つのケースを区別します。

(1) $m = n$ で，かつ，対応のあるデータの組に対する平均値の差の検定

これは，1 つの標本集団で，条件の異なる 2 組のデータがある場合です。たとえば，血圧が高めの n 人のグループで，あるサプリメントを 1 ヶ月にわたって摂食する実験をします。摂食開始前と後に採ったそれぞれの血圧データは，個々人に対応する対になったデータの組です。血圧降下の効果

の有無の検定をします。

X_i を摂食前，Y_i を摂食後の i 番目の人のデータを表す確率変数として，その対となったデータの差 $Z_i = X_i - Y_i$ の平均値 $\bar{Z}$ は（多人数ならば）正規分布が仮定できます。H_0=「効果が認められない」のもとでは，Z_i の母平均 $\mu = 0$ なので，

$$T = \frac{\bar{Z}}{\sqrt{\frac{S^2}{n-1}}} = \frac{\bar{Z}}{\sqrt{\frac{U^2}{n}}} \qquad S \text{ は } Z_i \text{ の標本分散，} U \text{ は不偏分散}$$

を利用して，自由度 $n-1$ の t-分布による検定をすることになります。

(2) 対応のないデータの組に対する平均値の差の検定

まず，2つのデータの組（データサイズは m, n）のそれぞれの分散が同じかどうか，検定例9-5の方法を利用して等分散の検定をします。

(i) 等分散検定の結果，等分散と判断されたときは，2組のデータそれぞれの平均を $\bar{X}, \bar{Y}$，2つのデータを1つにまとめた標本不偏分散を U^2 とすると，

$$T = \frac{\bar{X} - \bar{Y}}{\sqrt{U^2\left(\frac{1}{m} + \frac{1}{n}\right)}}$$

は，自由度 $m+n-2$ の t-分布に従います。

(ii) 等分散検定の結果，分散が異なると判断されたときは，このときは正規分布から導ける分布にはなりませんが，U_X^2, U_Y^2 を2組のデータそれぞれの不偏分散とすると，

$$T = \frac{\bar{X} - \bar{Y}}{\sqrt{\left(\frac{U_X^2}{m} + \frac{U_Y^2}{n}\right)}}$$

は，近似的にある自由度の t-分布に従うことが知られています。この t-分布の自由度は付録9-4に記します。しかし，もともと近似的な t-分布なので，m, n が小さくなければ，標準正規分布 $N(0,1)$ に従うとみなしても構いません。この検定方法を，**ウェルチの t-検定**といいます。

(4)　順位情報に基づく検定：ウィルコクソンの順位和検定

原則的な統計的推定や検定では，正規分布あるいはそれから導かれる分布などを前提としています。具体的な分布のパラメータ，正規分布は平均値 μ と分散 σ^2 を，2項分布では成功割合 p と全数 n を決めれば分布がきまります。一方で，そのような分布のパラメータを利用しない検定方法がさまざまに提案されています。

そのような分布のパラメータを用いない検定方法を，一般に**ノンパラメトリック検定**などと呼びます。**順位検定**もそのようなノンパラメトリック検定の1手法です。データ値ではなくデータの大小関係に基づく順位番号

をもとに検定します。

たとえば，研究室の卒研生の進捗状況を評価したところ，学生サークルAの3人とサークルBの4人の進捗率(%)が次のようになったとします。

サークルA　件数 $N_A = 3$, 進捗率 40, 80, 75

サークルB　件数 $N_B = 6$, 進捗率 60, 55, 85, 70

サークルによって進捗率に差があるか検討したいと考えたとき，標本数が少ないので正規分布などの分布を前提にできません。**ウィルコクソンの順位和検定**では，A，Bのグループを進捗の降順に1列に並べて，順位を付けます。1位は85%, 2位は80%, $\cdots$，順位だけ並べると，

サークルA　2, 3, 7

サークルB　1, 4, 5, 6

となります。サークルAの順位和は，$W_A = 2 + 3 + 7 = 12$ です。サークルBについては，$W_A + W_B = 28$（= 1〜7の和）から決まります。

$N = N_A + N_B$ として，(N, N_A) と信頼水準 α ごとにウィルコクソン順位和検定表を利用して，2つのグループA, Bの順位統計に差あるかどうかについて，両側で仮説検定を行います。Aが優位（あるいは劣位）かどうかならば，上側（あるいは下側）の片側検定ですみます。

この順位和検定表は，(N, N_A) に対する順位和値の度数分布表から作られます。この例では，$N = 7, N_A = 3$ で，1〜10の順位の N_A 個の可能な和 W は

$$1 + 2 + 3 = 6 \leqq W \leqq 18 = 5 + 6 + 7$$

の範囲に分布します。つまり，$N_A = 3$ の可能な順位和 W は6〜18の13通りで，13通りの順位和 W それぞれにいくつか可能な順位の組合せがあります。$W = 12$ となる3人の順位の組合せは $(1, 4, 7)$, $(1, 5, 6)$, $(2, 3, 7)$, $(2, 4, 6)$, $(3, 4, 5)$ の5通りです。W の値それぞれの順位の組合せ数について棒グラフに表すと，図9.7のようになります。この度数分布は，ウィルコクソン順位和検定表として，個体数 $N(= N_A + N_B)$ と N_A ごとに作られています。サークルAのグループの卒研進捗状況を図9.7で下片側検定すると，信頼水準 $\alpha = 80\%$ として，$\mathrm{Prob}(W \leqq w_0) \sim 0.2(= 1 - \alpha)$ となるのは $w_0 = 9$ で，$W_A = 12 > w_0$ ですから，帰無仮説 H_0 が採択され，信頼水準80%で A, B に差が無いことになります。

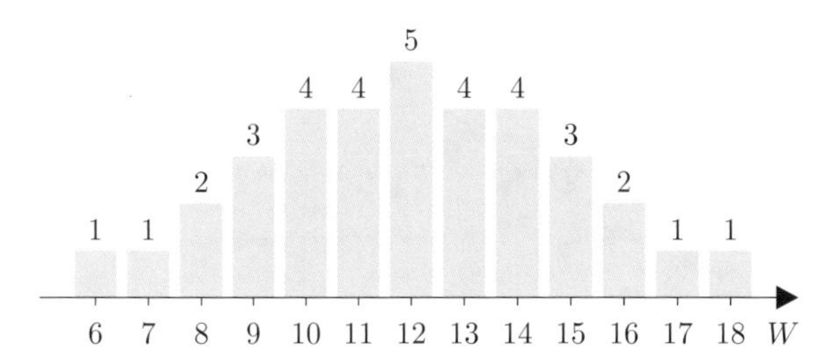

図9.7　$N = 7, N_A = 3$ のウィルコクソン順位和分布

順位和についても，グループ順位の比較や順位の変動の分析などを含め，さまざまなデータ解析手法や検定手法が提案されていますが，ここでは省

略します。

9.3 多変量解析への案内

(1) 主成分分析

複数の変量からなる標本データは，変量の個数を k 個とすると，各データは k 個の変数からなる k 次元空間の点で表せます。主成分分析は，この k 次元空間におけるデータ点の分布を把握する一つの方法です。

2 変量データを例に説明しましょう。変量 X, Y で，n 個の個体からなる標本集団のデータ (x_i, y_i), $i = 1 \sim n$ は図 9.8 のように 2 次元空間（平面）に分布します。このとき，分布のバラツキ具合は，各データを計測するときの単位（たとえば，m か cm か mm か）で見かけのバラツキが大きく変わるので，すべてのデータは，各変数ごとに標準化しておきましょう。つまり，X の標本平均 m_x，標本分散 s_x^2, Y のそれらを m_y, s_y^2 として，標準化したデータの変量記号を $\hat{X}, \hat{Y}$ とします。

$$\textbf{標準化変数}\quad \hat{X} = \frac{X - m_x}{s_x},\ \hat{Y} = \frac{Y - m_y}{s_y}$$

標準化したデータ $\hat{x}_i, \hat{y}_i$

$$\textbf{標準化データ}\quad \hat{x}_i = \frac{x_i - m_x}{s_x},\ \hat{y}_i = \frac{y_i - m_y}{s_y}$$

を $\hat{X} - \hat{Y}$ 平面にプロットして散布図を作ります。この散布図は，当然ながら，分布の中心は原点にあり，座標軸方向へのバラツキは同じくらいになっています。分布が単峰性で左右の対称性がある程度認められるときは，散布図は原点を中心とした楕円に近い形にプロットされています。標準化された変数の散布図の特徴は，6 章で相関係数に関連して説明しましたが，X, Y の間の相関が弱ければ（相関係数 r がゼロに近いときは）円に近く

主成分分析の課題

主成分解析は直接には観測できない要素を主成分という形で可視化する。

一般に，主成分は元の変量の線形結合で構成されるので，変量間の相関関係が線形であることが前提となる。非線形相関を有する変量を含む場合には，このままでは適用できないし，変数が多くなると，対応する固有値問題自身がかなり厄介な扱いになるケースもある。実用的な方法として，データ変量を対数変換したりして線形に近づけたり，変域を線形と見なせる狭い範囲に分割したりして適用することもある。

かなり手法は異なるが，因子分析，クラスター分析，あるいは数量化Ⅲ類の手法やコレスポンデンス分析なども，直接には見えない特徴量を可視化する方法である。

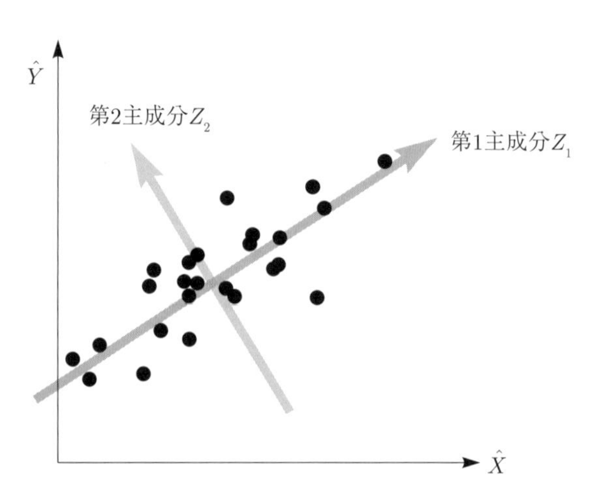

図 9.8　標準化データの散布図（座標軸の原点は明示していない）

なり，正の相関（相関係数が正で 1 に近い）なら右上がり，負の相関（相関係数が負で -1 に近い）なら右下がりのプロットになっています。

ここで，$\hat{X}, \hat{Y}$ の線形結合からなる合成変量

$$Z_1 = a\hat{X} + b\hat{Y}(\text{ただし}, a^2 + b^2 = 1)$$

を導入し，Z_1 の標本分散が最大になるように a, b を決めます。つまり，全体のデータのバラツキ具合を最もよく表す合成変量 Z_1 を決めるのです。これは，散布図が図 9.8 のような楕円の形になっている場合には，Z_1 はその楕円分布の長径の方向になります。この最大化問題は線形代数の固有値問題に還元でき，標準的な方法で解くことができます。この Z_1 が，第 1 主成分と呼ばれる変量となります。第 1 主成分を表す変量の分散は，最も大きい固有値と等しくなります。

第 2 主成分 Z_2 も元の変量 X, Y の線形結合からなる成分ですが，第 1 主成分 Z_1 と直交する（Z_1 との共分散が $\mathrm{Cov}(Z_1, Z_2) = 0$）条件下でデータの分散（第 1 主成分で表せなかった残りの分散）を最大とするものです。2 変量で楕円型に分布している場合は楕円の長径に直交する短径方向で，この変量の分散は 2 番目の固有値になっています。

3 変量以上の一般の場合にも同様に拡張できます。第 3 主成分は，第 1・第 2 の主成分に直交する成分のうちで分散が最大になる成分です。3 番目の固有値に対応します。一般には元の変量の数だけ主成分変量を決めることができますが，通常は，第 1 主成分が重要で，せいぜい第 2 あるいは第 3 主成分までが対象となります。

[適用例] 多変量データの主成分による分類：既製服

既製服（プレタポルテ）は予め標準的な体形に合わせて縫製された服ですが，今ではかなり多様な既製服が作られ販売されています。たとえば，注文服（オーダーメードスーツ）を縫製するときには，注文主の身体から採寸してさまざまなデータ（体の総丈，胸囲，胴囲，腰囲，肩幅，袖丈，ズボン丈，股下，裄丈，首回り，着丈，手首周囲径など）を得ます。それを利用して注文主の体形に合わせるのですが，多くの人々から得たこのようなデータを集積し，日本人の体形の特徴軸（主成分）を抽出・類型化し，いくつかの標準体型を構成します。体型の類型区分（Y，A，B，AB）は，そのようにしてつくられた区分法の 1 つです。

(2) その他の多変量解析手法について

◆因子分析

主成分分析と似た「因子分析」という手法があります。主成分は，観測変量の線形結合で表された成分ですが，因子分析では，いくつかの標準化された因子（平均が 0，分散が 1 の変量）を仮定して，各観測変量をそれらの因子の線形結合（と残差）で表します。主成分分析と同様に各観測デー

タの分散を最大化するように線形結合の係数を決めます。こうすることによって，明示的でない要因を因子として取り出すことができます。

◆クラスター分析

多変量のデータからなる多次元空間において，2つの標本データ点の間の距離を定義し，距離の近い標本をグループ化して，標本集団をいくつかのグループに分類する手法がいくつかあり，「クラスター分析」と呼ばれています。最も重要なのは距離の定義です。生データのままではある変量の分散が大きいとその変量の距離への影響が過大に評価されるので，普通は変量の変数を分散で標準化します。また，変量間に強い相関があるとそれらの変量が大きな影響を及ぼします。さらに，クラスター内のデータ点間の距離の分布と，クラスター間のデータ点の距離の分布は一般には重なるので，クラスターをどう定義するかというのも課題となります。しかし，クラスター分析は，予め分類されたデータを比較するのではなく，標本データの集団の特徴によって分類することができる特性があるので，ビッグデータの解析や機械学習などでも利用されるなど，魅力的な解析法です。

◆重回帰分析

第6章で簡単に説明しましたが，「重回帰分析」も多変量解析の手法の1つです。6章では主に目的変数が1つの説明でしたが，目的変数を複数用いて行う「多重回帰分析」も多変量解析ではよく用いられます。また，1次式の線形回帰だけではなく，データを指数関数，あるいは対数関数で変換して多重線形回帰分析をするというある種の非線形回帰分析方法も，データの性質・特徴に依存してよく使われます。

章末問題

9.1　データを学習するとはどういうことか，考えてみよう。

- 機械学習とは，統計的学習とは，何か.
- 学習システムの具体例，応用例など.
- データから学習する，データから予測することの長所・短所は何か.
- AIが学習する，AIが人の知能を上回るとは，どういうことか.

9.2　[例9-1]（演習課題1　試験成績の相対評価）について，取り組んでみよう。

9.3　[例9-2]（演習課題2　メンデルの実験）について，検定してみよう。

9.4　[例9-3]（演習課題3　治験における薬効の有無）について，検定してみよう。

付録

付録 9-1

感染症検査の判定結果の度数を 2×2 分割表にまとめた表，

検査＼感染	有 Positive	無 Negative	計
陽性	a	b	$a+b$
陰性	c	d	$c+d$
計	$a+c$	$b+d$	$a+b+c+d$

a　**真陽性**，**TP** true positive　　b　**偽陽性**，**FP** false positive
c　**偽陰性**，**FN** false negative　　d　**真陰性**，**TN** true negative

に対し，感度と特異度は

感度　$\dfrac{a}{a+c}$，　**特異度**　$\dfrac{d}{b+d}$

である。

これらを含めて，TP〜FN それぞれの比率を次のように定義する。比率の分母は，感染の有無それぞれの合計度数であることに注意されたい。なお，ここでは比率を rate と表記したが，fraction とする教科書もあり，その場合は，略記法の ‥R を ‥F と書く（たとえば，TPR を TPF とする，など）。

$\mathrm{TPR} = a/(a+c)$　True Positive Rate, TPF, 感度 Sensitivity
$\mathrm{FNR} = c/(a+c)$　False Negative Rate, FNF
$\mathrm{FPR} = b/(b+d)$　False Positive Rate, FPF
$\mathrm{TNR} = d/(b+d)$　True Negative Rate, TNF,
特異度 Specificity

付録 9-2　イェーツの補正

2×2 クロス表の χ^2 検定で，計測した度数が小さい（10〜20 以下）場合は，期待度数の離散的な効果が大きくなり，連続的な χ^2 分布での判定が偏ることが知られている。イェーツはそれを補正する方法を提案した。

詳細は省略するが，2×2 クロス表の度数 a, b, c, d のうち 1 つが 5 以下であるとしばしば補正が適用される。しかし乱用すると過剰に補正してしまうこともあるので注意が必要であり，イェーツの補正を推奨しない教科書もある。

付録 9-3　ウェルチの t-検定における t-分布の自由度

この場合の確率変数

$$T = \frac{\bar{X} - \bar{Y}}{\sqrt{\left(\frac{U_X^2}{m} + \frac{U_Y^2}{n}\right)}}$$

の従う t-分布の自由度 k は，次の値が使われるが，厳密ではなく近似である。

$$\text{自由度}\,k\,\text{の近似値}\quad k \sim \frac{\left(\dfrac{s_x^2}{m}+\dfrac{s_y^2}{n}\right)^2}{\dfrac{s_x^4}{m^2(m-1)}+\dfrac{s_y^4}{n^2(n-1)}}$$

付録 9-4 新薬の治験（Clinical trial）

動物実験による非臨床試験で得られた薬の候補物質を対象に行う臨床実験を，治験という。医療用薬剤の開発で，事前に実験室や動物実験などで，薬効や副作用の程度などが確認された候補薬剤を使って，人を対象に臨床の現場で検査することである。

臨床検査の治験は大きく3つの相（フェーズ）からなる。第Ⅰ相検査では，健常成人を対象とし，治験薬の代謝など人体中の薬物動態，安全性，副作用などについて調査・検討する。第Ⅱ相試験では，少数の比較的軽度な患者を対象として薬効や安全性，薬物動態などについて検討する。第Ⅲ相試験では，比較的多数（数十～千人規模）の患者を対象に，薬効や副作用，安全性などの確認や定量化が行われる（ウィルスワクチンなどの治験では健康な人に接種するので数千～数万人の規模となる）。第Ⅲ相では2重盲検などの統制された治験計画に基づいて実施されるのが普通である。

医療薬剤の認可は第Ⅲ相試験を経て行われるが，広く使われるようになってからも，治験を継続することがある。まれな副作用・副効果が現れる場合や，ウィルスのワクチンなどのように効果が長期にわたることを期待される場合などは，市中で広範に，数万から数十万以上の人に投与されるようになってからも，被投与者を追跡・観察してデータを収集する。これを第Ⅳ層試験という。

第 III 部 データサイエンスと人工知能

人工知能の技術は，統計と並んで，データサイエンスを支える重要な基礎技術です。第 III 部では，人工知能技術の中でも特に機械学習の技術を取り上げて，具体的な事例を示しながら様々な機械学習の方法を紹介します。特に，近年重要視されているディープラーニングと，その基礎であるニューラルネットの技術について詳しく取り上げます。

第 III 部の項目

第10章 人工知能と機械学習

３章で説明したように，人工知能とデータサイエンスには深い関係があります。人工知能技術の中でも，特に機械学習はデータサイエンスに大きな貢献を与えています。この章では，人工知能のさまざまな技術を概観した上で，特に機械学習を取り上げて説明します。また，機械学習をどのように用いるのかについて，具体的な例を示して説明します。

第 10 章の項目

10.1　人工知能のさまざまな手法

◆人工知能の諸領域

人工知能は，人間を始めとした生物の知的挙動にヒントを得た，ソフトウェア（プログラム）作成のための技術です。人工知能分野にはさまざまな手法や技術が含まれますが，その代表例を図 10.1 に示します。

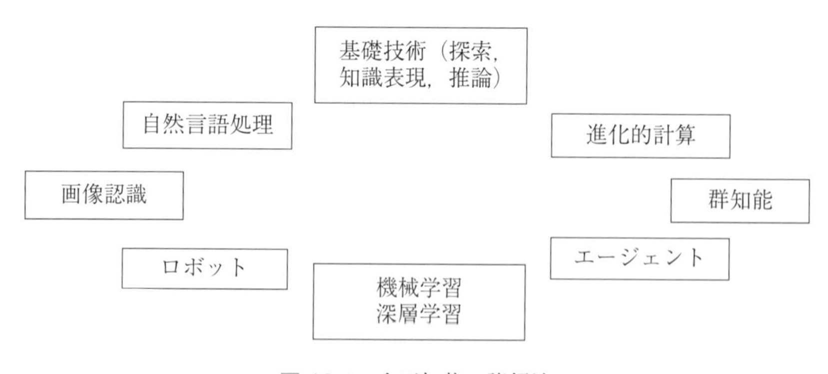

図 10.1　人工知能の諸領域

図 10.1 では，探索や知識表現，推論などの技術を，基礎技術としてひとまとめにして扱いました。これらの技術は，人工知能研究の初期から研究が

進められ，現在では人工知能分野の基礎的な技術として利用されています。

画像認識や自然言語処理の技術は，人間や生物の認知や認識の能力に関係する技術です。これらの分野では，基礎技術である探索や知識表現，推論といった技術とともに，機械学習の手法も合わせて用いられます。

進化的計算は，生物の進化にヒントを得た最適化手法です。また**群知能**は，生物の群れの挙動を模擬することで知識を獲得する手法です。人工知能分野ではさらに，エージェント技術やロボットの技術も扱います。

以上のように，人工知能はさまざまな手法や技術を対象とします。ここではこれらのうちから，データサイエンスに特に関係の深い技術を取り上げて，以下で説明します。

進化的計算

問題の条件を染色体と呼ばれるデータ構造に書き込んで，染色体の集団に対して進化を促すことでより良い条件を探索する最適化手法。代表例に遺伝的アルゴリズムがある。

群知能

魚の群れや蟻の集団など，生物の群れの示す知的挙動をシミュレートすることで最適解を探索する最適化手法。粒子群最適化法や蟻コロニー最適化法などがある。

◆探索の技術

探索は，何かを探し出す操作を意味します。探索は基本的な技術であり，さまざまな応用が可能です。例えば，カーナビを使うときに出発地と目的地を入力すると，自動的に途中の経路を調べて教えてくれます。これは，カーナビに組み込まれた探索プログラムが，出発地と目的地を結ぶ経路を探索によって調べることで実現されています。

探索は，道路のような具体的な対象を調べるだけでなく，もっと抽象的な対象を扱うことも可能です。例えば将棋のゲーム AI において[1]，ある局面から，自分がより有利になる局面に至る手筋を調べる場合を考えます。このときにも探索の技術を用いることで，様々な局面に至る道筋の中から，自分にとって最も有利な道筋を探し出すことができます（図 10.2）。

[1] 将棋に限らず，囲碁やチェスなど，プレーヤーが着手することで局面を変化させて，最終的に自分が勝利する局面に至ることを目的とするゲームでは，同様のことが言える。

◆知識表現と推論

知識表現とは，人間や生物が問題解決に用いる知識を人工知能のプログラムが利用できる形式で書き下した表現方法です。また，与えられた知識表現を用いて新たな知識を生成する仕組みを推論と呼びます。

知識表現と推論の技術を用いると，エキスパートシステムと呼ばれる人工知能プログラムを構成することが可能です（図 10.3）。エキスパートシステムは，人間の専門家（エキスパート）が行う仕事を代わりに行うことができる，人工知能プログラムです。エキスパートシステムは，医学や薬学，工学のさまざまな分野や金融経済など，多くの分野[2]で実用化されています。

[2] 例えば，医学の画像診断分野では，CT 画像などから組織の異常を自動的に探索するエキスパートシステムが利用されている。また，病院で利用されている薬剤の処方オーダリングシステムでは，不適切な薬剤の利用を指摘するエキスパートシステムが組み込まれている。金融分野では，エキスパートシステムを用いた証券取引が利用されている。

エキスパートシステムを構成するためには，人間の専門家から知識を譲り受けなければなりません。このための技術は知識工学と呼ばれています。従来，エキスパートシステムの知識は，手作業によって構成されていました。しかし近年，機械学習特に**ディープラーニング（深層学習）**の発展により，知識を自動的に構成する方法が試みられています。

ディープラーニング（深層学習）

⇒ 13 章参照

図 10.2　探索の応用例　カーナビの経路探索（出典：国土地理院ウェブサイト (http://www.gsi.go.jp) より一部加工）

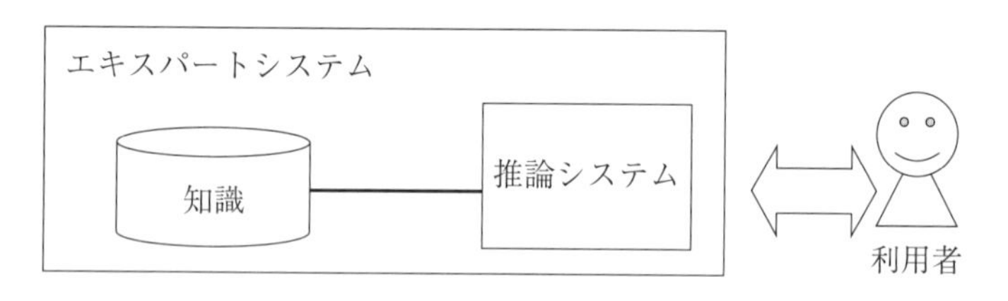

図 10.3　エキスパートシステム

◆機械学習

機械学習は，与えられた学習データから知識を自動的に抽出する技術です。機械学習は，人工知能の諸領域の中でも，特にデータサイエンスと関係の深い領域です。そこで以下では，機械学習について詳しく述べることにします。

10.2　機械学習とは

◆機械学習とは何か

機械学習は，人間や生物が行う学習という行為を，機械，つまりコンピュータが行う技術です。では，人間や生物が行う学習とは何でしょうか。

分かりやすい例として，我々人間が行う学習の例を考えましょう。人間は，学校で勉強をしたり，スポーツや音楽の練習をしたり，あるいは道具の使い方を練習したりします。これらは，人間の行う学習という行為の一例[3]です。これらの学習においては，人間が学習対象と相互作用を繰り返すこと[4]で，人間の持つ知識が増えたり，経験が豊かになっていきます。そのことで，学習対象に対してより巧妙に対応することができるようになります。

コンピュータの行う学習である機械学習においても，同様のことが起こります。機械学習においても，コンピュータが学習対象と相互作用を繰り返すこと[5]で，学習対象から知識を抽出したり，学習対象に対する分析や理解を進めます。（図 10.4）

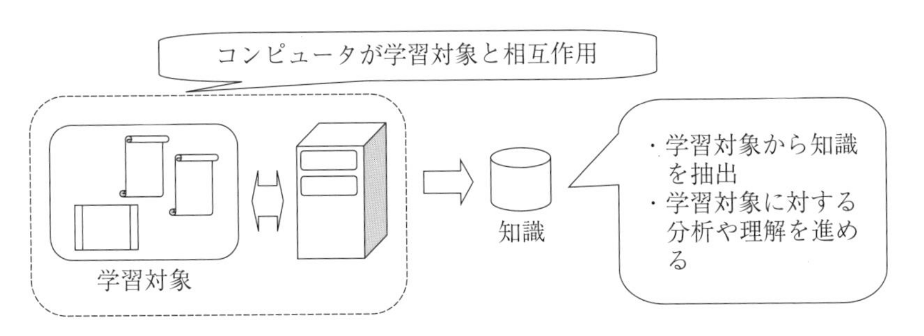

図 10.4　機械学習の基本的な枠組み

機械学習の典型的な応用例として，ゲーム AI における機械学習の適用が挙げられます。ゲーム AI においては，機械学習を用いて人間や他のゲーム AI との相互作用を繰り返すことで，対象とするゲームの知識を獲得します。あるいは，機械学習を画像認識や画像理解に応用すると，例えば製造ラインの製品検査において良品と不良品の識別を行う知識を自動的に獲得することが可能です。

◆機械学習の働き

機械学習ではどのようなことができるのでしょうか。機械学習の典型的な利用方法として，データの**分類知識**の獲得[6]があります。

例えば製造ラインの製品検査の例では，良品と不良品の分類に関する知識が必要です。そこで，良品と不良品それぞれの典型的な画像データを用意して，機械学習システムに与えます。機械学習システムは，両者をうまく区別できるような知識を獲得して，未知の画像データを良品と不良品に分類できるようなしくみを作り上げます。

機械学習の手法を用いると，現在までの状況から，将来がどのようになるのかを**推定**する知識を獲得することが可能な場合があります。例えば，将来の株式市場の動向を推定するためには，それまでの過去の市場の株価に関する情報を入手し，これを用いて機械学習を実施します。学習の結果，現在までの株価に関するデータを用いて，将来の株価を推定することができる知識を獲得することができます。

[3] 学習には，ここで例示した勉強や訓練といった行為ばかりでなく，無意識的な行為も含まれる場合がある。例えば，使いにくい調理器具を何とか使いこなすとか，開きにくいドアの鍵をだましだまし使うなどは，勉強や訓練には該当しない学習の例である。

[4] 例えば教科書を繰り返し読んだり，紙と鉛筆を使って計算練習を繰り返したり，楽器の演奏の練習をしたり，鋸の使い方を学んだりする行為を，ここでは人間と学習対象との相互作用と呼んでいる。

[5] 例えば学習データを繰り返し読み込んで利用したり，シミュレーションを繰り返して結果を調べたりすることを，ここではコンピュータと学習対象との相互作用と呼んでいる。

[6] 良品と不良品の分類のように対象を 2 つのカテゴリに分類する知識のほか，3 つ以上のカテゴリに分類する知識を扱う場合もある。

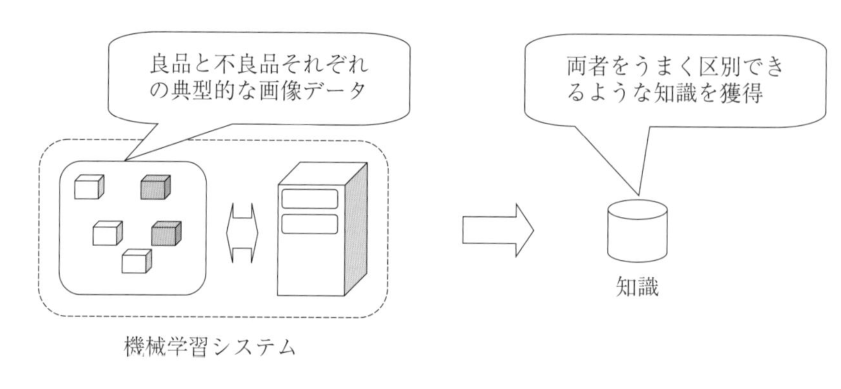

図 10.5　機械学習による分類知識の獲得

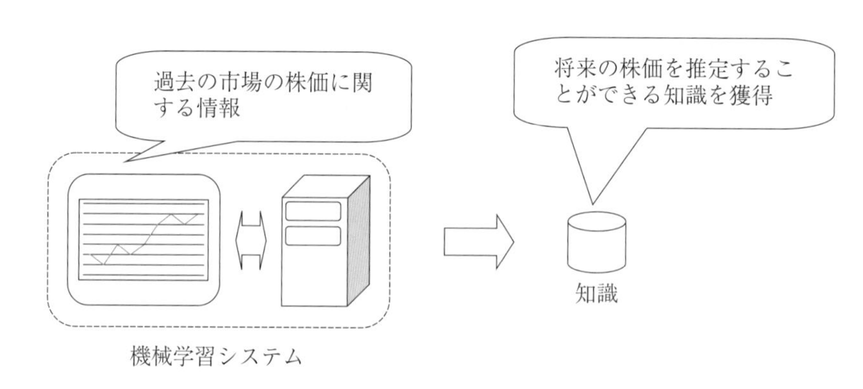

図 10.6　機械学習による推定知識の獲得

以上の例において，機械学習によって得られた知識は，学習対象データの特徴を表しているものです。そこで機械学習は，分類や推定に関する知識の獲得だけでなく，データの**特徴抽出**[7] に用いることも可能です。

[7] 与えられた学習データの性質を表現する知識を抽出すること。本文の例に即して考えれば，良い製品に共通する画像的特徴であるとか，将来株価が高騰する可能性のある株式の特徴などを抽出する例が考えられる。

◆学習と検査

機械学習では，学習対象となるデータが必要です。このデータのことを**学習データセット**と呼びます。学習データセットは，学習対象となる個々のデータを多数集めて構成します。例えば製品の画像データによる良品不良品の区別であれば，さまざまな良品と不良品の画像をそれぞれ多数集めます。

学習データセット

学習セット，トレーニングデータセット，あるいはトレーニングセットなどとも呼ぶ。

学習データセットを対象として機械学習を進めると，その結果として，何らかの知識を獲得することができます。この知識が妥当なものであるかどうかを調べるためには，学習データセットと異なるデータセットが必要になります。このデータセットを**検査データセット**と呼びます。

検査データセット

検査セット，テストデータセット，あるいはテストセットなどとも呼ぶ。

検査データセットには，学習データセットに含まれていない，別のデータが必要です[8]。手順としては，学習データセットを用いて機械学習を行い，知識の獲得が終わったら，検査データセットを用いてその知識が有効なものであるかどうかを確認します。

[8] 検査データセットの一部を学習に使ってしまうと，検査（テスト）の問題をあらかじめ知っているカンニングのような状態になってしまい，正しい検査が行えない。

◆学習データセット及び検査データセットの構成

学習データセットや検査データセットを構成する方法は，実は難しい問

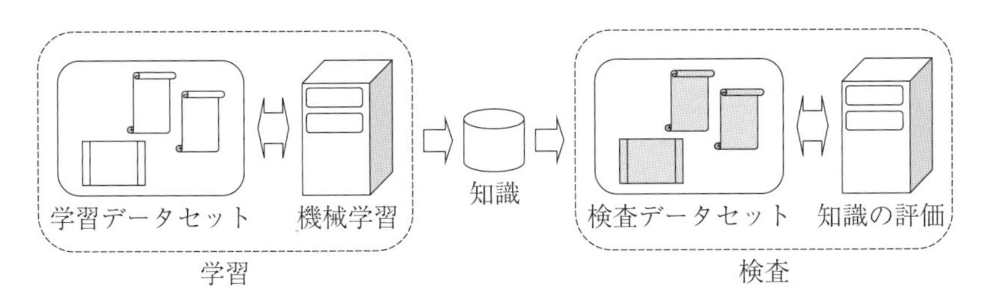

図 10.7　学習と検査

題です。いずれのデータセットに関しても，学習対象の様々な性質を反映するような多くの種類のデータが必要になります。もし学習データセットが学習対象の一部の性質のみを反映しているのであれば，獲得される知識は偏ったものになってしまいます。検査データセットが偏っていたら，獲得した知識の評価を正しく行うことが出来ません。

学習や検査を行うためには，学習データセットや検査データセットには十分な量が必要です。学習データセットの数が少ないと，学習対象に関する一般的な知識を得る事は困難になってしまいます。これは検査についても同様です。

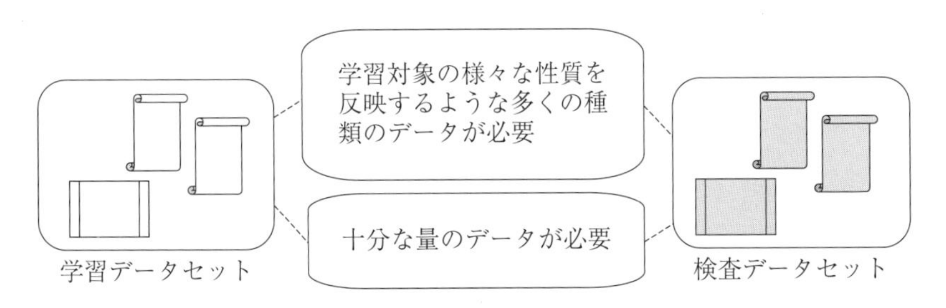

図 10.8　学習データセットと検査データセットに求められる条件

学習データセットと検査データセットを構成する方法の一つに，K **分割交叉検証**という方法があります。この方法では，まず，学習の対象とするデータセットを K 個のサブセットに分割します。次に，そのうちから 1 個のサブセットを取り出して検査データセットとします。そして残りの $K-1$ 個のサブセットを学習データセットとします。これを K 個それぞれに繰り返して，全体の検査結果を平均することで得られた知識を評価します（図 10.9）。

◆汎化と過学習

機械学習においては，限られた数の学習データから，学習データだけでなく対象とするすべてのデータについての一般的な性質を知識として抽出する必要があります。このように，少数の例から全体に適用可能な一般的知識を得ることを**汎化**と呼びます（図 10.10）。

汎化と関連して，機械学習において気をつけなければいけない現象とし

汎化

「はんか」と読む。ここでは，機械学習に関する説明を示している点に注意せよ。多分野，例えば心理学者やプログラミング言語理論等では，「汎化」が別の意味となる場合もある。

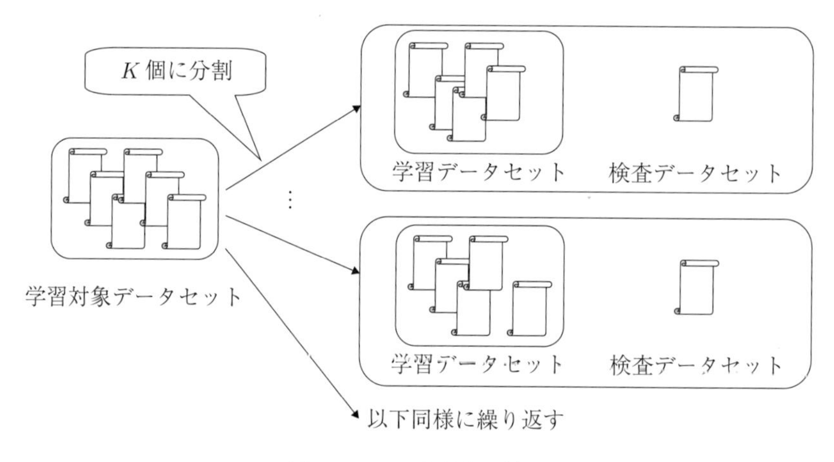

図 10.9　K 分割交叉検証

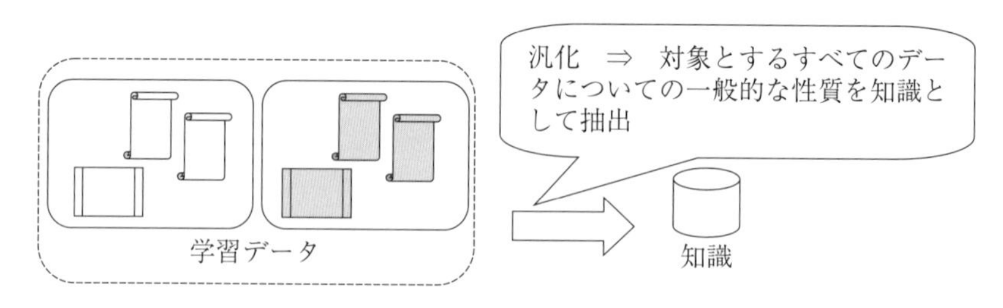

図 10.10　汎化

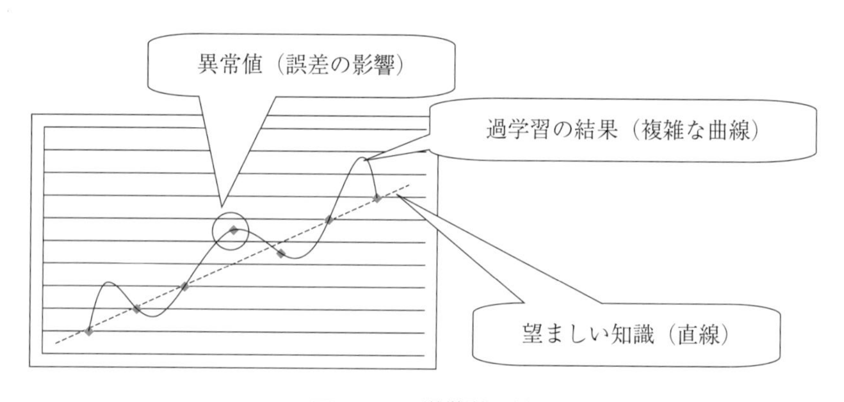

図 10.11　過学習の例

過学習

過剰適合，あるいは過適合ともいう。

て，**過学習**があります。過学習とは，学習データセットに現れた特殊な性質に強く影響を受けてしまうことで，一般的な性質を見誤ってしまう現象です。

例えば図 10.11 の例で，与えられたデータの関係を説明する知識を得る機械学習の例を考えます。学習データを誤差なく説明するために，図の実線で示した複雑な曲線のような関係を機械学習によって得たとします。しかし，観測によって得られた学習データには誤差が含まれているのが普通です。図中で丸印で示したデータは，測定上の誤差を含んでいる異常値なのかもしれません。そうだとすると，実際には図の点線で示した関係を与える知識が，むしろ望ましい知識でしょう。

過学習を避けて望ましい方向で汎化を行うためには，データセットの構成方法に注意が必要であるだけでなく，機械学習の過程においてさまざまな工夫が必要です[9)]。

[9)] データセットに偏りがあると過学習を生じるが，学習の方法によっても過学習が生じる場合がある。例えば，学習すべき対象のモデルが複雑すぎたり柔軟すぎたりすると，過学習に陥る危険性が高い。

10.3 機械学習の手法

◆学習方法の分類

機械学習には，様々な方法があります。ここでは機械学習の手法を，学習データの与え方から分類してみます。

最も分かりやすいのは，**教師あり学習**と呼ばれる学習手法です。教師あり学習では，学習データの中に正解となるラベル（教師データ）[10)] が含まれています。教師あり学習を採用した機械学習システムでは，ラベル（教師データ）を参照しながら，与えられた学習データを学習します。

[10)] ラベル（教師データ）は，個々の学習データに与えられる "正解" の値である。

教師あり学習に対して，教師なし学習という学習手法があります。教師なし学習では，学習データに正解となるラベルが含まれていません。教師なし学習では，学習手法自体に組み込まれた規範に従って，学習データの学習を行います。

強化学習は，一連の行動の末に行動の結果が評価されてその評価値が与えられるような環境において，最後の評価値から一連の行動の良し悪しを学習するような機械学習システムです。強化学習は，例えばロボットの行動知識の獲得などに用いられます。

以下では，それぞれの方法について説明します。

◆教師あり学習

ここでは簡単な例によって，教師あり学習の枠組みを説明します。例えば，良品と不良品の画像データを用いてこれらの区別を行う機械学習システムでは，どの画像が良品に当たるかあるいは不良品に当たるかを，それぞれの画像に貼られたラベル（教師データ）によって教えられます[11)]（図 10.12）。教師あり学習による機械学習システムは，画像を入力したら正しいラベルを答えるような分類知識を構成します。

[11)] 良品と不良品の区別を行う機械学習システムの例で言えば，ラベルは「良品」と「不良品」の 2 種類である。

教師あり学習においては，はじめに学習データセットを用いて，与えられた画像に対して正しいラベルを答えられるような分類知識を構成します。次に検査データセットを用いて，獲得した分類知識が有効なものかどうかを調べます。一般に，学習データセットに対する分類の精度と比較して，検査データセットに対する分類精度は劣るのが普通です。

10

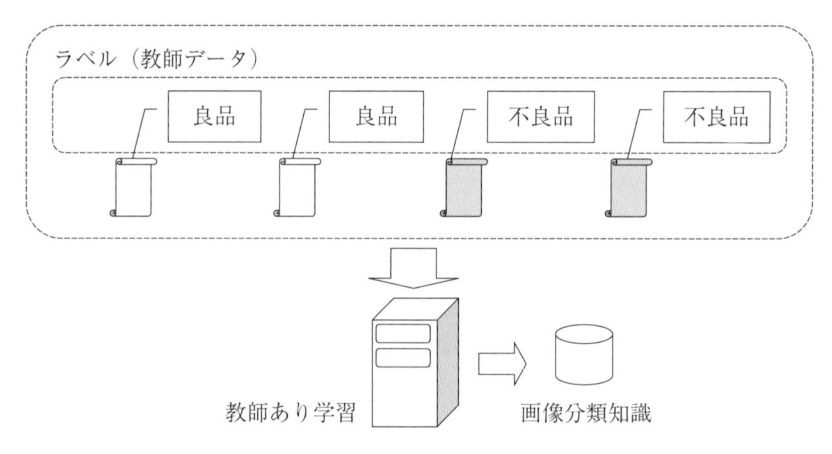

図 10.12　教師あり学習による画像分類知識の獲得

教師なし学習

教師なし学習システムの具体例には，自己組織化マップや自己符号化器（オートエンコーダ）などがある

◆教師なし学習

教師なし学習では，与えられた学習データセットを機械学習システムが自律的に分類することで知識を獲得します。統計学における主成分分析やクラスター分析は，機械学習における教師なし学習と同様の枠組みとしてとらえることができます。

例として，図 10.13 のように，それぞれの学習データがある数値的な属性を有している場合に，教師なし学習のシステムはこれらのデータをラベル（教師データ）を使わずに分類します。

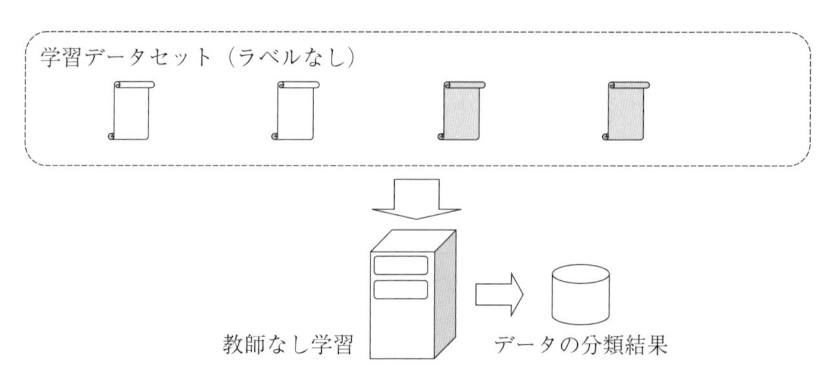

図 10.13　教師なし学習によるデータの自動分類

◆強化学習

強化学習は，個々の事例ではなく，一連の事例の集合に対して評価がなされるような環境において，評価結果から学習を進めることのできる学習方法です。

着手

将棋や囲碁などのボードゲームで，自分の番に駒を動かしたり石を置いたりする行為のこと。

例えばゲームの例を考えます。将棋や囲碁などのボードゲームでは，ある場面に対してどのような**着手**を選択するのかという知識を，学習によって獲得する必要があります。この場合，学習データを構成するために，一手一手の善し悪しを先生に教えてもらい，これをラベルとして用いることで学習データセットを作成する方法が考えられます。

このようにして構成した学習データセットを用いて，教師あり学習によって対戦知識を獲得することは，原理的には可能です。しかしこの場合，一手一手の善し悪しをすべて人間が事前に用意する必要があります。これには大変な労力が必要なうえ，正解を教えること自体が極めて困難です。

強化学習を用いると，一連の手の選択の末に決着がついた状態，すなわち勝ち負けが明らかになった時点で，全体の評価を与えることで学習を進めることが可能です。このように最後に与えられる評価値のことを，強化学習では報酬と呼びます。強化学習では，報酬を個々の着手の選択知識に分配することで，一連の着手からなるゲーム知識を獲得します。

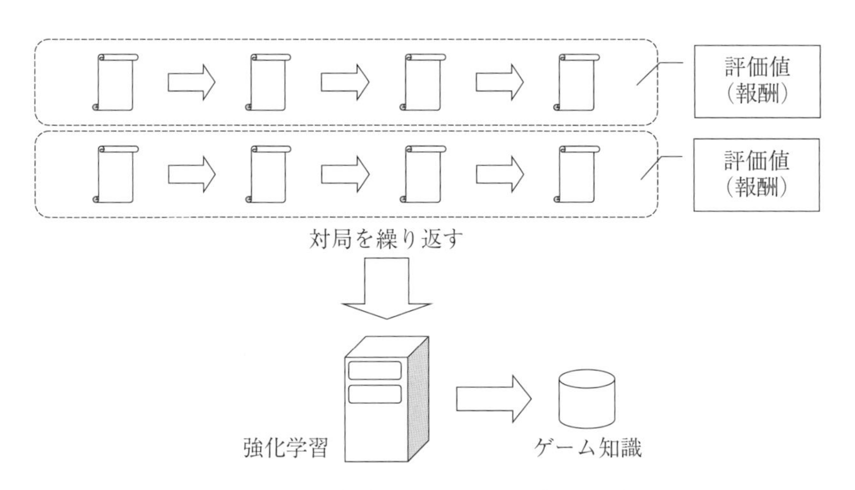

図 10.14　強化学習によるゲーム知識の獲得

強化学習を用いたゲーム知識獲得の例では，繰り返し多くの回数の対局を行う必要があります。一般に強化学習では，非常に多くの**計算コスト**が必要となることが知られています。

計算コスト
コンピュータを使って処理を行う際に，CPU やメモリなどをどの程度利用するかを表現した値のこと。

◆さまざまな学習方法

機械学習には，教師あり学習や教師なし学習，あるいは強化学習以外にも，さまざまなタイプの学習方法が用いられます。例えば，**半教師あり学習**という学習方法があります。

半教師あり学習
具体的な学習方法として，敵対的生成ネットワーク（GAN, Generative Adversarial Networks）と呼ばれる学習方法がある。

半教師あり学習では，一部の学習データにのみラベル（教師データ）が与えられています。半教師あり学習を用いると，最初に与えられたラベルを利用して，ラベルの付いていない一部の学習データにラベルを与えることができます。これを繰り返すことで，ラベルの付いていない学習データもうまく利用して学習を進めます。

機械学習はいつでも「正しい」のだろうか

機械学習は，与えられた学習データを忠実に反映するような知識を構成しようとします。その過程自体は公平で中立なものですが，学習データの与え方によっては，不公平で著しく偏った知識を獲得する危険性もあります。

一例として，マイクロソフト社が2016年に公開した学習型チャットボット Tayの事例があります。Tayは対話相手の（人間の）ユーザが与える発言を学習しその後のチャットに反映する，機械学習の機能を備えていました。Tayが一般に公開された後，Tayの発言は学習によって変化しはじめ，わずか1日ほどで，人種差別や偏見に満ちた発言ばかりになってしまいました。このため，マイクロソフト社はTayの公開をただちに中止しました。

Tayの事例は，意図的に偏った学習データを与えた場合の機械学習システムの挙動を端的に表す一つの例であると思われます。Tayの事例では，機械学習システムの運用者自身には，偏った学習を進める意図は全く無かったと思われます。それにもかかわらず機械学習システムが不公平で著しく偏った知識を獲得したことは，機械学習を利用する場合に学習データセットの構成方法に十分な注意が必要であることを示しています。

さらに，意図的に機械学習を悪用しようとすると，普通には見破ることのできないような学習結果を構成することも可能です。例えば，半教師あり学習の一例である敵対的生成ネットワーク（GAN）を用いると，本物と見分けのつかない偽画像を生成することができます。敵対的生成ネットワークを使って，著名人があり得ない発言をするフェイク動画が公開されていますが，自動的に生成されたコンピュータグラフィックスであるとはとても思えないような動画に仕上がっています。

機械工学や電子工学など多くの工学的技術と同様に，人工知能や機械学習の技術も，利用の方法によっては人類にとって望ましくない結果を与える危険性があります。機械学習の結果を無条件に受け入れることは危険であり，常に注意をもって対応すべきです。

Tay の Twitter アイコン
(@tayandyou, 現在非公開)

この章のまとめ

- 人工知能は，探索や知識表現，推論などの基礎技術や，画像認識や自然言語処理，進化的計算，群知能，エージェント，ロボット，それに機械

学習など，多岐にわたる分野から構成されている

- 機械学習は，人間や生物が行う学習という行為を，機械，つまりコンピュータが行う技術である
- 機械学習を用いると，分類知識や推定知識の獲得や，データからの特徴抽出などが可能である
- 機械学習には，ラベル（教師データ）を用いる教師あり学習や，ラベル（教師データ）を必要としない教師なし学習，あるいは一連の事例全体の評価結果から学習を進めるこのとのできる強化学習などの方法がある

章末問題

10.1 機械学習の手法は，さまざまなプログラムに応用されています。例えば，電子メールシステムにおいて，不要な広告メールなどの迷惑メールを自動検出するシステムが広く利用されています。ここでは，機械学習の手法を用いて，通常のメールと迷惑メールの分類知識が構成されます。それでは，通常のメールと迷惑メールの区別をする分類システムは，どのような学習データを対象に機械学習を行うのでしょうか。教師あり学習の適用を前提として学習データの構成方法を示してください。

10.2 本文で触れた製造ラインの製品検査の例において，良品と不良品それぞれの典型的な画像データをそれぞれ 100 個ずつ，合計 200 個用意できたとします。これら 200 個のデータから，学習データセットと検査データセットを構成するにはどうすれば良いでしょうか。

10.3 囲碁や将棋などのボードゲームにおいて，教師あり学習を適用する場合の学習データセットの構成方法を示してください。また，強化学習を適用する場合の方法を示してください。

10.4 半教師あり学習の具体的な学習方法として，敵対的生成ネットワーク（GAN）と呼ばれる学習方法があります。GAN について調べてください。

第11章 決定木，k 近傍法，サポートベクターマシン

本章では，データサイエンスに有用な人工知能的手法として，決定木，k 近傍法，及びサポートベクターマシンを取り上げて説明します。それぞれの手法について原理や手法を直観的に説明するとともに，簡単な例を示して具体的な手続きについても解説します。

第 11 章の項目

11.1　決定木：ヒトにもわかる分類知識の獲得

◆決定木とは

決定木は，データの分類や予測に利用されるデータ構造です。決定木によって表現された知識は，人間に分かりやすいという利点があります。決定木の例を図 11.1 に示します。

決定木
英語では decision tree という。

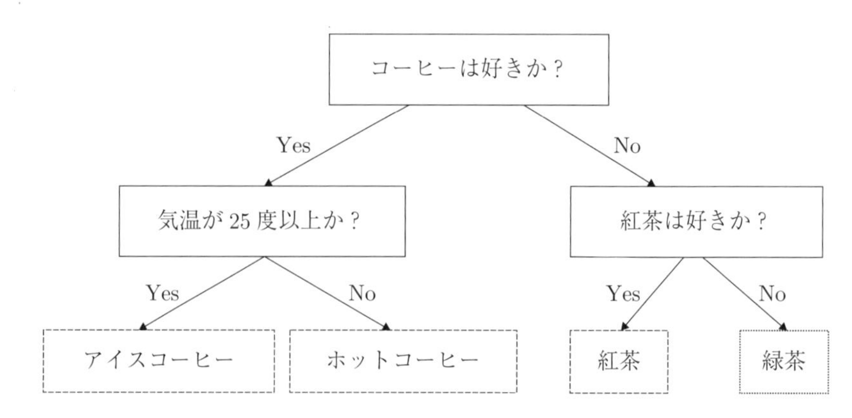

図 11.1　決定木の例 飲み物の決定

木構造
木構造は，決定木だけでなく，さまざまなデータの表現に用いられる一般的なデータ構造である。

節点
図 11.1 では，実線または点線の長方形で節点を表している。

枝
図 11.1 では，矢印で枝を表している。

決定木は，**木構造**と呼ばれる形式のデータ構造を利用しています。木構造は一般に，**節点**あるいは**ノード**と呼ばれる要素と，節点を結ぶ**枝**あるいは**リンク**と呼ばれる要素から構成されます。木構造は，**根**と呼ばれる特別な節点から始まって，複数の枝で節点が結ばれており，最終的には**葉**と呼ばれる行き止まりの節点に至ります。

決定木によってデータを分類するには，根から始めて，条件に従って枝を辿り，最終的に葉に至ることで分類が終わります。ちなみに，決定木の根節点は木の最上部に置き，枝が下へ伸びて，行き止まりの葉節点は一番下に描きます[1]。

[1] つまりデータ構造としての木構造は，根が一番上で，枝が下に伸び，葉が下にあるという，普通の植物の木とは反対の形をしている。

図 11.1 の例は，来客に飲み物をサービスする際に，来客の飲み物の嗜好によって何を提供するのかを決定するための決定木です。はじめに，最上部の根節点から判断を開始します。根節点には「コーヒーは好きか？」という質問が書いてあります。これに対して，Yes または No で答えます。例えば Yes と答えると，次は「気温が 25 度以上か？」という質問の節点に到達します。ここで Yes と答えると「アイスコーヒー」という節点に至り，No と答えると「ホットコーヒー」という節点に到達します。これらの節点は行き止まりの葉節点ですから，これが結論となります。同様に，根節点の質問に No と答えると，次の節点には「紅茶は好きか？」という質問が書かれています。これに対して Yes と答えると「紅茶」という葉節点に達し，No と答えると「緑茶」節点に到達します。

以上のように，決定木では，入力された事項の**属性**（attribute）を基に，その事項の分類結果や予測結果を出力します。上述の来客に飲み物をサービスする例では，ある一人の来客について，その人の嗜好やその日の気温などの属性があらかじめ分かっています。属性はいくつかの項目の集合として与えられますが，図 11.1 の例では，3 つの質問「コーヒーは好きか？」「気温が 25 度以上か？」「紅茶は好きか？」の，それぞれに対する Yes または No の答えが属性値となります。決定木に対してある来客の属性値を入力すると，その来客にサービスする飲み物の種類が決定されるのです。

◆決定木の作成方法

次に，決定木の作成方法を考えてみましょう。例として，二値分類問題すなわち，与えられた例が 2 つの**クラス**のどちらに属するのかを判別する問題について，決定木の作成手順を考えます。

クラス
同じ種類のものの集まりという意味である。

例題として，あるレストランが気に入るかあるいは気に入らないかを，店の雰囲気から予測して分類することを考えます。決定木に与える属性として，次の 3 つの質問への答え（Yes または No）を利用します。

属性 1　店内は静かか
属性 2　店内が明るいか
属性 3　店の窓が大きいか

これらの属性を使って決定木を作成します。このために，以前に訪れたことが有るので既に気に入るかどうかが分かっている 8 つのレストランについてのデータを利用するものとします。データサイエンスの言葉で言い換えると，教師データ（「気に入る」/「気に入らない」のラベル）の与えられている8つのレストランについての属性値データを学習データセットして，**教師あり学習**を進めます。こうして決定木を作っておけば，利用したことのないレストランについても，店の雰囲気からそこが気に入るかどうかを予め予測することが可能となります[2]。

教師あり学習
⇒10章参照

[2] 実用性については疑問であるが，あくまで決定木作成のための例題として考えて欲しい。

表11.1に，決定木作成に用いる学習データセットを示します。

表11.1　決定木作成のための学習データセット

番号	属性1　静か	属性2　明るい	属性3　窓が大きい	出力値
1	Yes	Yes	Yes	気に入る
2	Yes	Yes	No	気に入る
3	Yes	No	Yes	気に入る
4	Yes	No	No	気に入らない
5	No	Yes	Yes	気に入る
6	No	Yes	No	気に入らない
7	No	No	Yes	気に入る
8	No	No	No	気に入らない

表11.1を見ると，例えば番号2の学習データから「店内が静かで，明るく，窓の大きなレストラン」は「気に入る」ことがわかります。また，番号4の学習データからは，「店内が静かで，明るくなく，窓の大きくないレストラン」は「気に入らない」ことがわかります。

表11.1の学習データセットから決定木を作成します。決定木を作成するには，まず，適当な属性を選んで，属性値に従って学習データセットを分類します。次に，分類されたサブセットについて，別の属性を使って分類を試みます。さらにこれを繰り返すことですべての学習データセットが分類し終えたら学習終了，すなわち決定木が完成します。

ここではまず，属性1を使って学習データセットを分類してみましょう。すると，学習データセットに含まれる8つのデータについて，分類結果は図2のようになります。

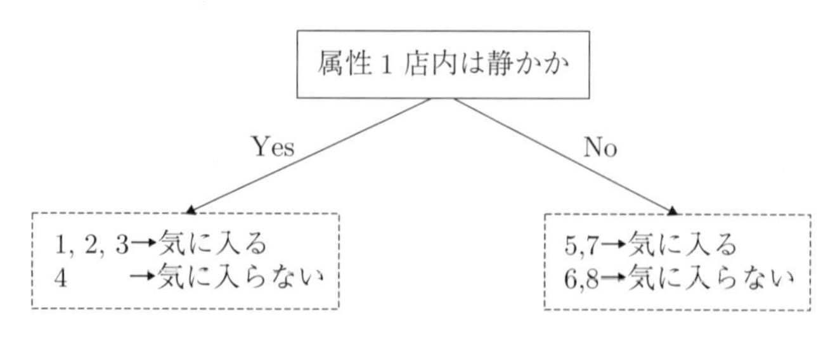

図11.2　学習データセットの分類結果 (1)（属性1）

図11.2では，Yesに対する分類結果は，「気に入る」が3件，「気に入らない」が1件であり，分類が十分ではありません。また，Noに対する分

類結果では,「気に入る」が2件,「気に入らない」が2件と, こちらも分類が完成していません。そこで次に, 別の属性を使ってそれぞれの結果を分類することを考えます。別の属性として, 例えば属性2を利用してみましょう。それぞれの結果について, 属性2を使って分類した結果を図11.3に示します。

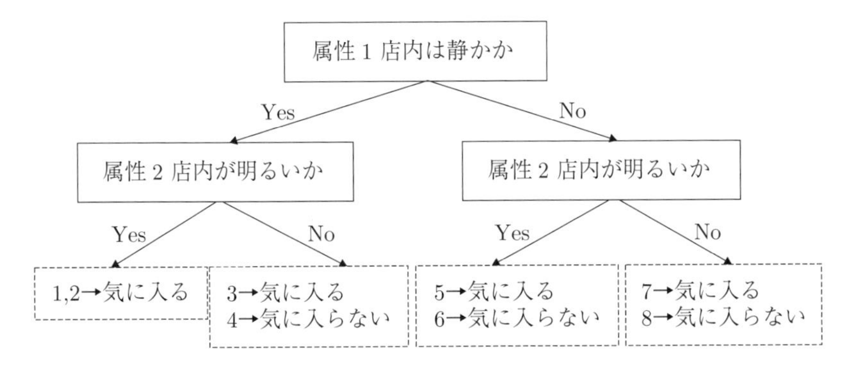

図 11.3 学習データセットの分類結果 (2)（属性1→ 属性2）

図11.3において, 図の左側の節点に対するYesの枝の際には, 教師データが「気に入る」となっている2つの学習データ（1番および2番）が現れます。分類結果が揃いましたから, この枝については分類が終了しました。しかし, それ以外の3本の枝については,「気に入る」と「気に入らない」が混在しており, まだ分類が完了していません。

さらに分類を進めるために, 今度は属性3を利用します。分類が終了している左端の枝を除いて, 他の3つの枝について属性3を利用して分類を進めると, 図11.4のような結果を得ます。これで, 学習データセットのすべてのデータについて, 分類が完了しました。したがって, 図11.4は表1の学習データセットを完全に反映した決定木です。

図11.4の判断木は, 同じ質問が繰り返される冗長な決定木です。決定木の形状は, 属性を利用する順番によって変化します。図11.4の決定木は属性1 → 属性2 → 属性3の順番に属性を利用した結果ですが, この順番を変えてみましょう。図11.5に, 属性3から初めて, 属性2, 属性1の順番に属性を利用して作成した決定木を示します。

図11.4と図11.5を比べると, 決定木を構成する節点の数が6個から3個へと半減しています。これは, 図11.5では最初の節点における分類で, 学習データセット中の半数のデータを一気に分類しているためです。このため決定木の構造がシンプルになり, 決定木の利用の手間がその分小さくなります。また, 構造が単純になっているため, 決定木の意味を読み取ることも容易です[3]。

単純で効率的な決定木を作るには, 分類効率の良い属性を優先して利用するべきです[4]。図11.4と図11.5の差は, 最初の節点における分類の効

[3] 例えば, 図11.5の決定木から, 窓が大きいレストランは, それ以外の属性がどうであっても気に入ることが分かる。

[4] 決定木作成のための代表的なアルゴリズムであるID3は, 情報量の概念を利用して属性を選ぶことで効率的な決定木を作成するアルゴリズムである。

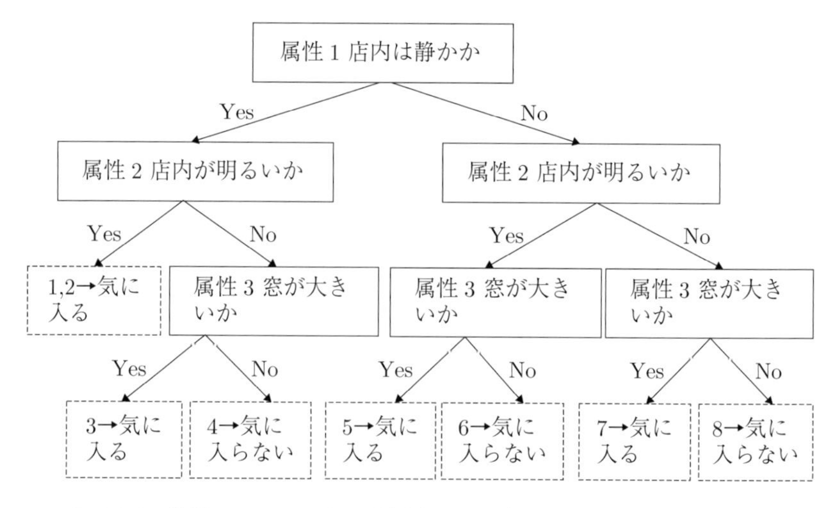

図 11.4 学習データセットの分類結果 (3)（属性 1→ 属性 2→ 属性 3）

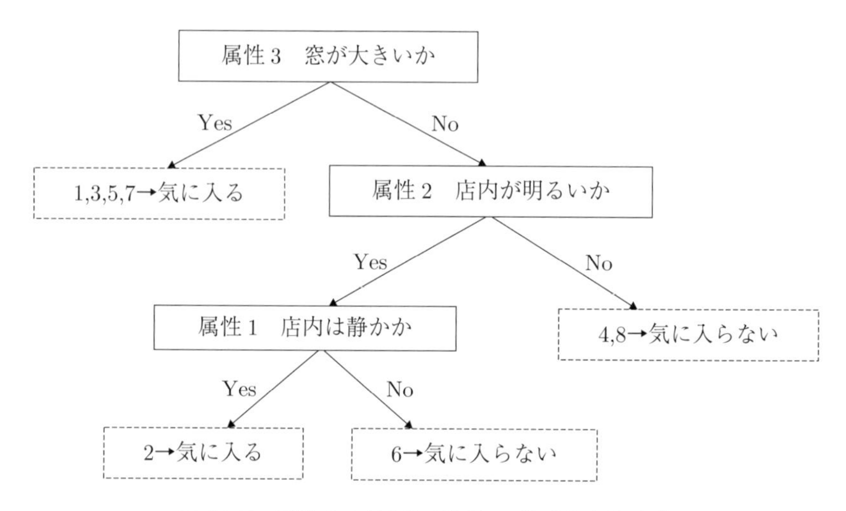

図 11.5 属性 3 を最初に利用して作成した決定木

率の差によるものです。

◆ランダムフォレスト

ランダムフォレストは，複数の決定木を利用した，分類や予測のための機械学習手法です。ランダムフォレストでは，複数の決定木に分類対象データを与えて，それらの出力を多数決などで統合することで結論を出力します。

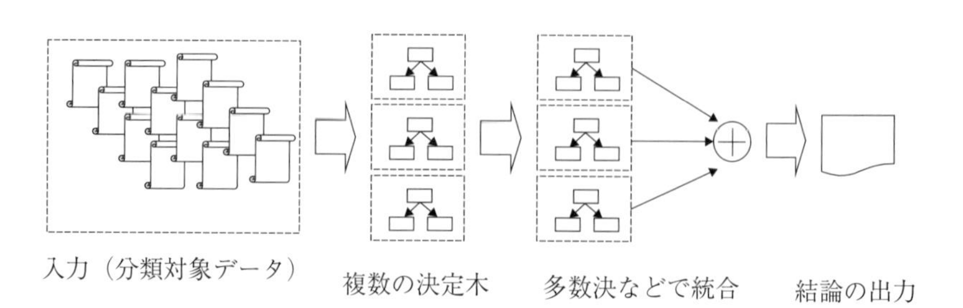

図 11.6 ランダムフォレスト

ランダムフォレストは複数の決定木の集合ですから，それぞれの決定木は先に述べたような方法で作成します。このとき，作成の根拠となる学習データセットを複数に分割し，それぞれの学習データセットからそれぞれ決定木を作成します。ある決定木の作成に際しては，すべての属性を使うのではなく，一部の属性に基づいて作成します。こうしてランダムフォレストを構成するそれぞれの決定木を少しずつ異なる性質のものとすることで[5)]，多様な決定木の集合を作ります。これらの多数決をとることで，全体を一つの決定木とするよりも精度の良い分類を行います。

5) このような考え方による機械学習の方法を，アンサンブル学習と呼ぶ。

11.2 特徴量を使った分類：k 近傍法

◆ k 近傍法の原理

k 近傍法は，ある未知のものを分類するのに，学習データセットとしてあらかじめ与えられた分類例の中から似ているものを探し出して，探し出した類似の分類例と同じ種類のものであると判断する手法です。

k 近傍法

未知のものが与えられた際に，既知の似たようなものを k 個探し出して，それらの性質から未知のものを分類するという意味の名称である。

簡単な例で k 近傍法の原理を説明します。今，ある学習データセットが与えられ，その中には2つの属性値と分類結果（教師データ）の与えられた学習データが含まれているとします。表 11.2 に，その例を示します。

表 11.2　2つの属性値と分類結果からなる学習データセット

番号	属性 1	属性 2	分類結果
1	2.5	3	0
2	3	2	0
3	3	4	0
4	4.5	3	1
5	4	3	0
6	4.5	2.5	1
7	5	4	1
8	5.5	3	1

表 11.2 の学習データセットから，k 近傍法を用いて未知のデータを分類します。このために準備として，表 11.2 のデータをグラフ化します。図 11.7 に属性 1 と属性 2 をそれぞれ軸として学習データをプロットした結果を示します。図で◆で示した点が分類結果 0 であり，■で示した点が分類結果 1 に対応します。

図 11.7 には，学習データセット以外に，2つの未知のデータがプロットされています。ひとつは●で示されており，属性 1 と属性 2 の値の組が $(3,3)$ です。同様に，▲で示された未知データは，属性の値の組が $(4.2,3)$ です。

未知データの分類結果を予測するためには，未知データの近傍にある学

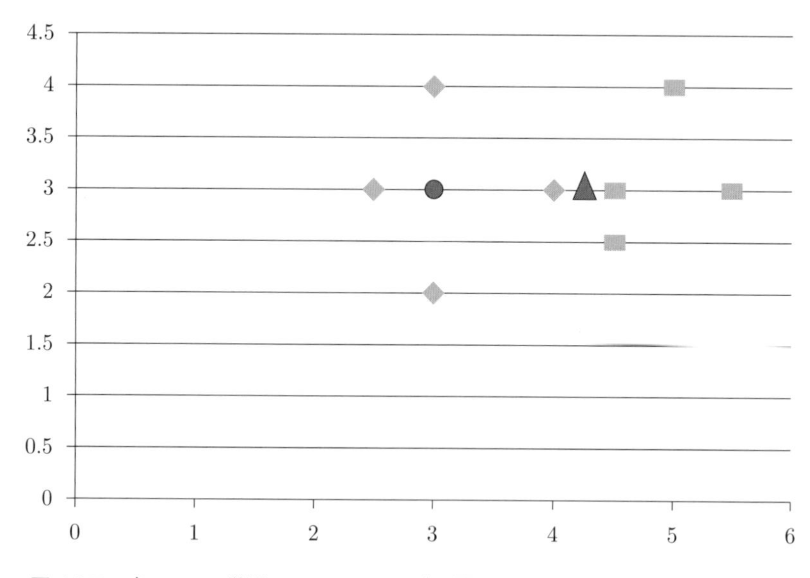

図 11.7 表 11.2 の学習データセット (◆, ■) と，2 つの未知データ (●, ▲)

習データを調べます。k 近傍法では，距離の近いものから k 個の学習データを調べます。ここでは，$k = 1$，つまり最も近くにあるデータから分類結果を予測してみます。すると，●で示された未知データ $(3, 3)$ については，番号 1 の $(2.5, 3)$ に位置する学習データが最も近くにあるので，●は番号 1 と同じ分類 0 と予測されます。同様に，▲で示された未知データ $(4.2, 3)$ については，番号 5 の $(4.5, 3)$ に位置する学習データが最も近くにあるので，●は番号 5 と同じ分類 0 と予測されます。

$k = 1$ とする予測では，データのちょっとした揺らぎによる影響を受けやすいという欠点があります。例えば未知データ $(4.2, 3)$ は，0.1 だけ右にずれると，予測結果が 0 から 1 に変化してしまいます。そこで今度は $k = 3$，つまり，距離の近いものの上位三つの結果から予測を再実行してみます。この場合でも未知データ●は 0 に分類されますが，今度は未知データ▲が 1 に分類されます[6)]。この結果は，学習データセットや未知データの多少の揺らぎには大きな影響は受けません。

6) 近傍の学習データは，分類 0 が 1 つ，分類 1 が 2 つとなる

◆ k 近傍法の適用

次に，もう少し具体的な例で k 近傍法の適用方法を説明します。図 11.8 に，2 つの属性からなる二値分類問題の例として，スマートフォンとタブレット端末の分類問題，つまり，示された端末装置がスマートフォンであるかタブレット端末であるかを区別する問題を示します。一般にスマートフォンはタブレット端末と比較すると小型ですから，小さいものはスマートフォンで大きいものはタブレット端末と分類すれば，普通は正解です。しかし小さいタブレット端末や大きいスマートフォンも存在するので，一概にはそうとも言い切れません。

ここでは，スマートフォンかタブレット端末かの分類が未知の装置につ

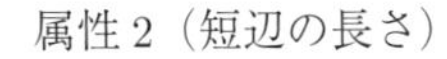

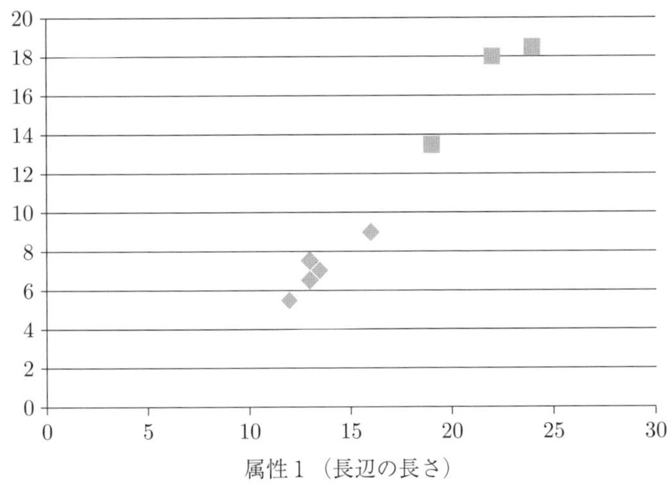

図 11.8　端末分類問題の学習データセット

いて，装置の縦横の長さを属性値として，その装置がどちらに分類されるのかを予測します。図 11.7 に，k 近傍法による分類のための学習データセットを示します。図では，縦横の長さをそれぞれ縦軸と横軸に割り当てて，スマートフォンとタブレット端末を座標平面上にプロットしてあります。図では，◆の記号でスマートフォンを表し，■の記号でタブレット端末を表しています。

今，未知の装置●の属性値が与えられ，図 11.8 のグラフ上にプロットすると図 11.9 のようになったとします。この装置は，スマートフォンとタブレット端末のどちらに分類されるでしょうか。k 近傍法では，学習データセットの中で分類対象データに近いデータを k 個探します。例えば $k=3$ とすると，図 11.9 の場合では，近くの学習データはいずれもスマートフォン（記号◆）です。そこで与えられた装置はスマートフォンに分類されるとします。

同様に，図 11.10 の場合では，未知の装置▲の近傍には，スマートフォンが 1 例とタブレット端末が 2 例存在します。そこで，多数決により，与えられた装置はタブレット端末であると判断します。

11.3　空間を2つに分ける：サポートベクターマシン

◆属性値に基づく二値分類問題

k 近傍法では，属性値に対応した座標位置にデータを配置しました。この時，先に示した例のように属性値が 2 つであれば座標軸が 2 つなので，配置先は 2 次元平面となります。もし属性値が 3 つであれば，配置先は座標軸を 3 つ持った 3 次元空間になります[7]。このような空間に配置されたデータ全体を，二つのクラスに分類する二値分類問題を考えます。

[7] 一般に，属性の個数が n ならば n 次元空間に配置することになる。

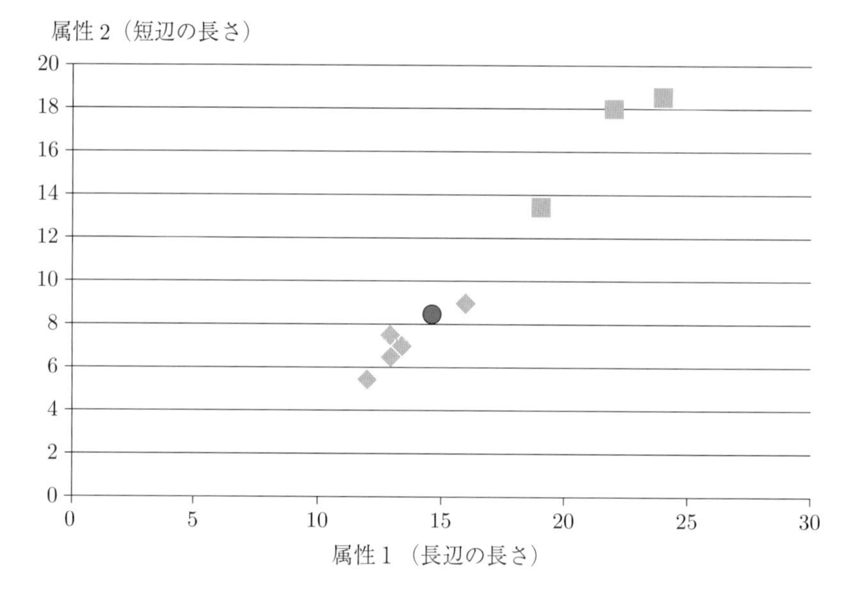

図 11.9　k 近傍法による分類予測 (1)

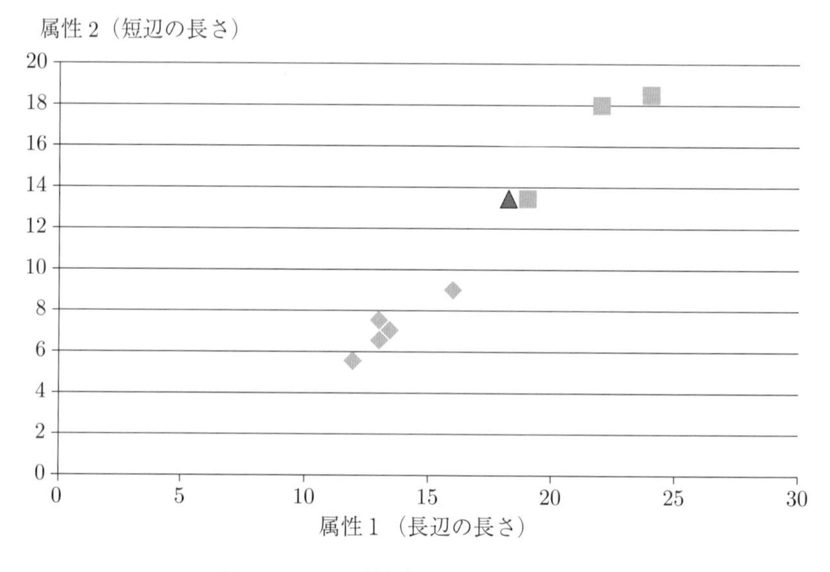

図 11.10　k 近傍法による分類予測 (2)

今，データを配置する空間が 2 次元の平面となる場合を考えます。二値分類の対象となるデータを 2 次元の平面に配置した結果，図 11.11 のようになったとします。図 11.11 では，2 つのクラスに属するデータ群が，ある直線を境にはっきりと分かれて配置されています。このようなデータ群は，**線形分離可能**であるといいます。二値分類問題を扱う際に，このような境界線を設定しておけば，未知のデータが与えられた場合にどちらに分類すべきかを容易に決めることができます。

◆サポートベクターマシン

サポートベクターマシン（**SVM**）は，データ群を 2 つに分ける境界の

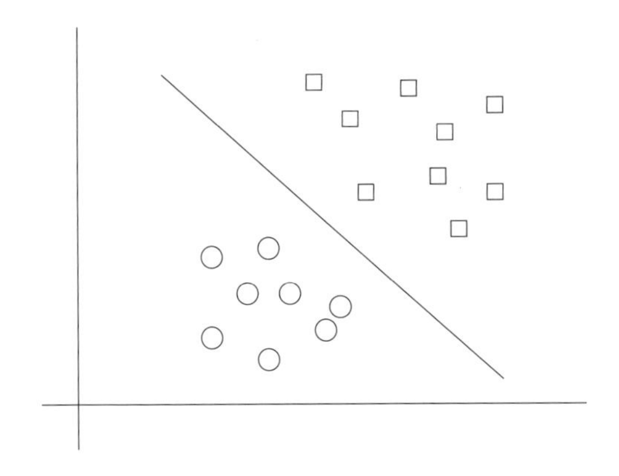

図 11.11 線形分離可能なデータ群

うち，最も分離の性能が良い境界を求めるための手法です。図 11.12 の例で，サポートベクターマシンの挙動を説明します。

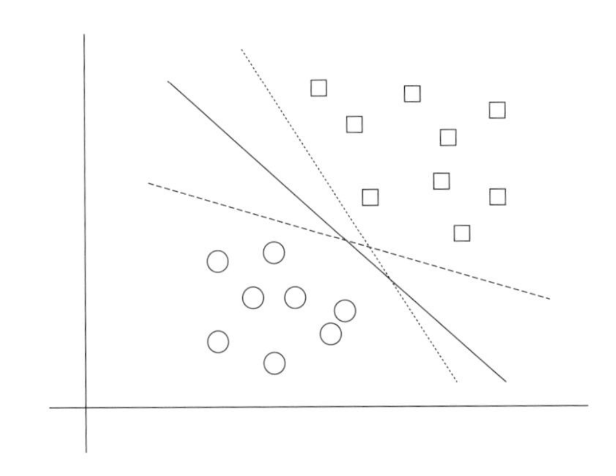

図 11.12 2 群のデータを分ける境界線の例

線形分離可能な 2 群のデータを分ける境界線は，さまざまなものが考えられます。図 11.12 では，そのうちのいくつかを点線で示しました。これらのうち，分類性能が最も良いものを選ぶには，2 群のデータのちょうど中間を通るような境界線を選ぶ必要があります。中間を通るということは，両者からの距離（マージン）の最も大きな部分を通るということを意味します。サポートベクターマシンは，このような考え方で，二値分類問題に対する最も効率的な境界線を設定します。

図では，データが 2 次元平面上に配置されていて，直線によって分類する例を示しました。データが配置されるのが平面ではなく 3 次元の空間である場合には，直線の代わりに平面で両者を分離します。さらに，一般に n **次元空間**での分離については，$n-1$ 次元の図形を用います。

n 次元空間

n 次元の空間を超空間と呼ぶ。同時に，$n-1$ 次元の図形を超平面と呼ぶ

◆非線形分類問題

線形分離可能なデータ群に対しては，マージンが最大となる超平面を求めることで効率的な分類が可能です。では，線形分離ができない問題につ

いてはどうすべきでしょうか。

線形分離が不可能な問題であっても，適当な変換を施すことで分離が可能になる場合があります。例えば図11.13のようなデータ群の場合，直線で両者を分離することはできません。しかし，曲線（円）を使えば両者は分離可能です。このような場合には，2次元のデータ群を適切な関数によって3次元に写像することで分離が可能となります[8)]。サポートベクターマシンでは，こうした変換を伴う場合について，計算量を削減しつつ効率的に分類を行える手法を提供しています。

8) 図11.13の例では，3次元空間に写像することによって，2次元平面によって分離可能である。

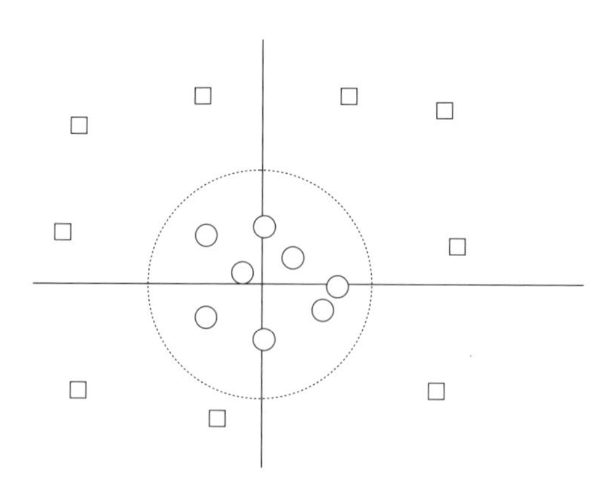

図11.13　線形分離不可能なデータ群

この章のまとめ

- 決定木は，データの分類や予測に利用されるデータ構造である
- ランダムフォレストは，複数の決定木を利用した，分類や予測のための機械学習手法である
- k近傍法は，あらかじめ与えられた分類例と比較して似ているものを探し出して，探し出した類似の分類例と同じ種類のものであると判断する手法である
- サポートベクターマシンは，超空間内に配置されたデータ群を最も効率的に分離する超平面を求める手法である。

章末問題

11.1 表11.1の学習データセットから決定木を作成する際に，最初に属性2「店内が明るいか」を用いた場合の決定木を示してください。

11.2 k近傍法を用いて，表11.2の学習データを利用して以下の未知データを分類してください。ただし，$k=1$と$k=3$の場合の結果をそれぞれ示してください。

未知データ　$A\,(4, 2.5)$　　未知データ　$B\,(3.9, 3)$

11.3 本文では，k 近傍法の適用例として属性値が 2 個の場合を説明しました。これを拡張して，属性値が 3 個以上とする場合の処理方法を考えてください。

11.4 ランダムフォレストや k 近傍法，あるいはサポートベクターマシンを用いた分類問題について，具体的な応用例を調査してください。

第12章 ニューラルネットワークモデル

ニューラルネットワークモデルは，現在注目を浴びている深層学習の基礎となっています。そこで，この章では，ニューラルネットワークモデルの構成要素である形式ニューロンモデル，それをネットワーク化し世界初の学習する機械として注目を集めたパーセプトロン，深層学習手法の基礎をなす学習方法である誤差逆伝播法を説明します。最後に，上記の手法とは少し異なるリカレントニューラルネットワークモデルについて説明します。

第12章の項目

12.1　形式ニューロンモデル

◆神経膜電位の非線形応答

脳は膨大な数のニューロン（神経細胞）[1] が結合した情報処理システム[2] とみなすことができます。そこで行なわれている情報処理機能を明らかにするためには，その構成要素であるニューロンで行なわれている情報処理機能を明らかにする必要があります。そのため，1940 年代頃より，電極を用いたニューロンの神経膜電位変化が盛んに研究されてきました。

神経膜電位の非線形応答の様子を表した模式図を図 12.1 に与えます。神経膜電位は，通常は $-70\,\mathrm{mV}$ 程度の静止膜電位という状態にあります。しかし，他のニューロンからの電気刺激を受けると膜電位が上昇します。このとき，閾値を超えなければ神経膜電位は静止膜電位へ戻りますが，閾値を超えると膜電位が急激に上昇し，活動電位とよばれる一定振幅の電気パルスを生成します．この活動電位のパルス幅は，約 $1\,\mathrm{ms}$ といわれています。その後，神経膜電位は静止膜電位より低い値となり，徐々に静止膜電位へ戻っていきます。このように，ある閾値を超えるか超えないかで神経膜電位応答が異なるため，ニューロンは非線形応答する素子であるといわれています。

[1] ヒトの大脳皮質のニューロン数は 100 億から 180 億といわれている。

[2] 情報の処理や伝達を行なうシステムで，コンピュータシステムもその一例。ここでは，何らかの情報処理を行なう機械のこと。

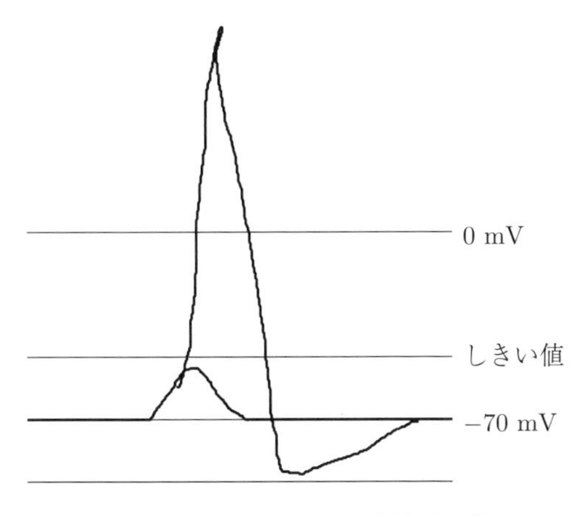

図 12.1 神経膜電位の非線形応答

◆ McCulloch と Pitts の形式ニューロン

ニューロンの非線形応答特性に着目し，情報処理素子としてニューロンをモデル化したのが McCulloh と Pitts（1943）です。そのため，一般に McCulloch と Pitts の形式ニューロンと呼ばれています。形式ニューロンを説明するために，まずは神経細胞の形態学的特性を図 12.2 に与えます。形態学的特性にもとづいて神経細胞を分類すると，おおまかには，樹状突起，細胞体軸索，シナプスと分類することができます。このような分類にもとづいて情報処理素子としてモデル化した機能モデルが図 12.3 です。

この機能モデルでは，樹状突起は，他のニューロンとのシナプス結合を

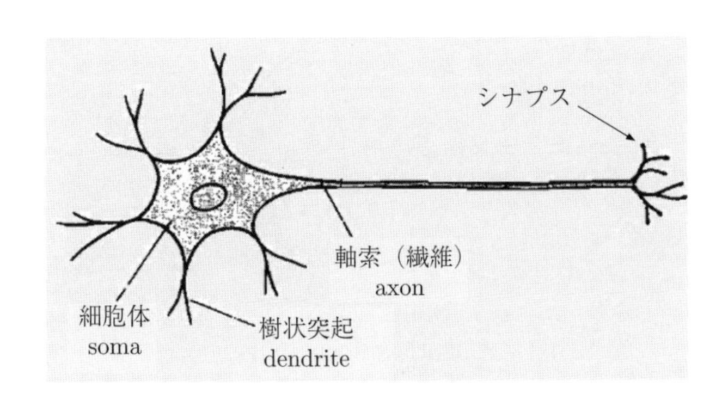

図 12.2 ニューロンの形態学的特性

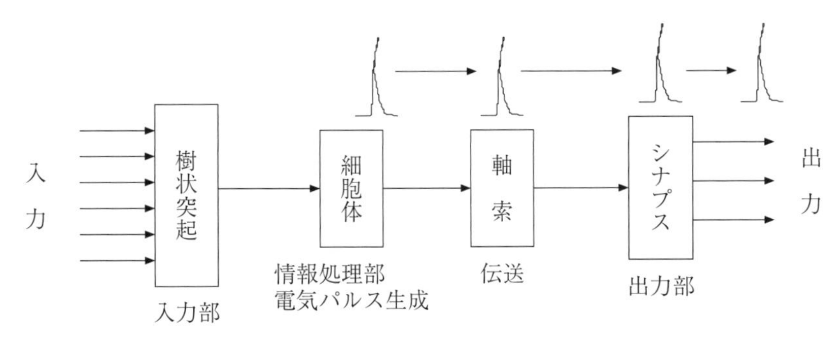

図 12.3 ニューロンの機能モデル

介して，他のニューロンからの入力を受ける入力部と考えられます。細胞体は，非線形応答特性という情報処理を行なう情報処理実行部と考えられます。軸索は，細胞体で処理された結果を伝送する情報電送部です。最後に，シナプスは，細胞体で処理された情報処理結果を出力する出力部です。

次に，細胞体で行なわれている情報処理について考えてみます。細胞体での神経膜電位の非線形応答は，他のニューロンからの電気刺激の総和が閾電位を超えると電気パルスを生成し，超えないと何もしないという，**閾値処理**とみなすことができます。

閾値処理

閾値処理は「全か無かの法則」とも呼ばれ，生物の細胞や器官に見られる刺激の強さと反応の大きさとの間の関係を表す。

以上のような考えにもとづいてモデル化された機能モデルが McCulloch と Pitts の形式ニューロンです。樹上突起の入力部では，他のニューロンからシナプス結合を介した重み付き入力 $w_k x_x$ を受け取ります。ここで，w_k がシナプス結合荷重，x_k が入力を表しています。そして情報処理部である細胞体では，その総和 $\sum$ が細胞体で計算され，更に以下のような閾値処理が行なわれます。

$\sum$

総和を表わす数学記号。

$$\begin{array}{lcccl} \text{重み付き入力の総和} & \geq & \text{閾値} & \Longrightarrow & \text{出力 1 （電気パルスを生成）} \\ \text{重み付き入力の総和} & < & \text{閾値} & \Longrightarrow & \text{出力 0 （何もしない）} \end{array} \tag{12.1}$$

その結果を軸索を通して他のニューロンへ伝達するモデルとなっています。つまり，図 12.4 に示すようにモデル化したのです。

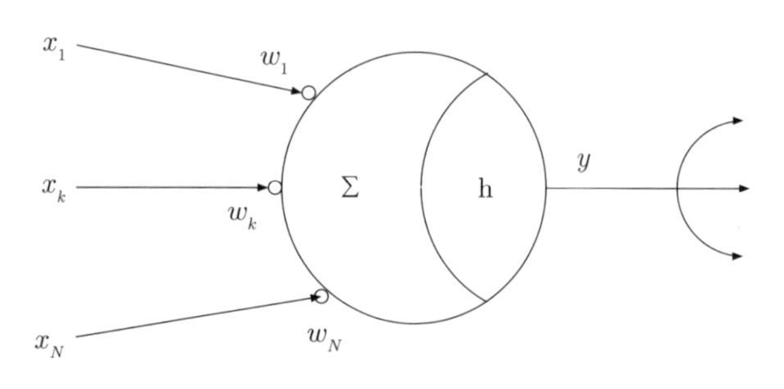

図 12.4　McCulloch と Pitts の形式ニューロン

◆形式ニューロンでできること

論理回路

論理演算を行なう回路で，AND 回路，OR 回路，NOT 回路，XOR 回路などがあります。

形式ニューロンを用いて，**論理回路**の 1 つである AND 回路が実現できます。AND 回路の真理値表を，表 12.1 に与えます。表 12.1 を見て分かるように，AND 回路を実現する形式ニューロンの入力は，x_1 と x_2 の 2 入力となります。AND 回路を実現する形式ニューロンの構成例が，図 12.5 です。そこでは，入力 x_1 および入力 x_2 のシナプス結合荷重は $w_1 = 1$, $w_2 = 1$，閾値 $h = 1.5$ として実現しています。つまりこれは，図 12.6 に示しているように，

表 12.1 AND 回路の真理値表

		x_2	
		0	1
x_1	0	0	0
	1	0	1

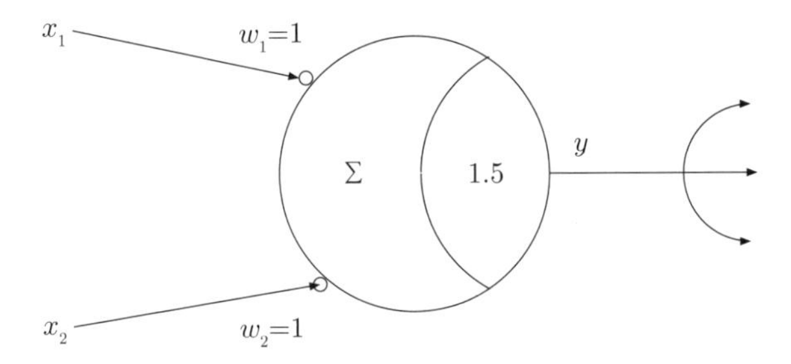

図 12.5 AND 回路を実現する形式ニューロンの構成

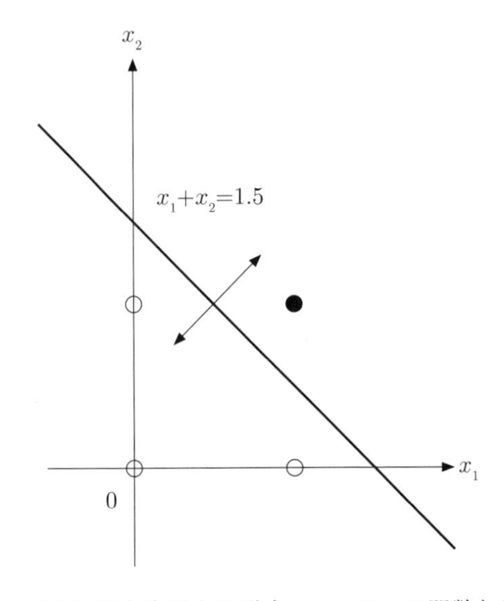

図 12.6 AND 回路を実現する形式ニューロンの関数としての意味

$$x_1 + x_2 - 1.5 = 0 \implies x_1 + x_2 = 1.5 \tag{12.2}$$

が**識別直線**となっていて，$x_1 + x_2 \geq 1.5$ であれば出力 $y = 1$（図 12.6 での黒塗りの円「●」），$x_1 + x_2 < 1.5$ であれば出力 $y = 0$（図 12.6 での白抜きの円「○」）となっています．これはいいかえると，AND 回路を実現する形式ニューロンは，2 つの入力 x_1 と x_2 の値によって出力を 0 または 1 のように 2 種類に分類する機械と見なすこともできます。このように，1 本の識別直線で 2 分可能な問題を線形分離可能問題といいます[3)]。

識別直線
2 つのカテゴリに分割する直線のこと。

3) 11.2 節で詳しく説明している。

12.2 Rosenblatt のパーセプトロン

◆パーセプトロンの構造

Rosenblatt のパーセプトロンは，図 12.7 に示してあるように，入力層，隠れ層，出力層からなる，3 層構造の順方向性ニューラルネットワークモデルの 1 種です。各層は，McCulloch と Pitts の形式ニューロンによって構成されています。そして，入力層と隠れ層の各素子，および隠れ層と出力層の各素子は**シナプス結合**によって**全結合**しています。図 12.7 に示しているように，情報は入力層から入力され，隠れ層へ送られ，その後出力層へ送られ何らかの処理結果が出力されます。このように，情報が「入力層 → 隠れ層 → 出力層」というように一方向へのみ流れるモデルのことを，順方向性ニューラルネットワークモデルと呼びます。

隠れ層

機械として考えた場合，入力層と出力層は利用者に直接見えるが，隠れ層は利用者に直接関係なく機械の中に隠れているため隠れ層と呼ぶ。しかし，隠れ層は，入力データの特徴を抽出し，分類するため非常に重要な役割を担っている。

シナプス結合

ニューロンは，シナプス結合を介して他のニューロンの入力を受け取る。

全結合

隠れ層の各素子は入力層の全ての素子の入力を受け取り，出力層の素子は隠れ層の全ての素子の入力を受け取る。図 12.7 では，$\{w_{ik}\}$，$\{v_i\}$ のこと。

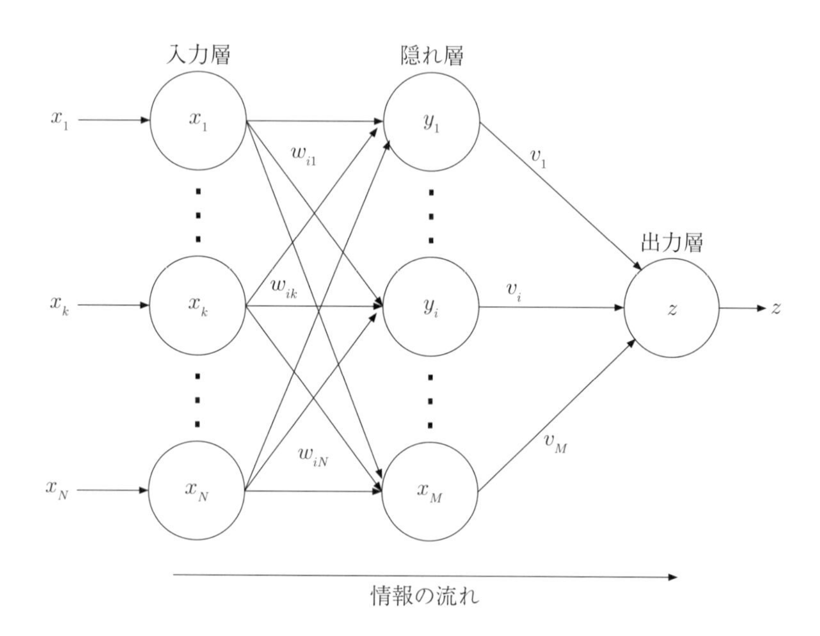

図 12.7 パーセプトロンの構造

◆パーセプトロンの学習

パーセプトロンは，1961 年に提案され，世界初の学習する機械として有名になりました。パーセプロトンの学習では，学習データセット[4] を用いて，入力層と隠れ層および隠れ層と出力層間のシナプス結合荷重 $\{w_{ik}\}$ および $\{v_i\}$ を適切な値にします。つまり，10.3 節で説明した教師あり学習となっています。しかし不幸なことに，1960 年代には入力層と隠れ層および隠れ層と出力層間の両方のシナプス結合荷重を適切に決定する手法は存在していませんでした。1980 年代まで待つ必要があります。そこで，Rosenblatt は，両方のシナプス結合荷重を決めることをあきらめ，入力層と隠れ層の間のシナプス結合荷重 $\{w_{ik}\}$ はランダムに決定し，隠れ層と出

4) 10.2 節「機械学習とは」で説明している。

力層間のシナプス結合荷重 $\{v_i\}$ を学習データセットから決定する手法を取りました。

◆パーセプトロンでできること

それでは，パーセプトロンが実現する機械の動作について考えてみます。パーセプトロンは，入力 $\boldsymbol{x} = (x_1, x_2, \cdots, x_N)$ の値に応じて，出力 z の値が 0 か 1 となります。つまり，出力が 0 となる入力（$\boldsymbol{x}^{(0)}$ と記す）と，出力が 1 となる入力（$\boldsymbol{x}^{(1)}$ と記す）に，入力を 2 分することができます。当然，出力が 0 となる入力 $\boldsymbol{x}^{(0)}$ は複数個存在するはずなので，それは集合（$X^{(0)}$ と記す）[5] となります。出力が 1 となる入力についても同様で，集合（$X^{(1)}$ と記す）[6] となります。つまり，パーセプトロンは，入力の値に応じて出力が 0 もしくは 1 になるように，入力集合を $X^{(0)}$ と $X^{(1)}$ に 2 分する機械といえます。このように，パーセプトロンは，入力を 2 分する分類問題へ応用することができます。

5) 12.1 節で説明した AND 回路の例では，$X^{(0)} = \{(0,0), (1,0), (0,1)\}$ となる。

6) 12.1 節で説明した AND 回路の例では，$X^{(1)} = \{(1,1)\}$ となる。

◆パーセプトロンの限界

1969 年 Minsky と Papert は Perceptrons という教科書で，パーセプトロンの限界を指摘しました。隠れ層と出力層間のシナプス結合荷重を学習データセットから決定する手法では，隠れ層のない 2 層構造のネットワークとすることと同等です。つまり，パーセプトロンの限界は，2 層構造のネットワークの限界となります。そこで，簡単のため入力層を 2 素子，出力層を 1 素子の図 12.8 のような 2 層順方向性ニューラルネットワークを考えてみます。出力 z が 0 となる入力 $\boldsymbol{x}^{(0)} = (x_1^{(0)}, x_2^{(0)})$ に対しては，

$$w_1 x_1^{(0)} + w_2 x_2^{(0)} < h \tag{12.3}$$

なる関係を満たすとよいことになります。同様に，出力が 1 となる入力 $\boldsymbol{x}^{(1)} = (x_1^{(1)}, x_2^{(1)})$ に対しては，以下の関係を満たせばよいことになります。

$$w_1 x_1^{(1)} + w_2 x_2^{(1)} \geq h \tag{12.4}$$

つまり，図 12.9 に示すように，直線 $w_1 x_1 + w_2 x_2 = h$ で入力の $x_1 x_2$ 空

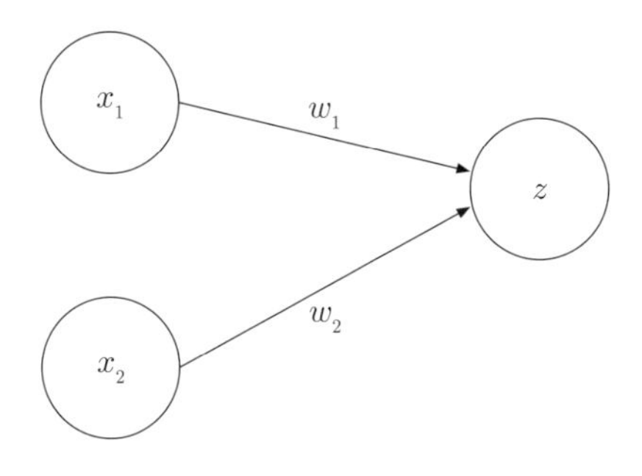

図 12.8　2 層順方向性ニューラルネットワーク

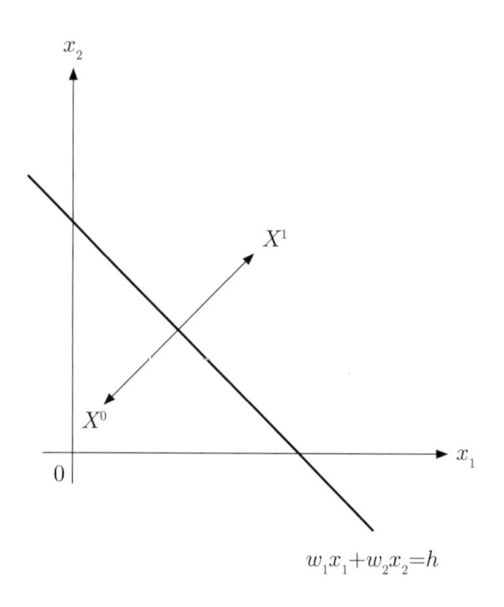

図 12.9 線形分離

表 12.2 XOR 回路の論理値表

		x_2	
		0	1
x_1	0	0	1
	1	1	0

間を線形に 2 分することを意味します。このように，直線や平面で分離可能な問題を線形分離可能な問題と呼ばれます。12.1 節で見たように，論理回路の AND や OR は線形分離可能な問題であるため，パーセプロトンで実現することが可能となります。

では，排他的論理和である XOR を考えてみましょう。XOR の論理値表を表 12.2 に与えます。論理値表で結果が 0 となるものを白抜きの円「○」，1 となるものを黒塗りの円「●」とし，2 次元 x_1x_2 空間で XOR を表わしたのが図 12.10 です。見て分かるように，「○」と「●」は一本の直線で分離することはできません。つまり，XOR は線形分離不可能な問題[7] であり，パーセプトロンで実現することはできません。これがパーセプトロンの限界です．

[7] 11.2 節で詳しく説明している。

1960 年代パーセプトロンは世界初の学習する機械として注目を集めました。しかし，Minsky と Papert の指摘により世界中の研究者の熱が冷めてしまいました。人間の脳の持つ高度な能力の一例が，数学などの論理的思考です。論理回路を学習する機械が実現できるのであれば，パーセプトロンを用いて人間のような論理的思考が可能な機械が実現できるかもしれないのです。しかし，パーセプトンは XOR という非常に簡単な論理回路を実現できないのですから，人間のような論理的思考はパーセプトンを用いても実現できないと分かったからです．今から思えば，人間のような膨

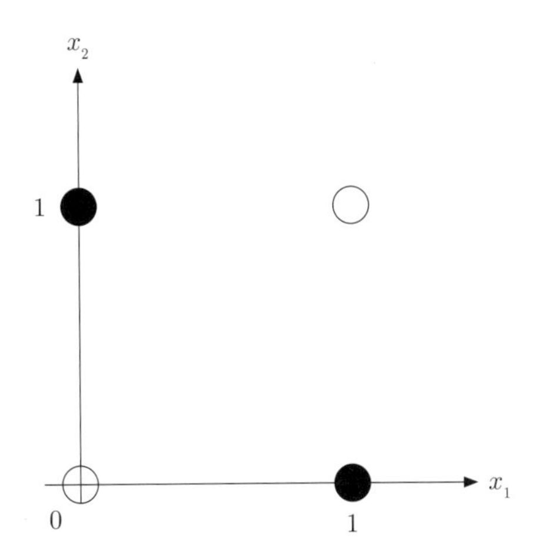

図 12.10 2 次元 $x_1 x_2$ 空間での XOR

大な経験から得た知識にもとづいた論理的思考が可能な機械を実現したいという目標が余りにも高すぎたようにも思えます。XOR のような論理回路を実現するためには 3 層以上の層構造[8] を持つような順方向性ニューラルネットワークを実現する必要があるのですが，それは 1980 年代まで待つ必要があります。

8) 章末問題にある。

12.3 誤差逆伝播法

◆誤差逆伝播法の歴史

12.2 節で説明したように，3 層以上の層構造を持つ順方向性ニューラルネットワークモデルを実現する最適なシナプス結合荷重を解析的見い出す手法は，現在でもありません。しかし，1986 年の Rumelhart, Hinton および Williams らが発表した "Learning representations by back-propagating errors" に記載されている誤差逆伝播法により，数値的に適切[9] なシナプス結合荷重を見つけることが可能となり，3 層以上の層構造を持つような順方向性ニューラルネットワークの研究が再び注目を集めました。実際には，同様の手法は 1967 年に日本の研究者である甘利俊一によって提案されていました。

9) **適切**
ここで言う「適切」とは，厳密に最適ではないがまあ許せる誤差の範囲でという意味。

◆順方向性ニューラルネットワークモデル

$L+1$ 層からなる順方向性ニューラルネットワークモデルの概略図を図 12.11 に与えます。入力層の各素子は，受け取った入力 $\boldsymbol{x}$ にシナプス結合荷重 $\boldsymbol{w}^{(1)-(0)}$ を付加した重み付き入力 $\boldsymbol{w}^{(1)-(0)}\boldsymbol{x}$ を次の第 1 層目の隠れ層の各素子へ入力として送ります。第 ℓ 層目の隠れ層の各素子は，第 $\ell-1$ 隠れ層の各素子出力 $\boldsymbol{y}^{(\ell-1)}$ にシナプス結合荷重 $\boldsymbol{w}^{(\ell)-(\ell-1)}$ を付加した重み付き入力 $\boldsymbol{w}^{(\ell)-(\ell-1)}\boldsymbol{y}^{(\ell-1)}$ を受け取ります。最後に，第 L 番目の層である最終層の各素子は，第 $L-1$ 隠れ層の出力 $\boldsymbol{y}^{(L-1)}$ にシナプス結合荷重

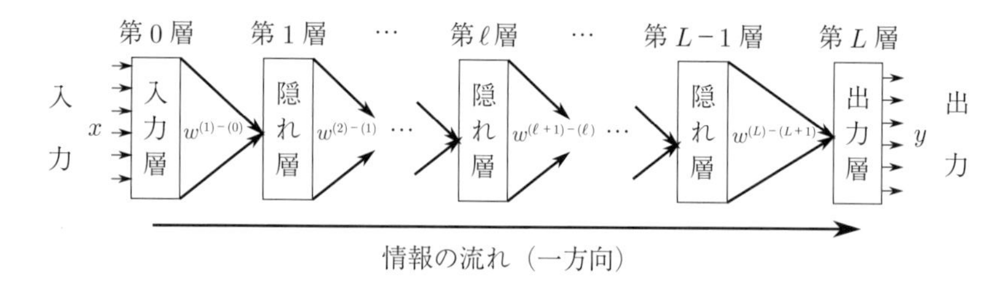

図 12.11 順方向性ニューラルネットワークモデル

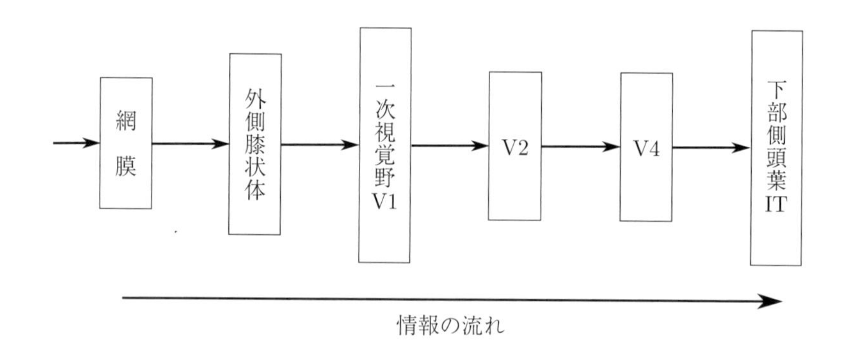

図 12.12 視覚情報の流れ

$\boldsymbol{w}^{(L)-(L-1)}$ を付加した重み付き入力 $\boldsymbol{w}^{(L)-(L-1)}\boldsymbol{y}^{(L-1)}$ を受け取り，最終的な出力 $\boldsymbol{y}$ を出力します。つまり，入力情報は，入力層から隠れ層，そして出力層へと順番に送られて処理されるため，順方向性ニューラルネットワークモデルと呼ばれます。

隠れ層を多段にして繰り返して処理することで，入力の様々な特徴を抽出し，それらを統合した出力を生成します。つまり，隠れ層の層数が増えると，それだけ複雑な処理が原理的には可能となります。しかしながら，**最適化問題**の立場から考えると，**隠れ層の数**を増すとパラメータの探索空間が広くなるため，それだけ最適な解を見い出すことが困難になります．そのため，解決したい問題にあわせて，隠れ層の数は適切に与える必要があります。

図 12.12 は，静止した複雑なパターンの視覚情報の脳内での流れを表わしています。目から入力された視覚情報は，網膜で電子信号へ変換され，外側膝状体を経由して**一次視覚野** (V1) へ送られます。V1 では方向線分などの特徴が抽出され，V2 へ送られます。V2 では V1 で，V4 では V2 で抽出された特徴を組み合わせたより複雑な特徴が抽出されます。そして，IT では静止した複雑なパターンに反応するようになります。つまり，網膜は順方向性ニューラルネットワークモデルの入力層，IT は出力層，そして V1, V2 および V4 は隠れ層に対応しています。また，入力情報も，網膜 → 外側膝状体 → V1 → V2 → V4 → IT と順方向となっています。このように，脳内の情報の流れは，視覚情報のような順方向性である部位が多々あるため，順方向性ニューラルネットワークモデルが脳の情報処理モデルと呼ばれるのです。

最適化問題

何らかの条件の下で目的を最大もしくは最小にするような問題を最適化問題という。これらは，数理計画問題，もしくは数理計画とも呼ばれる。最適化問題は，自然科学，工学，社会科学など我々の身の回りによく見られる。例えば，できるだけ効率的に GPA が高くなる講義の受講方法を見つけるという問題が考えられる。これが，教育的に良いかということは別問題なのだが。

隠れ層数

隠れ層の数やその中の素子数はハイパーパラメータと呼ばれ，順方向性ニューラルネットワークモデルの性能を決める上で非常に重要なもの。その決め方には決定的な手法はないが，試行錯誤的に決定する手法として，10.2 節で説明されている K 分割交叉検証手法がある。しかし，ここ数年の研究から，その数を膨大にすることで解決できるという研究成果が出てきた。

一次視覚野

大脳新皮質で視覚情報を扱う最初の部位。

◆損失関数

誤差逆伝播法では，損失関数を用います。損失関数は，順方向性ニューラルネットワークモデルの出力 $\boldsymbol{y}$ の値がどれだけ正しい値であるかの評価量を与えます。最適化問題では，このような関数のことを目的関数と呼んだり，場合によっては誤差関数，もしくはエネルギー関数と呼ぶこともあります。

損失関数は，問題の種類によって使い分けます。**回帰問題**では平均 2 乗誤差，カテゴリ分類問題[10)]では**交差エントロピ**が一般に用いられます。ここでは，回帰問題の損失関数である平均 2 乗誤差を説明します。m 個の学習データセット $(\boldsymbol{x}^{(1)},\ \hat{\boldsymbol{y}}^{(1)}), \cdots, (\boldsymbol{x}^{(m)},\ \hat{\boldsymbol{y}}^{(m)})$ とそれらに対する順方向性ニューラルネットワークモデルの出力 $\boldsymbol{y}^{(1)}, \cdots, \boldsymbol{y}^{(m)}$ を用いると，平均 2 乗誤差は以下のように与えられます。

$$E = \frac{1}{2}\sum_{k=1}^{m}\left|\boldsymbol{y}^{(k)} - \hat{\boldsymbol{y}}^{(k)}\right|^2 \tag{12.5}$$

式 (12.5) からすぐ分かると思いますが，2 乗誤差は k 番目の学習データセットの $\boldsymbol{x}^{(k)}$ に対する教師出力 $\hat{\boldsymbol{y}}^{(k)}$ とネットワークの出力 $\boldsymbol{y}^{(k)}$ がどれだけ正しい値となっているかの評価量となっています。

回帰問題

$y = f(x)$ というような関数関係を実現する問題のこと。

10) 10.2 節参照。

交差エントロピ

交差エントロピはクロスエントロピとも呼ばれ，情報理論に関連する用語。詳細は省くが，真の確率分布と推定した確率分布間の距離に関連する量。

◆誤差逆伝播法

順方向性ニューラルネットワークモデルのパラメータであるシナプス結合荷重の値を適切に与える強力な手法が，誤差逆伝播法です。誤差逆伝播法では，シナプス結合荷重 $\boldsymbol{w}^{(1)-(0)}, \cdots, \boldsymbol{w}^{(\ell)-(\ell-1)}, \cdots, \boldsymbol{w}^{(L)-(L-1)}$ の値を損失関数の傾きにもとづいて決めます。この処理を繰り返しおこなうことで，最終的に適切なシナプス結合荷重を数値的に見出すことができます。つまり，誤差逆伝播法は，シナプス結合荷重の時間変化則を意味します。損失関数の傾きにもとづいて次のステップでのシナプス結合荷重の値を決めることで，損失関数が時間とともに減少することが保証されています。このことの証明は省略します。興味のある人は，この章の終わりにある付録 12.3 を参照して下さい。

誤差逆伝播法という名前の由来について説明します。図 12.13 が，誤差逆伝播法の仕組み及びその名前の由来を表わしています。誤差逆伝播法では，最初に第 $L-1$ 層と最終層である第 L 層間のシナプス結合荷重 $\boldsymbol{w}^{(L)-(L-1)}$ を決定します。図に示しているように，シナプス結合荷重 $\boldsymbol{w}^{(L)-(L-1)}$ は，最終層の素子の出力誤差に関係する量 $\boldsymbol{\delta}^{(L)} \propto \boldsymbol{y} - \hat{\boldsymbol{y}}$ を用いて決定します。次に，一つ前の層である第 $L-2$ 層と最終層である第 $L-1$ 層間のシナプス結合荷重 $\boldsymbol{w}^{(L-1)-(L-2)}$ を決定します。その際，第 L 層の誤差に関係する量 $\boldsymbol{\delta}^{(L)}$ をシナプス結合荷重 $\boldsymbol{w}^{(L)-(L-1)}$ を用いて重み付き誤差として第 $L-1$ 層へ送ります。これが，第 $L-1$ 層の誤差 $\boldsymbol{\delta}^{(L-1)}$ となり，これにより $\boldsymbol{w}^{(L-1)-(L-2)}$ が決定されます。このように，重み付き誤差とし

12

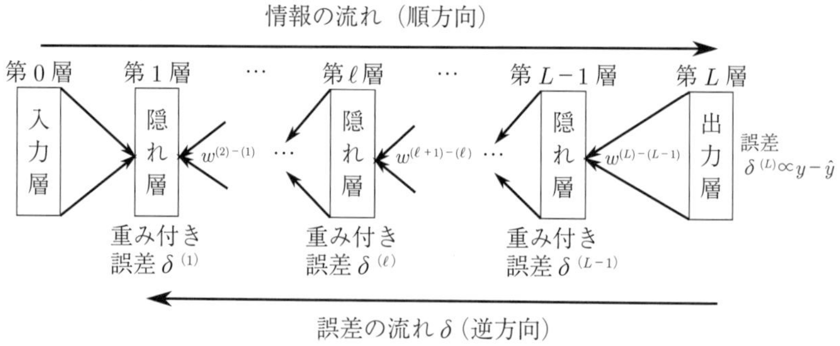

図 12.13　誤差逆伝播法の概念図

て一つ前の層に送ることを繰り返すことで，全ての層間のシナプス結合荷重が決定されます。つまり，誤差が情報の流れとは逆向きに伝播していくのです。そのため，誤差逆伝播法という呼び名となったのです。

局所最適解

最適解ではなく，準最適解が多く存在し，最適解の探索を困難にしてしまう問題。

損失関数の傾き消失

誤差逆伝播法は，損失関数の傾きにもとづいてシナプス結合荷重の値を決定するため，傾きの値が余りにも小さくなってしまうと，シナプス結合荷重の値を更新することができなくなってしまい，最適解の探索を困難にしてしまう問題。

◆誤差逆伝播法でできること

誤差逆伝播法は学習データセットを与えるだけである程度の精度で回帰問題やカテゴリ分類問題を解決できるため，1990 年代前半までは様々な問題へ応用されました。例えば，その当時のパターン認識での大きな課題であった手書き文字認識が一つの例です。また，顔認識など高度な画像処理問題へも応用されました。しかし，**局所最適解**や**損失関数の傾き消失**などの技術的な問題のため十分学習させることができないために，結果として実用化に耐え得るだけの高い精度を得るには至らず，1990 年後半には余り注目されなくなりました。再び注目されるのは，深層学習の登場まで待つ必要があります。

12.4　リカレントニューラルネットワークモデル

◆リカレントニューラルネットワークモデルとは

ニューラルネットワークモデルには，順方向性ニューラルネットワークモデルの他に，リカレントニューラルネットワークモデルがあります。リカレントニューラルネットワークモデルには，日本の中野馨が提案した**連想記憶モデル**であるアソシアトロンやホップフィールドモデルなどがあります。

連想想起モデル

連想想起モデルは，同時期に発表され，他には Kohonen や Anderson モデルがあります。

順方向性ニューラルネットワークモデルは，脳内で行なわれている情報処理のモデルとなっています。一方，リカレントニューラルネットワークモデルは，V1 や V2 といった脳内の特定の部位での情報処理モデルと考えることができます。特に，リカレントニューラルネットワークモデルは，記憶のモデルといわれています。ここでは，ホップフィールドモデルを例にとって説明します。

◆ホップフィールドモデル

ホップフィールドモデルの模式図が図 12.14 です。図を見て分かるように，各素子の出力 $\boldsymbol{x}$ が，自分自身を含む他の素子の入力としてフィードバックします。このように，出力が再帰するためリカレントニューラルネットワークモデル（Recurrent Neural Network Model）と呼ばれるのです。

ホップフィールドモデルの特徴の一つとして，モデルの**エネルギー**という概念を導入したことです。モデルの記憶の想起過程とモデルのエネルギーの関係を模式的に表わしているのが図 12.15 です.

Hopfield は，モデルを構築する際に統計物理の**スピン系**の分野で用いられている手法を用いていました。また，同時期に，やはり統計物理の**ボルツマン分布**の考え方を応用した，**ボルツマンマシン**も提案されています。そのため，**イジングスピン系**の多くの研究者がこの分野の研究に参加し，様々な成果が得られました。その一つが統計的学習理論であり，現在の深層学習へも応用されています。

エネルギー

本当の意味でのエネルギーではなく，擬似的なエネルギー。系の位置エネルギー（ポテンシャルエネルギー）みたいなもの。

スピン系

量子力学の分野の概念。

ボルツマン分布

統計力学の分野の概念。ギブス分布とも呼ばれる。

ボルツマンマシン

ホップフィールドモデルの一種で，確率的に動作するモデル。計算コストが大きいため余り応用されなかったが，近年制限ボルツマンマシンが登場し注目されています。詳細は，深層学習の章を参照のこと。

イジングスピン系

統計力学の分野の概念。

◆ホップフィールドモデルでできること

ホップフィールドモデルでは，自己想起モデルを実現することができま

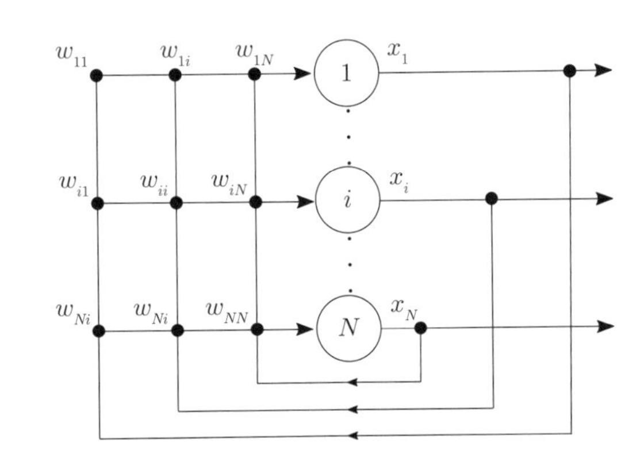

図 12.14　ホップフィールドモデル

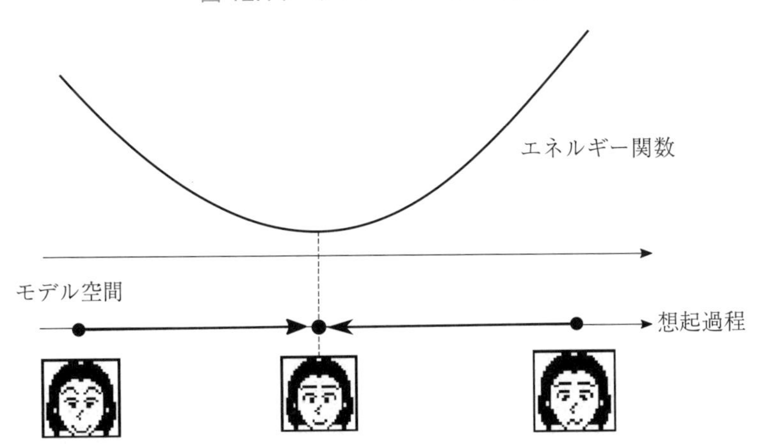

図 12.15　記憶の想起過程とモデルのエネルギーの関係

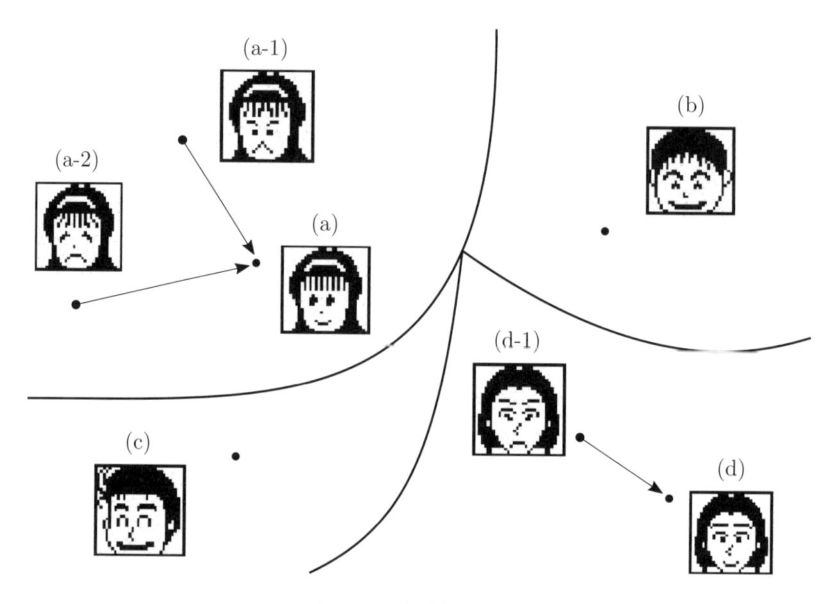

図 12.16　自己想起モデル

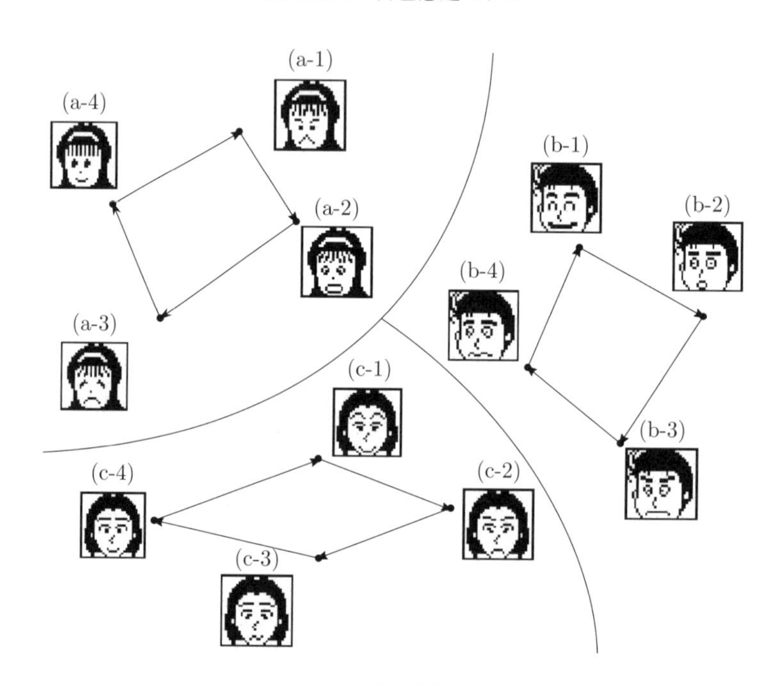

図 12.17　連想想起モデル

す。図 12.16 がその模式図を表わしています。図中の（a），（b）及び（c）が記憶パターンとそれに対応するモデルの状態を点（●）で表しています。また，図中の線は，各記憶が想起される境界を表しています。つまり，（a-1）や（a-2）の状態をネットワークに与えると，最終的には（a）の状態がネットワークの出力となり，正しい記憶が想起されます。同様に，(d-1) の状態をネットワークに与えると，最終的には（d）の状態がネットワークの出力となります。

ホップフィールドモデルでは，時系列的にパターンが変化するような連想想起も実現することができます。図 12.17 がその模式図を表わしています。図では，(a-1) から (a-2)，(a-2) から (a-3)，(a-3) から (a-4)，(a-4) から (a-1) のように循環して連想想起する様子が描かれています。

この章のまとめ

- 形式ニューロンモデルは閾素子であり，線形分離可能な論理回路を実現することができる
- パーセプトロンは 3 層順方向性ニューラルネットワークモデルの一種で，線形分離可能な問題を実現することができる
- 誤差逆伝播学習は教師あり学習の一種で，順方向性ニューラルネットワークモデルに適用され，カテゴリ分類問題や回帰問題に適用することができる
- 誤差逆伝播学習では，シナプス結合荷重をコスト関数の傾きに比例して更新される。これにより，コスト関数が減少することが保証される
- リカレントニューラルネットワークは，記憶のモデルである

章末問題

12.1 McCulloch と Pitts の形式ニューロンを用いて，論理回路の 1 つである OR 回路を実現してください。表 12.3 に OR 真理値表を与えます。

表 12.3　OR 回路の真理値表

		x_2	
		0	1
x_1	0	0	1
	1	1	1

12.2 図 12.18 に示すような順方向性ニューラルネットワークモデルを考えます。$(x_1^{(1)},\ x_2^{(1)}) = (0,\ 0)$，$(x_1^{(2)},\ x_2^{(2)}) = (1,\ 0)$，$(x_1^{(3)},\ x_2^{(3)}) = (0,\ 1)$ およ

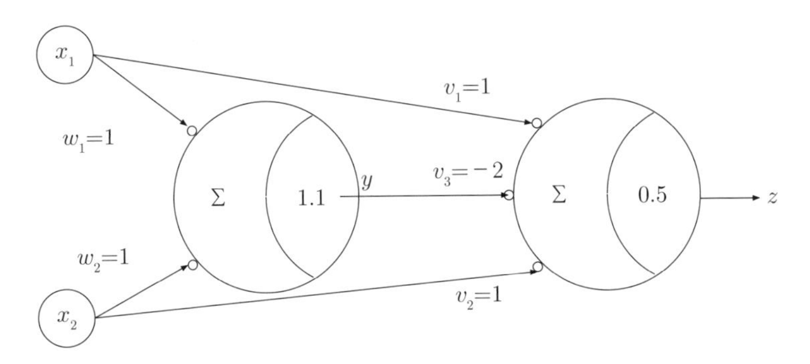

図 12.18　3 層ネットワークモデル

び $(x_1^{(4)},\ x_2^{(4)}) = (1,\ 1)$ に対するこのモデルの出力 z を求めてください。

12.3 誤差逆伝播法は，何故そのような名称になったのか説明してください。

12.4 誤差逆伝播法は，コスト関数の傾きに比例するようにしてシナプス結合荷重を変化させます。こうすることのメリットは何か答えてください。

付録

付録 12.1

ここでは，本節で説明した McCulloch と Pitts の形式ニューロンの具体的な数式表現を与えます。McCulloch と Pitts の形式ニューロンでは，シナプスを介した樹状突起からの入力 x_i を，シナプスの伝達効率を重み w_i とみなし，重み付き入力 $w_i x_i$ としました。そして，その総和 $w_1x_1 + w_2x_2 + \cdots + w_Nx_N = \sum_{k=1}^{N} w_k x_k$ が閾値 h を超えた時のみ 1 の出力をするものとしました。つまり，McCulloch と Pitts の形式ニューロンは，以下のように与えられます。

$$y = \theta\left(w_1x_1 + w_2x_2 + \cdots + w_Nx_N - h\right) = \theta\left(\sum_{k=1}^{N} w_k x_k - h\right) \tag{12.6}$$

ここで，$\theta(x)$ は階段関数といわれ，以下で定義される関数です。

$$\theta(x) = \begin{cases} 1 & (x \geq 0) \\ 0 & (x < 0) \end{cases} \tag{12.7}$$

つまり，図 12.19 に示すような $x < 0$ の範囲では 0，$x \geq 0$ の範囲では 1 の値をとるような階段状の関数です。

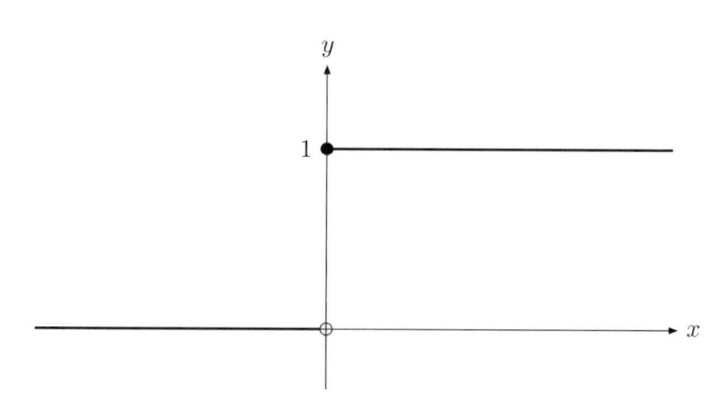

図 12.19　階段関数の概形

付録 12.2

パーセプトロンの動作方程式を具体的に説明します。隠れ層は M 個の形式ニューロンで構成され，隠れ層の第 i 番目の素子の出力 y_i は，以下で与えられます。

$$y_i = \theta\left(\sum_{k=1}^{M} w_{ik}x_k - h_i\right) \tag{12.8}$$

ここで，x_k は入力層の第 k 番目の素子からの入力，w_{ik} は入力層の第 k 番目の素子と隠れ層の第 i 番目の素子間のシナプス結合荷重，そして h_i は隠れ層の第 i 番目の素子の閾値です。

出力層は 1 つの形式ニューロンで構成され，その出力 z は，以下で与えられます。

$$z = \theta\left(\sum_{i=1}^{M} v_i y_i - h\right) \tag{12.9}$$

ここで，y_i は隠れ層の第 i 番目の素子の出力，v_i は隠れ層の第 i 番目の素子と出力層の素子間のシナプス結合荷重，h は出力層の素子間の閾値，関数 $\theta(x)$ は図 12.19 に示すような階段関数です。

本文でも説明したように，パーセプロトンは入力集合 X を 2 分する機械を実現します。では，どうやって実現するのでしょうか。出力 $z=0$ となる入力 $\boldsymbol{x}^{(0)}$ は，階段関数の性質より関数の引数が負であればよいので，以下の関係を満せばよいこととなります。

$$v_1 y_1(\boldsymbol{x}^{(0)}) + v_2 y_2(\boldsymbol{x}^{(0)}) + \cdots + v_M y_M(\boldsymbol{x}^{0}) < h \tag{12.10}$$

同様に，出力が 1 となる入力 $\boldsymbol{x}^{(1)}$ は，以下の関係を満せばよいこととなります。

$$v_1 y_1(\boldsymbol{x}^{(1)}) + v_2 y_2(\boldsymbol{x}^{(1)}) + \cdots + v_M y_M(\boldsymbol{x}^{1}) \geq h \tag{12.11}$$

その際，$y_i(\boldsymbol{x}^{(0)})$ や $y_i(\boldsymbol{x}^{(1)})$ の値は，以下のように与えられます。

$$y_i(\boldsymbol{x}^{(0)}) = \theta\left(\sum_{k=1}^{M} w_{ik}x_k^{(0)} - h_i\right) \tag{12.12}$$

$$y_i(\boldsymbol{x}^{(1)}) = \theta\left(\sum_{k=1}^{M} w_{ik}x_k^{(1)} - h_i\right) \tag{12.13}$$

つまり，与えられた学習データに対し，式 (12.10), (12.11), (12.12) および (12.13) を満たす $\{w_{ik}\}$, $\{v_i\}$, $\{h_i\}$ および h を見つけることで，2 分する機械を実現することができます。

しかしながら，式 (12.10), (12.11), (12.12) および (12.13) を満たす $\{w_{ik}\}$, $\{v_i\}$, $\{h_i\}$ および h を見つける解析的な手法は今でも存在しません。そのため，1961 年当時の Rosenblatt は，当然ですが 3 層構造のパーセプロトンを実現することはできませんでした。そこで，Rosenblatt は，入力層と隠れ層の間のシナプス結合荷重 $\{w_{ik}\}$ はランダムに決め，隠れ層と出力層の間のシナプス結合荷重 $\{v_i\}$ のみを式 (12.10) および (12.11) から求めることにしました。これは，弛緩法を用いると原理的には可能となっています。

付録 12.3

誤差逆伝播法に従うと損失関数が減少することの証明を与えます。誤差逆伝播法は，シナプス結合荷重の時間変化則のことであり，以下のように与えられます。

$$\frac{d\boldsymbol{w}^{(\ell)-(\ell-1)}}{dt} = -\frac{\partial E}{\partial \boldsymbol{w}^{(\ell)-(\ell-1)}} \tag{12.14}$$

ここで，損失関数の時間変化を考えます。

$$\frac{dE}{dt} = \sum_{\ell} \frac{\partial E}{\partial \boldsymbol{w}^{(\ell)-(\ell-1)}} \cdot \frac{d\boldsymbol{w}^{(\ell)-(\ell-1)}}{dt} \tag{12.15}$$

式 (12.15) に式 (12.14) を代入すると以下の関係が成立します。

$$\frac{dE}{dt} = -\sum_{\ell} \left(\frac{\partial E}{\partial \boldsymbol{w}^{(\ell)-(\ell-1)}} \right)^2 \leq 0 \tag{12.16}$$

つまり，式 (12.14) に従ってシナプス結合荷重 $\boldsymbol{w}^{(\ell)-(\ell-1)}$ を時間変化させると，損失関数は時間とともに減少することが分かります。

順方向性ニューラルネットワークモデルの第 ℓ 層，第 i 番目の素子の出力は，以下で与えられます。

$$y_i^{(\ell)} = f\left(\sum_{k=0}^{N^{(\ell)}} w_{ik}^{(\ell)-(\ell-1)} y_k^{(\ell-1)} \right) \tag{12.17}$$

ここで，$y_k^{(\ell-1)}$ は第 $\ell-1$ 番目の隠れ層の第 k 番目の素子の出力，$w_{ik}^{(\ell)-(\ell-1)}$ は第 $\ell-1$ 番目の隠れ層の第 k 番目の素子と第 ℓ 番目の隠れ層の第 i 番目の素子間のシナプス結合荷重であり，$y_0^{(\ell-1)} = -1$, $w_{i0}^{(\ell)-(\ell-1)} = h_i^{(\ell)}$ とし，閾値の項を $k = 0$ で表現するようにしています。また，$N^{(\ell)}$ は，第 ℓ 番目の隠れ層の素子数である。関数 $f(\cdot)$ は**活性化関数**であり，パーセプトロンの階段関数とは異なり，微分可能な関数が用いられます。

活性化関数

誤差逆伝播法の発表当初はシグモイド関数や tanh 関数が用いられていたが，近年ではソフトマックス関数やランプ関数がよく用いられている。損失関数同様に，問題によって用いる活性化関数を変える必要がある。

付録 12.4

ホップフィールドモデルの動作方程式を説明します。ここでは，N 個の素子からなるホップフィールドモデルを考えます。ホップフィールドモデルのステップ t での i 番目の素子を $x_i(t) = -1, 1$ とすると，次のステップ $t+1$ での状態は，以下で与えられます。

$$x_i(t+1) = \mathrm{sgn}\left(\sum_{j=1}^{N} w_{ij} x_j(t) \right) \tag{12.18}$$

ここで，$\mathrm{sgn}(\cdot)$ は符号関数と呼ばれ，引数の符号を返す関数であり，以下のように定義されます。

$$\mathrm{sgn}\,(x) = \begin{cases} 1 & (x \geq 0) \\ -1 & (x < 0) \end{cases} \tag{12.19}$$

シナプス結合荷重 $\{w_{ij}\}$ は，M 個の記憶パターンを $\boldsymbol{x}^{(1)}, \cdots, \boldsymbol{x}^{(M)}$ とすると，以下で与えられます。

$$w_{ij} = \frac{1}{N} \sum_{m=1}^{M} x_i^{(m)} x_j^{(m)} \tag{12.20}$$

ここで，ステップ 0 でのモデルの状態を，$\boldsymbol{x}^{(1)}$ と仮定します。つまり，式 (12.18) に代入すると以下のようになります。

$$x_i(1) = \mathrm{sgn}\left(\sum_{j=1}^{N} w_{ij} x_j^{(1)} \right) \tag{12.21}$$

ここで，$\{w_{ij}\}$ は式 (12.20) で与えられるため，それを代入すると以下のように書きかえることができます。

$$x_i(1) = \mathrm{sgn}\left(\frac{1}{N} \sum_{m=1}^{m} x_i^{(m)} \sum_{j=1}^{N} x_j(m) x_j^{(1)} \right) \tag{12.22}$$

ここで，$\sum_{j=1}^{N} x_j(m) x_j^{(1)}$ はベクトル $\boldsymbol{x}^{(m)}$ と $\boldsymbol{x}^{(m)}$ との内積です。N 次元の M 個の記憶パターンが互いに直交していると仮定すると，この内積の値は，$m = 1$ の時のみ N となり，それ以外ではゼロとなります。よって，以下の関係が成立します。

$$x_i(1) = \mathrm{sgn}\left(x_i^{(1)} \right) = x_i^{(1)} \tag{12.23}$$

つまり，$\boldsymbol{x}^{(1)}$ をモデルに入力すると，そのパターンが想起され続けることになります。更に，$\boldsymbol{x}^{(1)}$ の成分値が $N/2$ より少ない個数だけ反転していたとしても，次のステップでは $\boldsymbol{x}^{(1)}$ を出力することができます。つまり，連想想起をすることができるのです。

第13章 深層学習

近年，深層学習は様々な分野で大きな成果を挙げ，この技術はスマートフォンを含め身の周りの様々なもので用いられています。この章では，深層学習が再び注目を集めるきっかけとなった制限ボルツマンマシン，深層学習技術の代表的な例である畳み込みニューラルネットワークモデル（CNN），そしてその基礎となった日本の福島邦彦によるネオコグニトロンを説明します。最後に，順方向性ニューラルネットワークモデルに再帰機能を導入した再起型ニューラルネットワークモデルについて説明します。

第13章の項目

13.1　深層学習とは

◆深層学習の歴史

1961年のローゼンブラットのパーセプトロンをきっかけとして，学習する機械の研究が開始されました。しかし，Minsky と Papert によって**線形分離不可能な問題**が解けないというパーセプトロンの限界が指摘され，ニューラルネットワークモデルの研究は一旦下火になりました。そして，1986年に提案された誤差逆伝播法により，再びニューラルネットワークの研究は注目されることとなりました。しかしながら，その当時の技術では，ある程度までの精度は得られてもそれ以上の精度を出すための手法が不明であったこと，計算コストが掛り過ぎること等，様々な要因のため1990年代後半には余り注目されなくなってしまいました。しかし，誤差逆伝播法の産みの親の一人である Hinton はニューラルネットワークの研究を続け，2006年に制限ボルツマンマシンによる**オートエンコーダ**の深層化に成功し，再び注目を浴びるようになりました。

線形分離不可能問題
11.2節参照。

オートエンコーダ
自己符号化器のこと。入力と全く同じものを出力する機械。

深層学習が注目されるようになったもう一つの潮流が，畳み込みニューラルネットワークモデル（CNN：Convolutional Neural Networks）です。このモデルは，1979 年に日本の福島邦彦によって提案されたネオコグニトロンから発展したものです。1990 年代に Hinton らのグループの研究員であった LeCun らは，LeNet という愛称を持つ CNN を用いて，手書き数字の高精度な認識に成功しました。その後，2012 年に Hinton らは AlexNet という愛称を持つ 深層 CNN を用いて，高精度な画像分類に成功し，大きな注目を浴びるようになりました。

RNN

12.4 節の RNN から発展したもので，異なる構造のモデルですが同じ名称になっています。

特徴ベクトル

10.2 節に記載してある特徴抽出を参照。特徴ベクトルは，特徴抽出結果で得られるベクトルのこと。

◆深層学習の種類と応用先

深層学習は多層のニューラルネットワークモデルによる機械学習手法です。そこで用いられているニューラルネットワークモデルは，おおまかには 3 種類あり，一つは制限ボルツマンマシンです。もう一つは，これまでの全結合型の順方向性ニューラルネットワークモデルとは異なり，CNN のような各層間のシナプス結合の仕方に制約を与えた順方向性ニューラルネットワークモデルです。3 つ目は，順方向性ニューラルネットワークモデルの各層内に自己フィーバックループを持たせた**再帰型ニューラルネットワークモデル**（RNN：Recurrent Neural Netowok）です。

制限ボルツマンマシンおよび制限ボルツマンネットワークは，オートエンコーダによる入力の**特徴ベクトル**の獲得，文字認識，画像認識，音声認識等に応用されています。CNN は，文字認識，画像認識，動画像認識，**レコメンダシステム**等に応用され，近年では**自然言語処理**にも応用されるようになってきています。RNN およびそれを拡張した LSTM は，音声認識，**機械翻訳**，**言語モデリング**等に応用されています。

レコメンダシステム

特定のユーザが興味を持つと思われる「おすすめ」を提示するシステム。

自然言語処理

コンピュータに我々人間が普段使っている自然言語を処理させる技術。

機械翻訳

コンピュータに自然言語を他の自然言語に翻訳させる技術。

言語モデリング

単語列の出現確率分布を求めること。これにより，音声認識，機械翻訳，品詞推定，構文解析へ応用することが可能になる。

13.2 制限ボルツマンマシン

◆ボルツマンマシン

ボルツマンマシン（BM: Boltzman Machine）は，1985 年に Hinton らのグループが提案したニュラルネットワークモデルです。BM は，12.4 節で説明したリカレントニューラルネットワークモデル（RNN）の一種です。そのため，図 13.1 に示すように各素子は互いに相互結合しています。BM は，**マルコフ確率場**（MRF: Markov Random Field）とよばれる応用上非常に重要なモデルクラスに属するモデルであり，RNN と異なり確率的に動作します。具体的には，BM はホップフィールドモデル同様にモデルのエネルギー E を定義し，そのエネルギーに基づいた**ボルツマン分布**（ギブス分布とも呼ばれる）によってネットワークの状態が決定されます。

BM の学習は教師なし学習の一種であり，パラメータの**最尤推定法**によって行なわれます。つまり，m 個の学習データ $\boldsymbol{x}^{(1)}, \cdots \boldsymbol{x}^{(m)}$ が BM に出

マルコフ確率場

統計的機械学習における重要な学習モデルの一つ。

ボルツマン分布

ネットワークの状態が $\boldsymbol{X} = \boldsymbol{x}$ となる確率分布 $\mathrm{P}(\boldsymbol{X} = \boldsymbol{x})$ がエネルギー $\boldsymbol{E}(\boldsymbol{x})$ を用いて与えられる確率分布のこと。

最尤推定法

統計学の手法で，与えられた学習データセットからそのデータセットの従うべき確率分布関数を推定する手法。

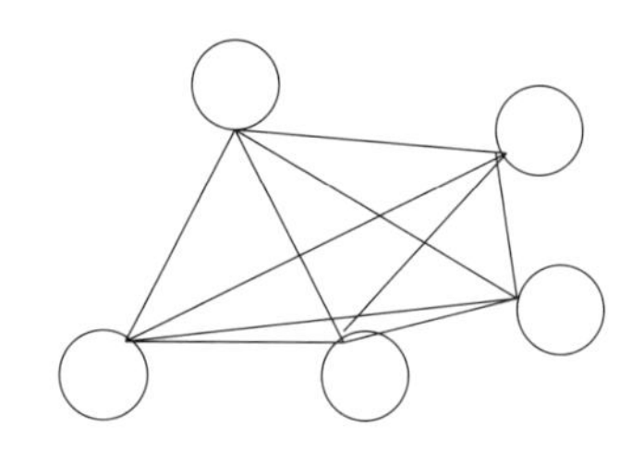

図 13.1 ボルツマンマシンの構造

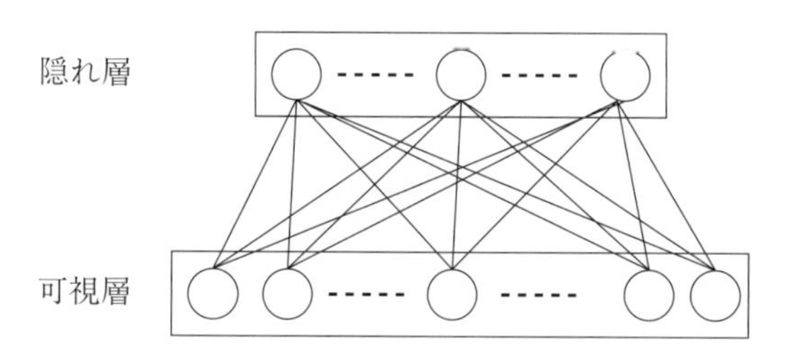

図 13.2 制限ボルツマンマシンの構造

現する確率を最大になるようなパラメータを探索します。学習後は，ネットワークの状態が $\boldsymbol{X} = \boldsymbol{x}$ となる確率分布 $\mathrm{P}(\boldsymbol{X} = \boldsymbol{x})$ が与えられます。確率分布が分かるということは，その学習データセットについての全ての情報が分かったことを意味します。ただし，この場合は推定した確率分布であるため誤差を含んでいますが，誤差逆伝播法で構築した順方向性ニューラルネットワークモデルよりは多くの情報を獲得しています。そのため，BM は非常に有用なモデルです。しかしながら，学習に膨大な時間を要すため，また学習後の BM を用いて推定を実行するためにも非現実的な計算時間を必要としたため，余り実用化はされませんでした。

◆制限ボルツマンマシン

2000 年代初頭に，制限ボルツマンマシン（RBM: Restricted Boltzman Machine）が登場し，さらに RBM に対する効率的な学習法であるコントラスティブ・ダイバージェンスが提案され，再び BM の研究が盛んになりました。RBM の構造を図 13.2 に与えます。RBM は，ユーザに直接見える可視変数から構成される可視層と，ユーザには直接見えない[1] 隠れ変数から構成される隠れ層の 2 層構造になっています。そして名前の由来である制限とは，素子間のシナプス結合にあります。通常の BM には層構造という概念はなく，全ての素子間にシナプス結合がありました。一方，RBM では，同じ層内の素子にはシナプス結合がなく，隣りあった異なる層間にのみあります。

[1] 見えないというよりは隠れ変数であるためユーザは知る必要のないという表現のほうが適切。

RBM では，まず，可視変数 $\boldsymbol{x}$ を与えた際の隠れ変数 $\boldsymbol{h}$ が従うべき確率分布関数を学習します。次に，隠れ変数 $\boldsymbol{h}$ が与えられた際の可視変数 $\boldsymbol{x}$ が従うべき確率分布関数を学習します。これを各々の確率分布が収束するまで繰り返し行ないます。その際用いるのが，近似的手法であるコントラスティブ・ダイバージェンス法です。コントラスティブ・ダイバージェンス法は，近似的な**ギブスサンプリング**と，**平均場近似**を用いることで，計算時間を大幅に削減しています。

ギブスサンプリング
マルコフ連鎖モンテカルロ法の中で用いられるサンプリング手法で，近似的にサンプリングデータを生成する手法。

平均場近似
統計物理学で用いられる近似手法。

図 13.3 に深層 RBM を与えます。RBM は隠れ層を多段にした深層 RBM にすることにより，処理能力が向上します。このような深層 RBM が，深層学習研究が盛んになるきっかけとなりました。

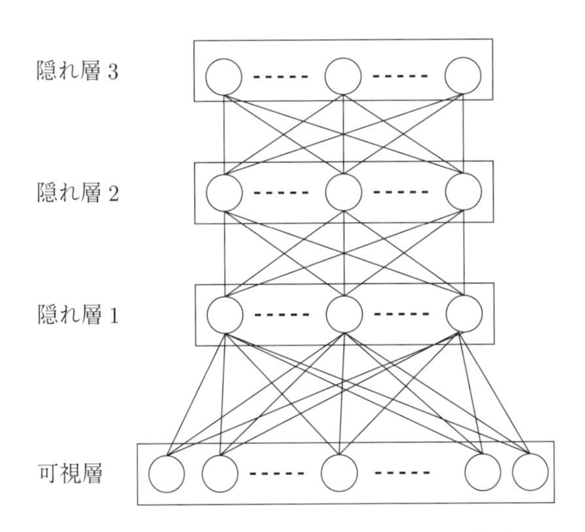

図 13.3 深層制限ボルツマンマシンの構造

◆オートエンコーダ

RBM を図 13.4 のように解釈すると，積層オートエンコーダとみなすことができます。つまり，「入力層–隠れ層」での処理は，与えられた入力に対する符号を与えていると考えられます。一方，「隠れ層–入力層」での処理では，隠れ層に与えられた符号の復号化処理をしていると考えます。このことから，深層 RBM は多段の積層オートエンコーダとみなせ，深層になるほど隠れ層素子数を減らすことで，入力の次元圧縮を施した特徴量を与えることが可能になります。

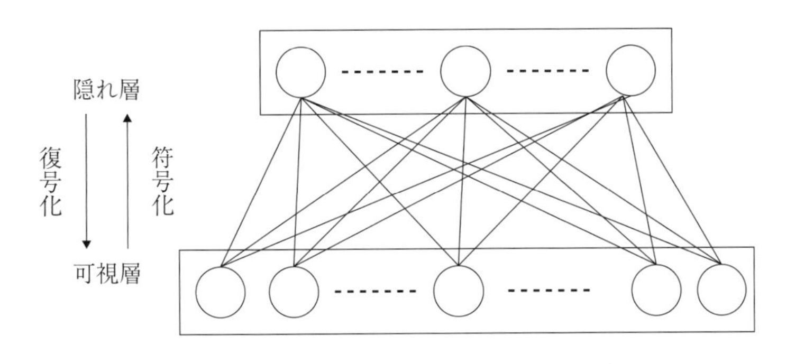

図 13.4 RBM によるオートエンコーダ

13.3　ネオコグニトロン

◆ネオコグニトロンとは

ネオコグニトロンは，1979 年に日本の福島邦彦によって提案されました。このモデルは，12.3 節で説明した図 12.12 のような人の視覚情報の統合過程にヒントを得て構築されたモデルです。ネオコグニトロンは，教師データを使わず自己組織的に学習するモデルとなっています。

自己組織化

教師なし学習の一手法。

◆ネオコグニトロンの構成と

図 13.5 にネオコグニトロンの構成を与えます。ネオコグニトロンは，**単純型細胞層**（simple cell layer : S 層）と**複雑型細胞層**（complex cell layer : C 層））が互いに対となった 5 層順方向性ニューラルネットワークモデルです。単純型細胞層と複雑型細胞層には，複数の細胞面があります。細胞面内の各素子は，前の層のある限定された範囲の素子とのみシナプス結合しています。このような特性は，ヒトの脳内のニューロンにも見られ，ある限定された範囲のことを受容野と呼ばれます。

単純型細胞

一次視覚野に存在する方向線分に選択的に反応するニューロン（図 13.6 参照）。

複雑型細胞

単純型細胞同様に一次視覚野に存在する方向線分に選択的に反応するニューロンで，単純型細胞より受容野が大きい。

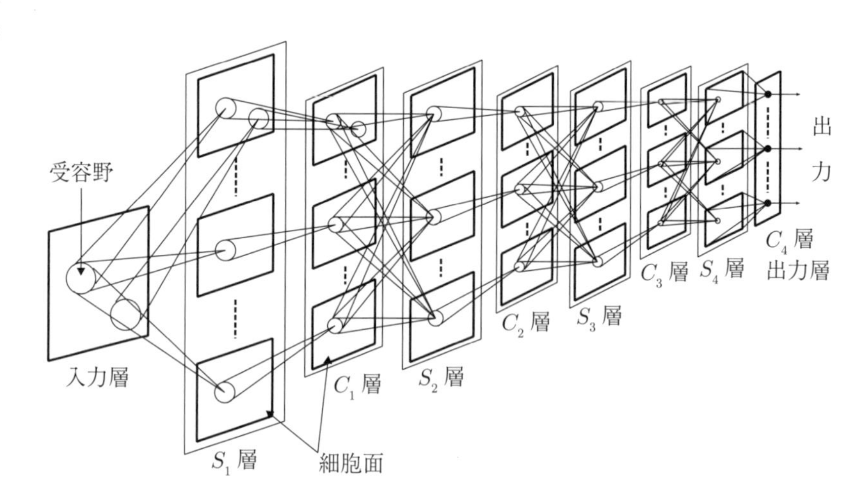

図 13.5　ネオコグニトロンの構造（参考文献 1）

S_1 層の各細胞面内の素子は，入力層の受容野内の素子とシナプス結合し，同じ細胞面内ではその結合の値は全て同じ値，異なる細胞面内では異なるシナプス結合荷重となっています。このような構造にすることによって，自己組織的に学習することにより細胞面が異なると異なる特徴を抽出するようになります。例えば，S_1 層の細胞面の素子は，図 13.6 に与えたよう

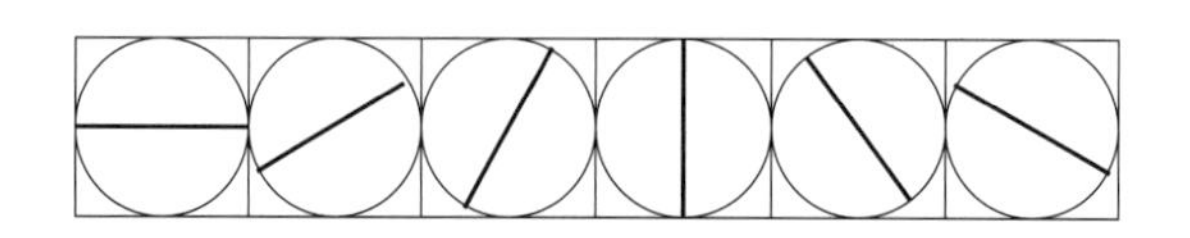

図 13.6　単純型・複雑型細胞の応答線分特性

な異なる向きの方向線分に反応するようになります。この特性は，ヒトの一次視覚野に見られる単純型細胞を模倣したものとなっています。実際，Hubel と Wiesel は 1958 年，ネコの大脳新皮質のニューロンの応答特性を電極を用いて研究し，特定の方向線分の光刺激に対して選択的に応答することを見出しました。このようなニューロンのことを方位選択性ニューロンと呼ばれ，単純型細胞や複雑型細胞に分類されます。

S_2 層を含めた後段の S 層内の素子は，一つ前の C 層の全ての細胞面の同じ位置の受容野内の素子とシナプス結合しています。やはり，同じ細胞面内ではその結合の値は全て同じ値，細胞面が異なると異なるシナプス結合荷重となっています。これにより，一つ前の C 層の各細胞面内の素子が抽出する特徴を組合せた特徴に，異なる細胞面内の素子は異なる特徴の組合せを抽出するようになります。

一方，C 層内の素子は，S 層の同じ細胞面の受容野内の素子とシナプス結合しています。つまり，一次視覚野にみられる複雑型細胞と同じように，単純型細胞の受容野より大きくなります。このようにすることで，C 層内の素子は位置ズレを許容したり，ノイズに対する頑健さを獲得します。

最終層の C_4 は出力層に相当し，分類したいカテゴリ数の素子が配置されます。つまり，学習し終えると，入力に与えた画像のカテゴリに相当する素子のみ反応するようになります。図 13.7 にネオコグニトロンの特徴の統合過程を与えます。後段へ行くほど，前段で抽出した特徴が統合され，より大域的な特徴が抽出されるのが分かると思います。

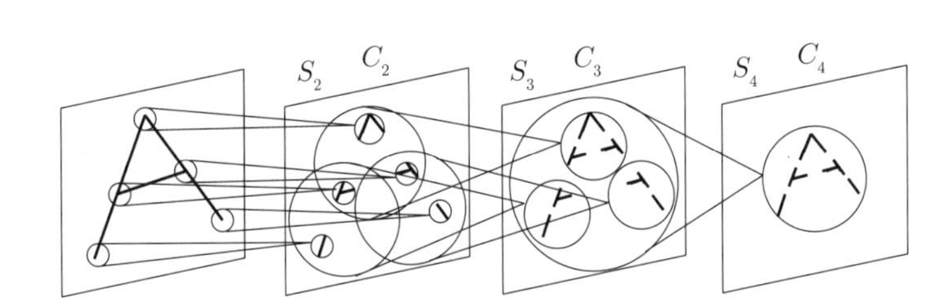

図 13.7 ネオコグニトロンの特徴抽出およびその統合過程（参考文献 1）

◆ネオコグニトロンでできること

ネオコグニトロンでは，0 ～ 9 までの複数の手書き数字を分類する問題に適用していました。福島の研究によれば，手書き数字の大規模データベース ETL-1 を用いた認識実験では，3,000 個の手書き数字で学習を行なうと，学習に用いていない 3,000 個の検査データに対して 98.6% の認識率を示しています。ネオコグニトロンは，手書き数字に限らず，様々な画像のカテゴリ分類問題へ適用可能です。

13.4 畳み込みニューラルネットワークモデル

◆ CNN の歴史

LeCun らは，文字認識の性能向上のために，ネオコグニトロンを参考にし CNN を開発しました。順方向性ニューラルネットワークモデルの欠点の一つは，各層間が全結合であることです。つまり，最適化すべきパラメータ数が多くなるため，学習が困難になっていました。ネオコグニトロンのような S 層と C 層という互いに対となった層構造や受容野という結合範囲を限定する構造を導入することで，探索すべきパラメータ数を劇的に削減することができ，学習効率だけでなく汎化性能を向上することが可能となります。

その後，画像分類問題を解決するために，Hinton らは CNN に改良を加え，現在一般に用いられる CNN に至りました。CNN とネオコグニトロンとの大きな違いは，学習方法です。ネオコグニトロンは，学習データセットを自己組織的に学習します。一方，CNN は誤差逆伝播法によって学習します。福島らもネオコグニトロンに誤差逆伝播法を適用していたのですが，CNN ほど高精度な認識率は実現できませんでした。

◆ CNN の構成

CNN の構造を図 13.8 に与えます。ネオコグニトロンの S 層に対応する層を CNN では畳み込み層（convolution layer：C 層），ネオコグニトロンの C 層に対応する層を CNN ではプーリング層（pooling layer：P 層）と呼び，C 層と P 層がペアーとなって複数層配置されます。図 13.8 では，C 層と P 層のペアーが n 層あります。その後，全結合層（fully connected layer：F 層）が最低 1 層以上配置されます。ネオコグニトロンの S 層内

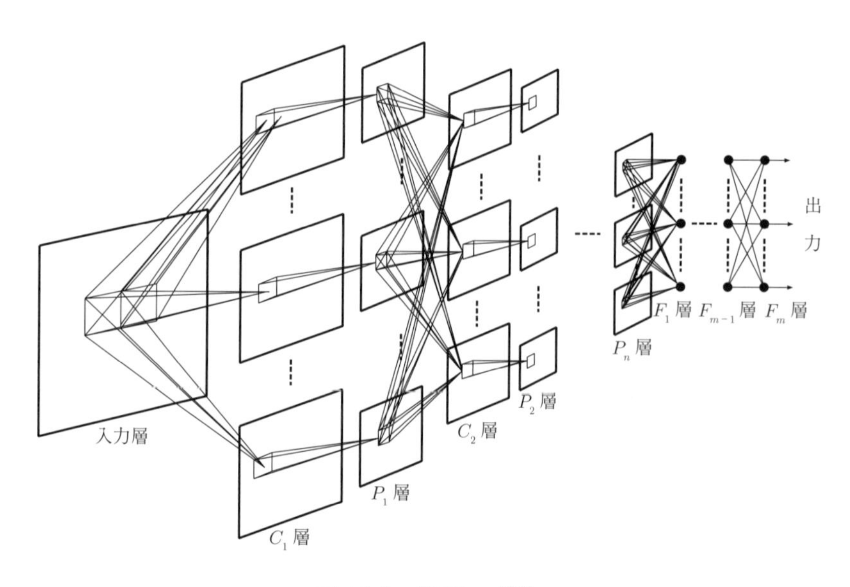

図 13.8　CNN の構造

には複数の細胞面がったように，CNN の C 層内には複数のフィルタ[2)]があります。ネオコグニトロン同様に前の層のある限定された範囲の素子とのみシナプス結合し，この領域のことを受容野と呼びます。

ネオコグニトロンの細胞面同様に，C 層内の各フィルタは特定の形状に反応するように構成され，学習データセットによる学習で自動的に調整されます。P 層もネオコグニトロン同様に，**プーリング処理**を施すことによって位置ズレを許容します。

これまで見てきたように CNN はネオコグニトンとネットワーク構造や，C 層および P 層の役割は非常に似通っています。ネオコグニトロンと CNN との最大の違いは，CNN は学習データセットを用いて誤差逆伝播により学習することです。1990 年代から見ると誤差逆伝播法の損失関数の傾き消失問題（12.3 節参照）を回避する手法の発見や様々な技術的革新もあり，CNN の性能が飛躍的に向上しました。例えば，C 層の素子の出力を決める活性化関数として，ランプ関数（ReLU 関数）を用いることです。また，最終層の出力は，ソフトマックス関数で与えられます。誤差逆伝播法の損失関数としては，交差エントロピを用います。

2) 呼び名が違うだけで役割りは同じ。

プーリング処理

プーリング処理には，平均プーリングと最大プーリングの 2 種類あります。平均プーリングでは，C 層の受容野内の素子の出力の平均値を求めます。最大プーリングでは，C 層の受容野内の素子の出力の最大値を求めます。

◆ CNN でできること

文字認識，顔認識をはじめとして高精度な画像処理を実現することができます。近年では，CNN によって**物体検知**が可能になっています。現在のスマートフォンのカメラでは人物領域抽出や顔領域抽出が可能となっていますが，これらも CNN によって可能となっています。更に，音声認識や音声合成へも応用されるようになってきています。

物体検知

1 枚の写真や映像内に写っている物体の領域を特定する技術。例えば，車，歩行者，自転車等といったものの領域。

13.5　再帰型ニューラルネットワークモデル

◆ RNN

1990 年 Elman は文法解析を行なうモデルとして，単純再帰型ニューラルネットワークを提案し，研究を行ないました。これが，最初の再帰型ニューラルネットワークモデル（RNN: Recurrent Neural Network）であり，一般的にはエルマンネットワークモデルと呼ばれます。エルマンネットワークモデルの構造を，図 13.9 に与えます。エルマンネットワークモデルの基本構造は，隠れ層が 1 層の 3 層順方向性ニューラルネットワークモデルです。ただ一つの違いは，1 ステップ前の隠れ層の出力を次のステップの入力に加えたものを入力としていることです。これにより，順序関係のあるデータの処理が可能となります。エルマンネットワークモデルでは，学習データセットを用いて誤差逆伝播法により学習を行ないます。

エルマンネットワークモデルを一般化したものが，RNN です。RNN の構造を図 13.10 に与えます。$L+1$ 層の順方向性ニューラルネットワーク

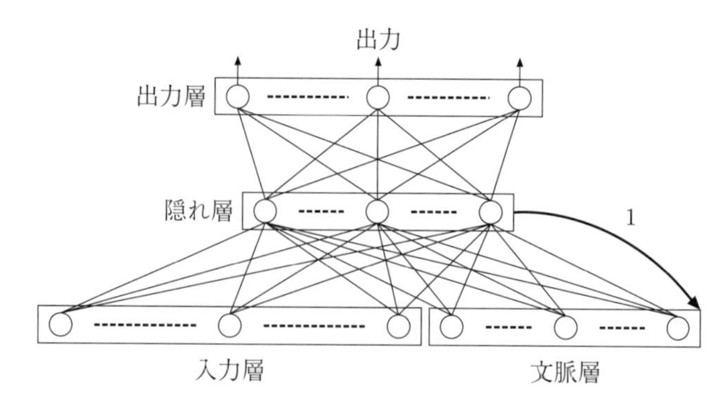

図 13.9　エルマンネットワークモデル

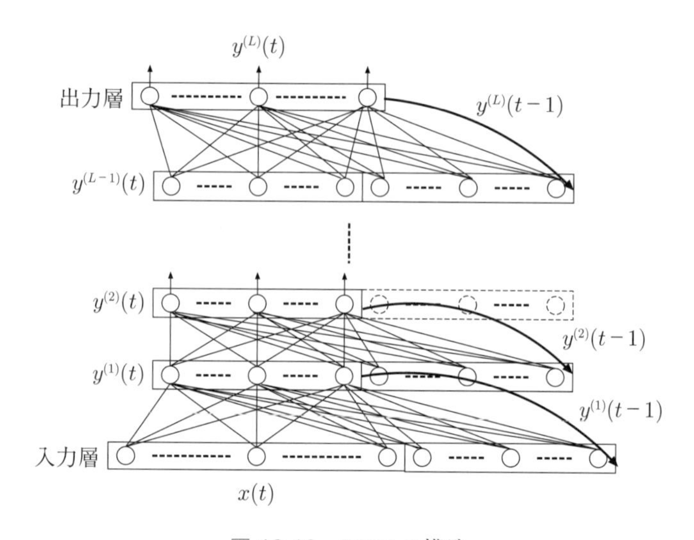

図 13.10　RNN の構造

モデルに，再帰構造を付加したものです。モデルによっては，1 ステップ前の出力だけでなく数ステップ前の出力まで再帰させたりするものもあります。このような構造を入れることにより，順序関係のあるデータや時系列データの処理が可能になります。

RNN の学習は，学習データセットを用いた教師あり学習で，誤差逆伝播法を用います。しかしながら，中間層の出力の時間経過を考慮する必要があるため，そのまま適用することはできません。そのため，様々な手法が提案されています。その中でもよく用いられているのが，BPTT（Back-propagation Through Time）です。この方法では，図 13.11 に示すように時間経過を含めた RNN を一つの大きな RNN と考え，誤差逆伝播法を適用します。

◆ LSTM

RNN では，数ステップ前の情報を利用していましたが，特定の情報を忘却したり，特定の記憶を長期間保持したりすることはできません。一方，人間の脳は，**短期記憶**（short term memory）として保持した記憶の中から

短期記憶

数秒から数十秒で忘却する情報を保持する貯蔵システム。

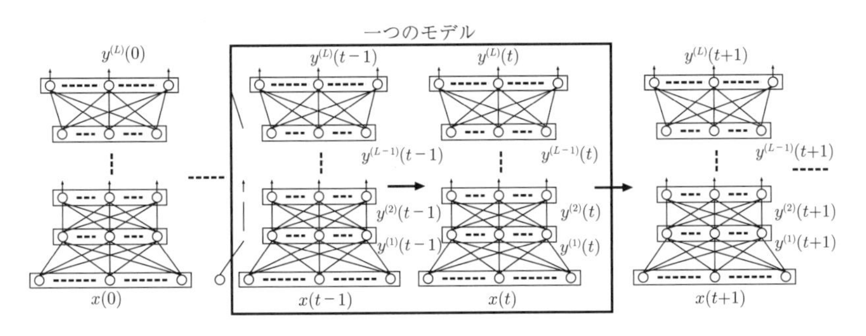

図 13.11　BPTT の考え方

必要なものを**長期記憶**（long term memory）として保持する記憶を取捨選択する機能があります。このような機能を持たせたモデルが LSTM（long short-term memory）であり，1997 年に Hochreiter と Schmidhuber によって提案されました。

長期記憶

大容量の情報を保持する貯蔵システムで，短期記憶の中からリハーサルを繰り返された情報が長期記憶となると考えられている。

RNN との大きな違いは，保持する記憶を取捨選択するために LSTM では，隠れ層の状態を保持するメモリセルと呼ばれるパラメータが追加されたことです。メモリセルは複数のパラメータから構成され，その値は時間経過とともに変化するようになっています。例えば，繰り返し唱えた単語の意味は記憶が強化され，一度しか読まなかった単語は忘却するようになります。これにより，より長期の記憶を効率良く活用することが可能になり，より効率的に順序関係のあるデータや時系列データの処理が可能になります。

例えば，“The kite flies in the sky” というような文を考えます。その際，RNN に “The kite flies in the” を与えて，次の単語 “sky” を予測するように学習させることは可能です。しかし，“I have played tennis since I was child. Now, I am a famous player.” というような文が与えられた際に，“Now, I am a famous” の次に “player” となることを予測するのは困難になります。しかし，一つ前の文である “I have played tennis since I was child.” があれば予測は可能になります。このような処理が LSTM では可能になります。

◆再帰型ニューラルネットワークモデルでできること

LSTM は非常に強力なツールで，様々な問題へ応用することが可能です。代表的なものを挙げると，自然言語処理，自然言語理解，機械翻訳，テキスト分析，音声認識，画像分析，感情分析，文章生成，音声合成，そして動画分析です。

機械語翻訳の例として，google 翻訳で利用されています。音声認識の例だと，iPhone の siri や android の「OK Google」で利用されています。画像分析の例としては，画像にタグ情報を付ける技術に応用されています。例えば，太郎君がラーメンを食べている写真を考えます。最初に CNN が写真画像を認識し，その認識結果から，「男の人」，「ラーメン」などのタグ情報をRNNやLSTMに与え，「男の人がラーメンを食べている」というような，写真画像の説明を生成することができるようになります。

5人のギャング

ニューラルネットワークモデル（NN: Neural Network Model）の研究は，日本人の非常に多くの貢献の上に発展してきたといっても過言ではありません。パーセプトロンの以降のNN研究の冬の時代に，南雲，佐藤，甘利，中野，福島等，非常に多くの研究者が独創的な研究を行なっていました。特に，甘利ら中心になって構築された情報幾何学という分野は，後の深層学習へも多大な貢献をもたらしました。

その後，NN研究の第2次ブームといわれる時代にも，多くの独創的な研究成果が残されました。一つは，順方向性NNの最適な構造をどのように決定したらよいのかという問題を解決するための研究です。石川は，誤差逆伝播法を改良した「忘却学習」という手法を提案し，この問題への一つの解決方法を与えています。

もう一つの重要な研究が，誤差逆伝播法に関する研究がほとんであった当時に，時間的に変化するようなダイナミックスのあるようなNNの研究をすべきであると主張した「5人のギャング」がいました（現在も現役で活躍しています）。

「5人のギャング」の功績は様々ありますが，その中の一つが認証機械の限界の指摘です。これは，映画「ミッション：インポッシブル」のシリーズ作に見ることができます（作者がそれを意識していたかは不明ですが）。初期の作品では，顔マスクを3Dプリンタで作成して認証を突破するシーンがありました。つまり，パターンによる認証の脆弱性を指摘しています。指紋，彩光や静脈パターンによる認証は，何らかの手段でその情報を入手することができると，簡単にその人のふりをすることができます。このように，**静的**なパターンによる認証は，そのパターンが入手されると簡単に破られてしまいます。実際，facebookなどのSNS上に公開されている写真に写っている指の指紋から，それを模倣し認証を破ることが可能であることを実証した研究報告もあります。

数年前の作品では，人の歩行パターン（一般には歩容と呼ぶ）による認証を扱っていました。その作品では，歩容を模倣することは不可能なため，侵入する人の歩容を認証機械に追加する手法をとっていました。歩容は人の無意識的な動作であるため，その動作には再現性はなく（全く同じような動作はできないという意味），動的パターンといえます。このような，ダイナミックスを有する認証機械の重要性を1990年代から5人のギャングは主張していました。

このように，人工知能研究の発展には，非常に多くの日本人の貢献があります。世界では，Hintonをはじめとした多くの海外の研究者が注目されていますが，我々日本人の活躍を忘れないでください。日本は人工知能研究を先導していましたし，これからもそうであるように若い人のこれからの活躍を期待しています。

5人のギャング

当時脳科学におけるカオスの重要性を，世界各国の国際会議で主張していた，合原，塚田，津田，奈良，藤井の5人。

静的

時間変化しないという意味。

この章のまとめ

- ボルツマンマシンは学習対象のモデルの確率分布 $P(\boldsymbol{X} = \boldsymbol{x})$ を教師なし学習により獲得するモデルです
- 制限ボルツマンマシンは，入力層と隠れ層，隣り合う隠れ層間のみにシナプス結合を制限することで，学習効率を向上させた強力なモデルです
- CNN は，畳み込み層とプーリング層から構成される順方向性ニューラルネットワークモデルです。畳み込み層，プーリング層そして受容野を考慮したネットワーク構造とすることで，学習効率を向上させています
- LSTM は保持する記憶を取捨選択することができるため，非常に適用範囲の広い有用なモデルです。自然言語処理，自然言語理解，機械翻訳，テキスト分析，音声認識，画像分析，感情分析，文章生成，音声合成，動画像分析と，多岐にわたります

章末問題

13.1 ホップフィールドモデルとボルツマンマシンとの一番の違いは何でしょうか。

13.2 CNN の基礎となったネオコグニトロンは，人間の脳の何の処理を模倣して構成されましたか。

13.3 LSTM と RNN の一番の違いは何でしょうか。

13.4 LSTM を用いて実現されている身の回りの技術の例を一つ挙げてください。

参考文献

- K. Fukushima, Neocognitron: A self-organizing neural network model for a mechanism of pattern recognition unaffected by shift in position, *Biological Cybernetics*, vol. 36, pp. 193–202 (1980).

第 IV 部
データサイエンスのツール

データサイエンスの実践にあたっては，コンピュータソフトウェアを適切に利用することが重要です。第Ⅳ部では，統計計算を便利に行うためのツールである統計ツールと，人工知能の様々な技術を実践するための人工知能のフレームワークを取り上げます。具体的な事例として，統計ツール R の使い方と， Python によるプログラミングとその応用方法について，利用例を示しながら概説します。

第 IV 部の項目

第14章 統計ツール（Rを中心に）

本章では，統計処理を行うためのコンピュータプログラムである統計ツールを取り上げます。原理的には，電卓や表計算ソフトを使っても統計処理はできます。しかし統計ツールを使うと，高度な統計処理を簡単に行うことができます。ここでは統計ツールの具体例として，Rという統計ツールを取り上げて，その基本的な機能を紹介します。

第14章の項目

14.1　統計処理のツール

◆統計処理プログラムの必要性

データサイエンスの重要な構成要素である統計学では，与えられたデータに対してさまざまな計算を施すことで，その性質をとらえます。統計処理を行うためには，多くの複雑な計算を行う必要があります。

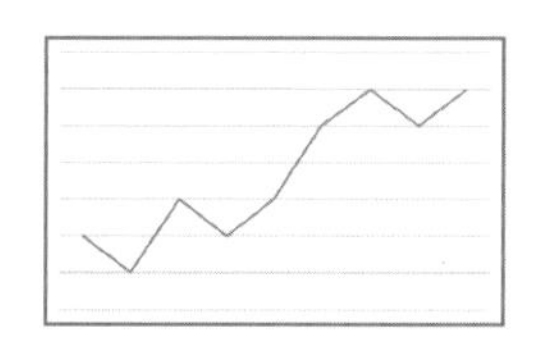
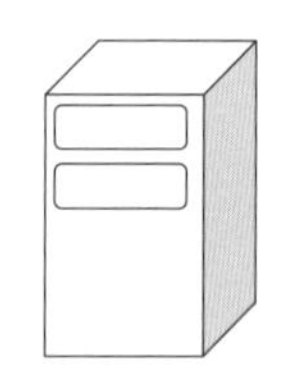
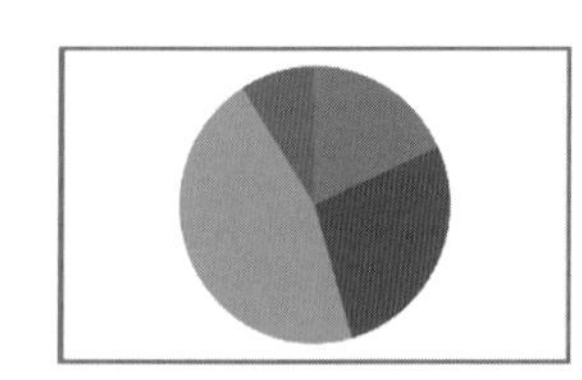

統計処理には計算がつきもの

原理的には，統計計算を手作業で処理したり，電卓を使って行うことも可能です。しかし統計計算には複雑な計算を大量に行う必要があり，ごく小さなデータを対象とする場合以外には非現実的です。Microsoft Excelなどの表計算ソフトを使うこともできますが，それでもうんざりするような手間がかかります。

ここで紹介する R のような統計ツールを利用すると，基礎的な統計処理から高度な解析までを簡単に行うことができます。以下では，高性能で，かつ無料で利用することができる統計ツールである R を例にとって，統計ツールがどのようなものであるかを紹介します。

◆ R 統計ツールの代表例

統計ツールには，無料のものや有料のものを含めて，非常にたくさんの種類があります[1)]。ここで紹介する R は，無料で使える上に，多くの専門家が開発に関与しているためきわめて高性能な統計ツールです。R はさまざまなパソコン環境で利用できるだけでなく，インストールも簡単です[2)]。また，大学の情報センター等では R がすぐに使えるように準備しているところも多いので，本章の実行例を実際に試してみてください。

R はさまざまな環境で同じように利用できますが，以下では，Windows 環境にインストールされた R の使い方を例にとって説明します。

1) 古くから利用されている歴史のあるものだけでも，例えば SAS, BMDP, SPSS, S などがある。これらは基本的に有償の商品であるが，近年では無償版が提供されている場合もある。

2) https://cran.r-project.org/ にアクセスし，自分の環境（Windows あるいは Linux など）に合ったソフトをダウンロードしてインストールすればよい。

14.2　統計ツール R の基本

◆ R の起動と終了

R の起動は，Windows 環境ではアイコンのダブルクリック，あるいはスタートメニューからの選択によって行います。起動すると，図 14.1 のようなウィンドウが開きます。

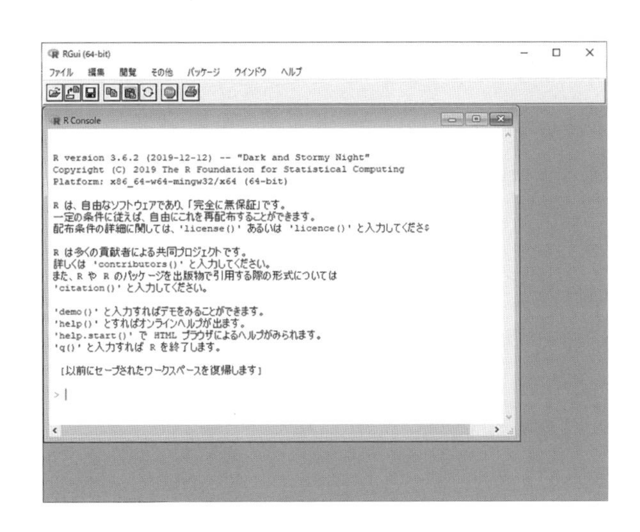

図 14.1　R の起動画面

図 14.1 の画面を閉じて R を終了するには，「ファイル」メニューから「終了」を選びます。この時，「作業スペースを保存しますか？」というメッセージが表示されます。作業を途中で中断してあとから再開したい場合に

14

は「はい」を選びます[3]。しかし途中結果を再利用しないのであれば，「いいえ」を選んでも特に問題はありません。

[3] こうすると，「ファイル」メニューの「作業スペースの読み込み...」を利用することで，Rを再び起動した際に前回の途中結果を再利用することができる。

◆簡単な計算

Rは，電卓代わりに簡単な計算を行うことにも利用できます。図14.2では，四則演算やべき乗の計算を行なっています。

図14.2では，起動時に最初から表示されている「R Console」というウィンドウを選択して，入力促進記号「>」が表示されている部分に順次数式を入力しています。「>」の右側に入力された数式はキーボードからの入力であり，次の行に表示された数値がRによる計算結果です。

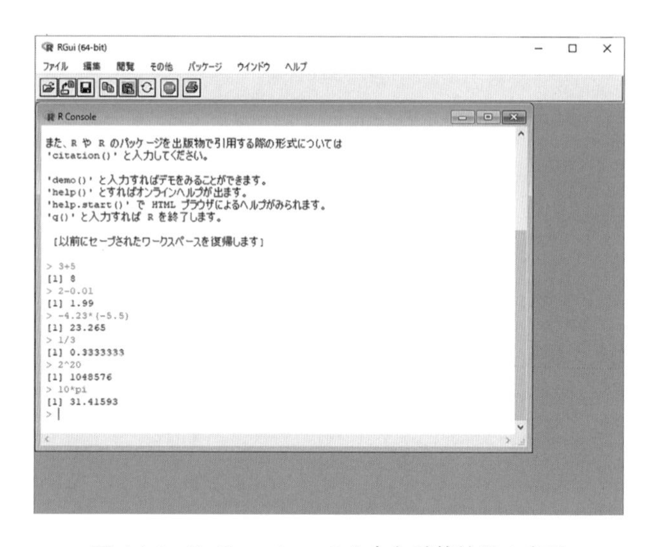

図14.2 R Consoleへの入力と計算結果の表示

図14.2の最初の行では，足し算「3 + 5」を入力しています。これに対して，加算結果の8が表示されています。

```
> 3+5
[1] 8
```

次の例は，整数と小数が混ざった減算を実施しています。

```
> 2-0.01
[1] 1.99
```

3番目の例は，符号付き数値の**乗算**を行う例です。

```
> -4.23*(-5.5)
[1] 23.265
```

4番目の例は，除算です。

```
> 1/3
[1] 0.3333333
```

5番目の例は，**ベキ乗**「^」の演算子を使って，2の20乗を計算した例です。

```
> 2^20
```

乗算

表計算ソフトやプログラミング言語の場合と同様に，Rでは乗算の記号として「*」を用いる。

除算

これも表計算ソフトやプログラミング言語の場合と同様に，Rでは除算算の記号として「/」を用いる。

ベキ乗

ベキ乗については「**」を記号として用いるプログラミング言語も多いが，Rでは「**」とともに「^」を用いることができる。

[1] 1048576

最後は，定数 **pi** を使った例です。

> 10*pi

[1] 31.41593

pi

円周率 π を表す記号である。

R では，さまざまな数学関数を利用することができます。表 14.1 に利用できる関数の一例を示します。また図 14.3 に計算例を示します。

表 14.1　R で利用できる数学関数の例

関数名	働き
sqrt()	平方根
log()	自然対数
log10()	常用対数
exp()	e^x
sin(),cos(),tan()	三角関数
asin(),acos(),atan()	逆三角関数
sinh(),cosh(),tanh()	双曲線関数

図 14.3　数学関数の計算例

図 14.3 では，平方根 sqrt()，常用対数 log10()，自然対数 log()，自然対数の底 e のべき乗である exp()，三角関数 sin()，tan() の逆関数である atan() などを用いた計算例を示しています。

◆ベクトルの利用

データサイエンスが対象とするデータは，一般に多くの数値の集まりです。R では，数値の集まりを表現する方法としてベクトルを利用することができます[4)]。ベクトルは，数値が一次元に並んだ集まりを表現する記法です。Rでは，c(1, 2, 3)のように，「c()」のカッコの中に数値をカンマで区切って配置することでベクトルを表します。

図14.4に，ベクトルの利用方法の例を示します。図14.4で，最初の行では，vdataという**変数**に1から5の整数を並べたベクトルであるc(1, 2, 3, 4, 5)を書き込んでいます。ここで「<-」という記号は左向きの矢印←を意味しており，この記号の右側（右辺）にあるデータを左辺に書き込む操作を表します[5)]。左辺にある「vdata」は変数の名前です。変数とは，数値やベクトルなどを記録するための記憶領域です。

1行目で変数vdataに書き込んだベクトルは，その後で計算に利用することが出来ます。例えば2行目では，ベクトルを4倍する計算を行なっています。結果として，vdataに格納されたベクトル(1, 2, 3, 4, 5)の各要素の2倍の値が出力されています。同様に，3番目の入力「vdata^2」では各要素の2乗が，また4番目の「sqrt(vdata)」では各要素の平方根が計算されています。

4) Rでは，一次元の数値の並びであるベクトルだけでなく，2次元の表現である行列を利用することもできる。

変数

一般に，プログラミング言語等において，データを記録するための名前を持った記憶領域のことを変数と呼ぶ。

5) 一般に，このような操作を代入と呼ぶ。

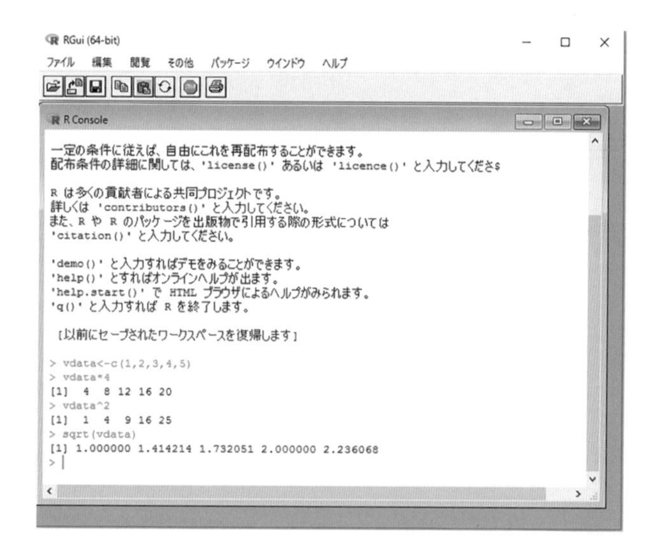

図14.4　ベクトルの利用方法の例

ベクトル同士の計算を行なうこともできます。図14.5では，2つの変数xとyを用意し，それぞれに適当なベクトルを書き込んでいます。「$x+y$」として加算を指示すると，ベクトルの対応する各要素どうしの加算結果が出力されます。また，「x/y」で除算を指示したり，「$x*y$」で各要素の乗算を求めることもできます。

図14.5では，ベクトルの要素同士の演算例を示しました。Rでは，要素同士の計算だけでなく，ベクトルや行列の演算も簡単に行うことができます[6)]。

6) Rでは，行列の積や逆行列の計算も簡単に行うことができる。

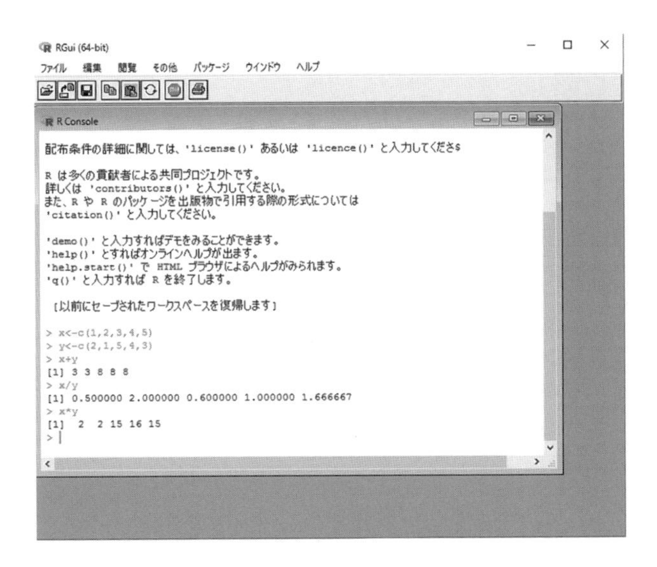

図 14.5　ベクトルの要素同士の演算例

14.3　基本的な統計処理

◆ R における基本的な統計処理機能

R は統計ツールですから，さまざまな統計処理機能を備えています。その中から，基本的な統計量についての処理関数の例を表 14.2 に示します。

表 14.2　基本統計量

max()	最大値
min()	最小値
median()	中央値
sum()	合計値
mean()	平均値
var()	分散
sd()	標準偏差
summary()	基本統計量の概要

◆最大・最小・中央値

はじめに，与えられたデータの中から，最大値と最小値，それに中央値を求めます。図 14.6 に実行例を示します。

図 14.6 では，ベクトル $(2, 1, 2, 3, 1, 2)$ を変数 x に格納し，最大・最小・中央値を求めています。さらに，summary() 関数を使うことで，第 1 四分位点や平均値，第 3 四分位点等も一括して求めることができます。

◆平均・分散・標準偏差

図 14.7 の例では，平均や分散，標準偏差を求めています。

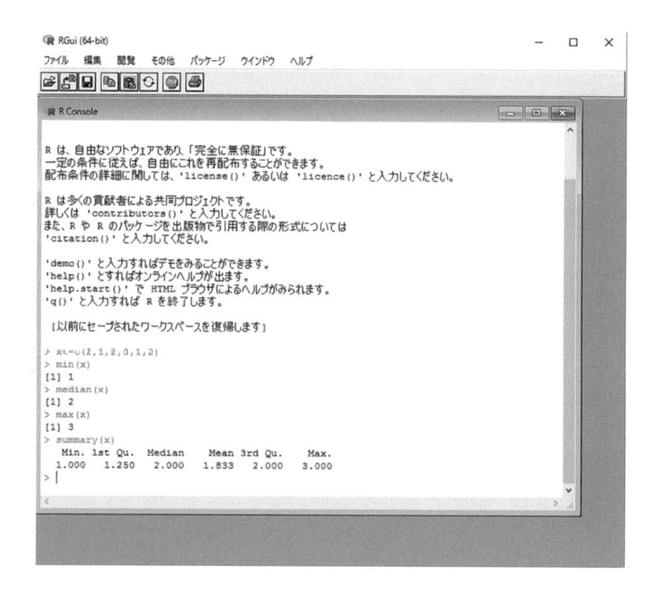

図 14.6　最大・最小・中央値の計算

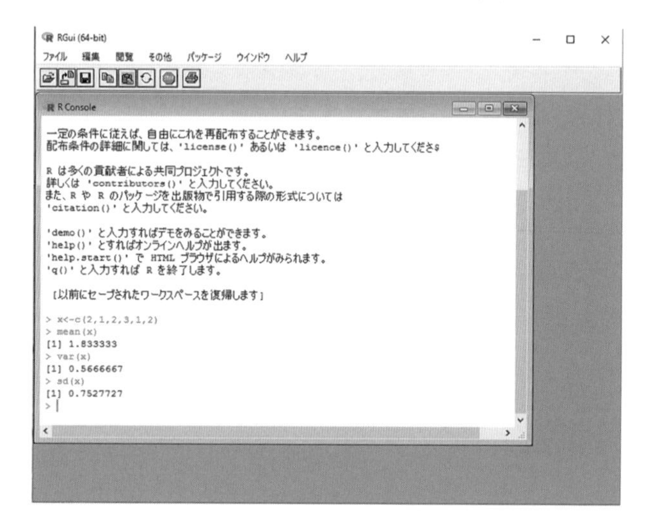

図 14.7　平均・分散・標準偏差の計算

以上の機能を用いると，例えば，テストの結果を簡単に集計することができます。いま，10 人が受験した英語のテストで，各々の得点が次のようだったとしましょう。

62 点　61 点　74 点　65 点　91 点　55 点　92 点　77 点　85 点　98 点

これらの点数から，最大・最小・中央値，それに平均や分散，標準偏差を求める操作を，図 14.8 に示します。図 14.8 でははじめに，変数 English に 10 人の英語のテストの得点を代入しています。ついで，summary() 関数を用いて最大・最小・中央値および，第 1 四分位点と第 3 四分位点を求めています。さらに，var() 関数と sd() 関数を用いて，それぞれ分散と標準偏差を求めています。

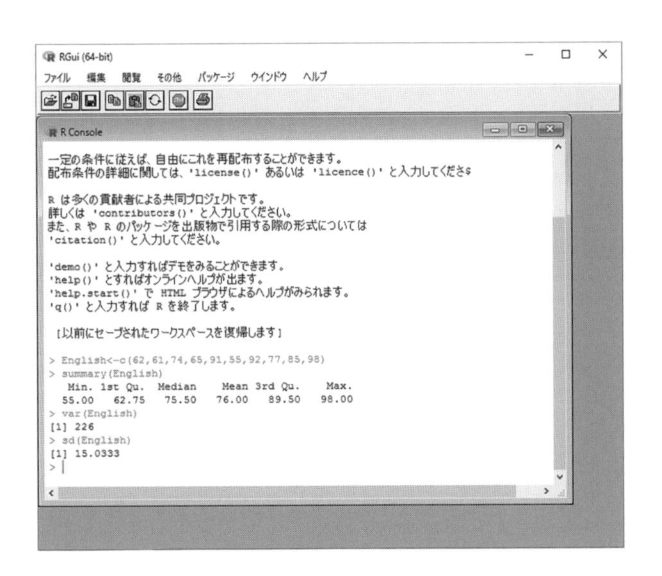

図 14.8　テストの得点の集計例

◆発展的な統計処理機能

Rでは，さまざまな統計計算に関する処理機能を備えています。その守備範囲は，さまざまな統計的検定手法や時系列解析手法，クラスタリングや主成分分析，因子分析，線形回帰およびさまざまな非線形回帰手法，それに確率に関連する計算など，極めて多岐にわたります。これらをここで紹介するのは困難ですので，詳細は他の文献[7]に譲りたいと思います。

[7] R の文献については，公式マニュアル（https://cran.r-project.org/manuals.html）の他，非常に多くの書籍や Web サイトがある。

14.4　可視化

◆可視化とは

可視化とは，図やグラフなどを用いて分かりやすくデータを表現することをいいます。データサイエンス分野では，解析対象とするデータは巨大で複雑であり，その処理結果も理解が難しいのが普通です。そこで，可視化によって，解析対象データやその処理結果を分かりやすく表現する必要があります。

可視化
英語の visualization に対応し，ビジュアライゼーションとカタカナで表記することもある。

可視化の方法としてよく用いられるのが，グラフによる表現です。Rでは，さまざまなグラフ描画機能が提供されており，対象データや処理結果を手軽にグラフ化することが可能です。

Rにはさまざまな可視化機能が用意されています。ここではそれらのうちから，基礎的で分かりやすい例として，ヒストグラムと散布図の作成方法を紹介しましょう。

◆Rの可視化機能（1）　ヒストグラム

はじめに，データの分布の様子を可視化するためのグラフである，ヒストグラムを作成してみましょう。ヒストグラムは，与えられたデータがど

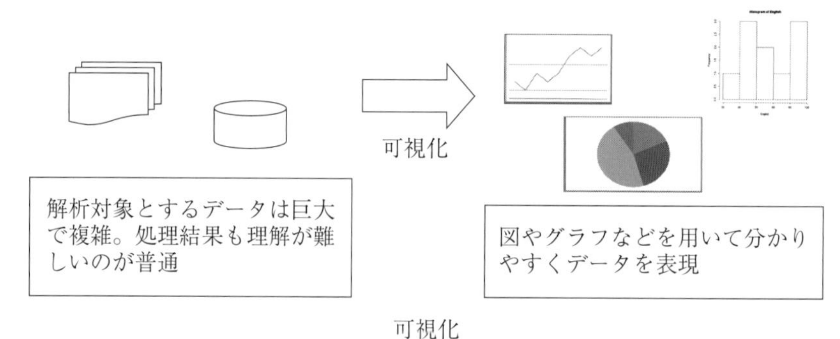

可視化

のようにばらついているかを直観的に理解するためのグラフです。

例として，先ほどの英語のテストの例を，ヒストグラムで表現してみましょう。プログラム 14.1 に，ヒストグラムを生成する手順を示します。プログラム 14.1 で，最初の行における変数 English への得点の代入は，図 14.8 の場合と全く同じです。もし図 14.8 の状態から引き続いて作業を進めるのであれば，変数 English の値はそのまま保存されていますから[8]，改めて値を代入する必要はありません。続いて，hist() 関数を用いてヒストグラムを生成します。hist() 関数はさまざまな利用方法がありますが，プログラム 14.1 の例では最も簡単に，描画対象の変数である English 変数だけを与えています。

[8] 14.2 節で述べたように，前回の R の終了時に作業スペースを保存しておけば，R を再び起動した後で変数の以前の値を再び利用することができる。

```
> English <- c(62,61,74,65,91,55,92,77,85,98)
> hist(English)
>
```

プログラム 14.1　ヒストグラムの作成（1）最も簡単な方法

プログラム 14.1 による描画の結果を，図 14.9 に示します。図 14.9 で横軸は階級すなわち，ある得点の幅を表し，縦軸はその階級に含まれるデータの個数を表しています。図 14.9 を見ると，60 点から 70 点の間に 3 件，90 点から 100 点の間に 3 件のデータが存在し，70 点から 80 点の間に 2 件，そして 50 点から 60 点と，80 点から 90 点の間にそれぞれ 1 件のデータがあることがわかります。

プログラム 14.1 の例では，R システムにすべて任せて自動的にヒストグラムを生成しました。その結果，テストの得点データに対しては，50 点から 100 点の間に 10 点幅で階級を設定してヒストグラムが生成されました。これに対してプログラム 14.2 では，横軸を 0 点から 100 点の間の 5 点刻みで設定するように指示を与えています[9]。こうすると，図 14.10 のようなヒストグラムを作成することができます。

hist() 関数には，ヒストグラムのタイトルを与えたり，あるいは縦軸・横軸の名前を指定する，あるいは縦軸の範囲を指定するなど，ここで紹介した以外にもさまざまな指示を与えることが可能です[10]。

[9] hist() 関数の第 2 引数である，以下の記述がこの指示に対応する
breaks=seq(0,100,5)

[10] 例えば，hist() 関数の引数として以下のように日本語文字列を指定すると，ヒストグラムのタイトルに日本語で「英語の得点」と表示される。
hist(English,main=“英語の得点”)

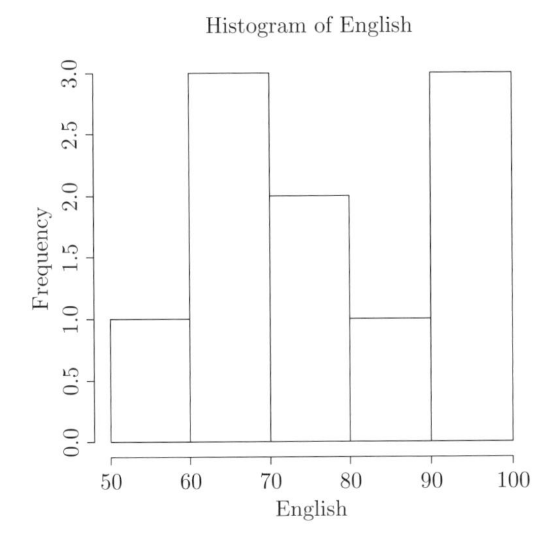

図 14.9　ヒストグラムの作成例（1）　プログラム 14.1 の出力結果

```
> hist(English,breaks=seq(0,100,5))
```

プログラム 14.2　ヒストグラムの作成（2）　横軸を指定した場合

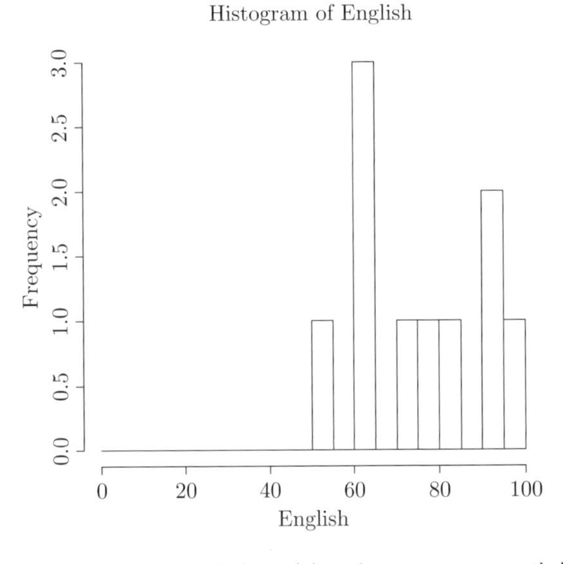

図 14.10　ヒストグラムの作成例（2）　プログラム 14.2 の出力結果

◆ R の可視化機能（2）　散布図

散布図は，データの持つ 2 つの数値を縦軸と横軸に対応付けてグラフ化する可視化方法です。例えば，いま，10 人の学生の英語と数学の得点が次のようであったとします。

散布図を用いて，表 14.3 に示した英語と数学の得点に関係があるかどうかを調べてみましょう。プログラム 14.3 に，散布図の描画手順を示します。また，図 14.11 に描画結果を示します。

11) 表 14.3 のようなデータは，Microsoft Excel のような表計算ソフトで作成してファイルに格納し，そのファイルを R で改めて読み込んで処理することもできる。⇒ 14.5 節参照

表 14.3　10 人の学生の英語と数学の得点 11)

番号	英語	数学
1	62	75
2	61	63
3	74	70
4	65	77
5	91	65
6	55	53
7	92	89
8	77	99
9	85	83
10	98	81

```
> English <- c(62,61,74,65,91,55,92,77,85,98)
> Math <- c(75,63,70,77,65,53,89,99,83,81)
> plot(English,Math)
```

プログラム 14.3　散布図の描画手順

プログラム 14.3 では，変数 English と変数 Math に得点の値を代入した後，plot() 関数を利用して散布図を作成しています。繰り返しになりますが，それぞれの変数に値が既に格納されていれば，改めて代入する必要はありません。

図 14.11 を見ると，英語と数学の得点の間には，何か関係がありそうです。両者の関係を探るには，回帰分析が必要になりますが，R を使えばこ

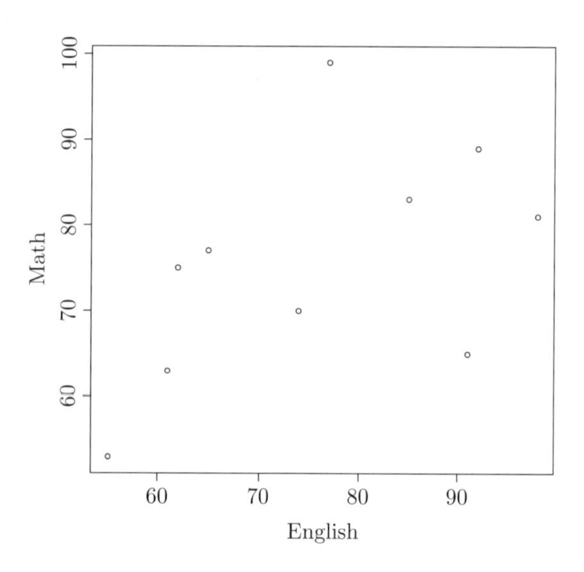

図 14.11　散布図の描画結果

れも簡単に行うことができます[12)]。

hist() 関数同様，plog() 関数にもさまざまな指示を与えることが可能です。さらに，plot() 関数は散布図の描画だけでなく，さまざまなグラフを描画することもできます[13)]。

12) 例えば lm() 関数と abline() 関数を利用すると，散布図の上に回帰直線を簡単に描画することができる。

14.5 ファイル処理

13) 例えば次のように記述すると，sin 関数を 0〜2π の範囲で描画する。
plot(sin,0,2*pi)

◆ファイル処理の必要性

R などの統計ツールを用いてデータ処理を行う場合，処理対象となるデータは大規模なデータであるのが普通です。このため，こうしたデータをキーボードから入力するのは不可能です。そこで，ファイルからデータを読み出して処理したり，処理結果をファイルに書き込む機能が必要です[14)]。

R では，ファイルの読み書きを簡単に行うためのさまざまなしくみが用意されています。その中から以下では，基本的なテキストファイルの読み書きと，**CSV** と呼ばれる形式のファイルの取り扱いを説明します。

14) 統計処理に限らず，ワープロでの文書作成や表計算ソフトでのデータ処理，あるいはカメラでの写真撮影など，さまざまな局面でファイル処理が必要である。

◆テキストファイルの利用

テキストファイルは，データを文字として表現した形式のファイルです。まず，R の変数の内容をテキストファイルに書き込む例を説明します。

はじめに，ファイルをどこのフォルダに書き込むのかを設定します。このためには，R の「ファイル」メニューから「作業ディレクトリの変更」を選びます[15)]。すると，図 14.12 に示すようなウィンドウが表示されますから，ファイルを書き込む先のフォルダを選択して OK ボタンを押します。

書き込み先の設定後，プログラム 14.4 のような操作を行うことで，変数に格納されたデータをファイルに書き込むことができます。図では，変数

CSV

Comma Separated Value の頭文字で，コンマでデータを区切った形式のデータファイルである。

15) Windows では，ディレクトリのことをフォルダと呼ぶ場合があるが，どちらも同じ意味である。

図 14.12　ファイルの書き込み先のフォルダの設定

English に格納した点数のデータを，write() 関数を用いて EnglishData.txt という名前のファイルに書き込んでいます。この結果，書き込み先のフォルダ内に，EnglishData.txt というファイルが出来上がります。EnglishData.txt ファイルには，10 個の数値が書き込まれます。

```
> English <- c(62,61,74,65,91,55,92,77,85,98)
> write(English,"EnglishData.txt")
>
```

プログラム 14.4　テキストファイルの書き込み

テキストファイルからデータを読み込むには，scan() 関数を利用します。プログラム 14.5 に，プログラム 14.4 で作成した EnglishData.txt ファイルからデータを読み込んで，変数 copydata に格納する例を示します。

```
> copydata <- scan("EnglishData.txt")
Read 10 items
> copydata
  [1] 62 61 74 65 91 55 92 77 85 98
>
```

プログラム 14.5　テキストファイルの読み込み

◆ CSV ファイルの利用

R には，CSV ファイルと呼ばれる形式のファイルを簡単に読み書きする機能が備えられています。CSV ファイルは，数値をコンマで区切って記述したファイル形式であり，Microsoft Excel などさまざまなアプリケーションプログラムから読み書きできる標準的なファイル形式です[16)]。

簡単な例を用いて，CSV ファイルの利用方法を説明しましょう。まず，表 14.3 に示したテストの得点表を Microsoft Excel などのプログラムで作成し，CSV ファイル points.csv として保存します。points.csv ファイルは，次のような内容となります（図 14.13)。

次に，プログラム 14.6 に示す手順で points.csv ファイルを読み込みます。

プログラム 14.6 では，read.table() 関数を使って points.csv ファイルを読み込んできます。その後読み込んだ内容を確認した上で，英語や数学の得点データを取り出して表示したり[17)]，mean() 関数を使って平均値を求めたりしています。

16) CSV ファイルは多くのアプリケーションプログラムで読み書き出来る共通的なファイル形式であるが，R には，Excel 固有のファイル形式（.xlsx 形式）で記述されたデータファイルを処理する機能もある。

17)「PointsData$英語」と記述することで，PointsData 変数から英語の得点のみを取り出すことができる。

```
番号, 英語, 数学
1,62,75
2,61,63
3,74,70
4,65,77
5,91,65
6,55,53
7,92,89
8,77,99
9,85,83
10,98,81
```

図 14.13 points.csv ファイル

```
> PointsData = read.table("points.csv",header=TRUE,sep=",")
> PointsData
   番号 英語 数学
1   1   62   75
2   2   61   63
3   3   74   70
4   4   65   77
5   5   91   65
6   6   55   53
7   7   92   89
8   8   77   99
9   9   85   83
10 10   98   81
> PointsData$英語
  [1] 62 61 74 65 91 55 92 77 85 98
> PointsData$数学
  [1] 75 63 70 77 65 53 89 99 83 81
> mean(PointsData$英語)
[1] 76
```

プログラム 14.6 CSV ファイルの読み込み

14.6 プログラミング言語としての R

以上ここまでは，統計ツールとしての R の機能を紹介しました。実は R は，一般的なプログラミング言語としても，豊富な機能を有しています[18)]。R はプログラミング言語としての機能を有することから，さまざまな分野への拡張が可能です。

18) 例えば，R は次章で紹介する Python 言語と同様，オブジェクト指向プログラミング言語としての機能も備えている。

R の応用分野は統計分野に留まらず，例えばニューラルネット（12 章参照）や決定木（11 章参照），あるいは文字列処理などでも利用されています。さらに，画像処理や音声処理（3 章参照）などにも R を利用することが可能です。これらのプログラムは，R のパッケージとして配布されており，一般の利用者が容易に使用できるように配慮されています。

この章のまとめ

- 統計ツールを使うと，高度な統計処理を簡単に行うことができる
- R は，高性能で，かつ無料で利用することができる統計ツールである
- R を使うと，基本的な計算から高度な統計処理までを，簡潔な操作で行うことができる
- R には，可視化やファイル処理等の機能も備えられている
- R はプログラミング言語としても利用することができる

章末問題

14.1 plot() 関数を利用して，e^x の値を $x = 0$ から 5 の範囲で描画してください。

14.2 下記のようなデータを Microsoft Excel 等を使って作成して CSV ファイル（ファイル名：data1.csv）に格納してください。さらに R を使って読み込んでください。

表 14.4　10 人の学生の国語，理科，社会の点数

番号	国語	理科	社会
1	75	73	82
2	93	97	90
3	60	55	53
4	82	76	77
5	69	77	62
6	85	51	90
7	50	99	55
8	90	83	93
9	75	79	78
10	85	82	88

14.3 表 14.4 の各科目について，R を使って平均値を求めてください。

14.4 表 14.4 のデータについて，R を使ってヒストグラムや散布図を作成してください。

第15章 人工知能のフレームワーク —Python言語環境を例に

人工知能システムは，コンピュータプログラムとして実現しなければ役に立ちません。本章では，人工知能のシステムを実現するためのフレームワーク（枠組み）として，Python言語とその環境を取り上げます。はじめに，そもそもプログラムとは何かから説明を始めて，プログラミング言語の役割と，Python言語の特徴を説明します。その後，Pythonによるプログラミングの初歩を例示した上で，Pythonを使って実際に人工知能システムを構築する方法を概説します。

第15章の項目

15.1 プログラミングとは何をすることか

◆コンピュータとプログラム

私たちがコンピュータを使うのは，プログラムの機能を利用するためです。例えばワープロソフトを使って文章を書いたり，統計ツールを使って統計計算をするために，コンピュータを利用します。

コンピュータは，プログラムに従って動作し，プログラムをどう作るかによってさまざまな機能を発揮します。逆に，何もプログラムがインストールされていないコンピュータがあったとしたら，そのコンピュータは何もできないただの箱[1]になってしまいます。

1) プログラムが全くインストールされていないコンピュータでは，電源スイッチを押されても何も反応できない。

コンピュータ　プログラムがなければただの箱

コンピュータを役立てるには，使いたい機能を備えたプログラムを用意する必要があります。このためには，フリーソフトをダウンロードしたり，商用のソフトを買ってきたりします。大抵の場合はこれで用が足りるのですが，もし必要な機能を備えたプログラムが手に入らなければ，自分でプログラムを作成する必要が生じます。

◆プログラミング言語の役割

自分でプログフムを作る場合，どのようにしてプログラムを作ればよいのでしょうか。一般には，**プログラミング言語**と呼ばれる記述体系に従ってプログラムを構成し，これを**プログラム言語処理系**を介してコンピュータに与えます。すると，コンピュータはプログラムに従って動作します。

プログラミング言語

プログラミング言語は，コンピュータに与える命令を記述するための人工言語である。

プログラム言語処理系

人間の書いたソースプログラムをコンピュータの理解できる機械語に翻訳するコンパイラや，ソースプログラムを解釈実行するインタプリタ等がある。

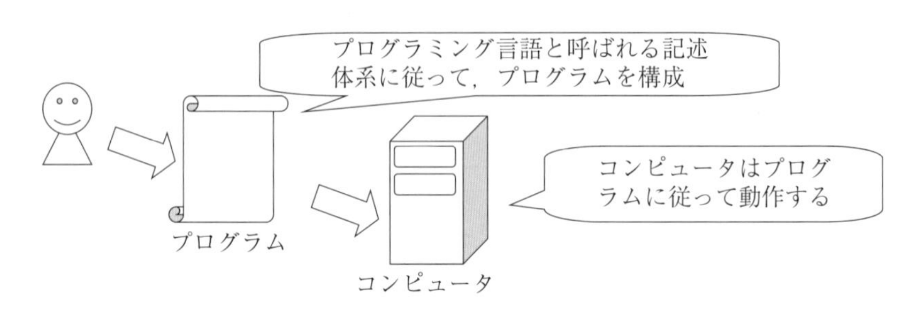

図15.1　プログラミング言語とコンピュータ

◆プログラミング言語Python

目的や用途に合わせて，プログラミング言語には非常に多くの種類があります[2)]。データサイエンス分野でプログラムを作成するには，どのプログラミング言語を選べば良いのでしょうか。これにはさまざまな可能性が考えられますが[3)]，近年，**Python**の応用事例が急増しています。

Pythonを用いると，統計計算プログラムや人工知能のプログラムを効率良くプログラミングすることができます。これは，Pythonが理解しやすく親しみやすいプログラミング言語であるばかりでなく，多くの人たちがさまざまな機能の**ライブラリ**を提供してくれていることに因っています。

例えば人工知能分野では，特に，Pythonによるディープラーニング向けのライブラリがいくつも公開されています。ディープラーニングを実践する場合には，これらを利用するのが一般的な方法となっています。

Pythonを利用するには，Pythonの処理系をインストールする必要があります。Pythonの基本的な処理系は，Python公式サイト[4)]からダウンロード可能です。

インストールに際しては，Pythonのバージョンを選ぶ必要があります。現在利用されているPython処理系にはバージョン2とバージョン3がありますが，今後はバージョン3が中心的に利用される見通しです。そこで以下では，バージョン3を取り上げて，その基本的な機能を中心に説明し

2) 例えば，C, C++, Java, Javascript, Perl, PHP, Ruby, Lisp, Cobol, Fortran, Pythonなど，世の中で広く使われている有名なものだけでも数十種類はある。

3) 14章で紹介したRは，データサイエンス分野におけるプログラミング言語選択時の一つの候補である。

Python

パイソンと読む。ニシキヘビを意味するPythonと同じ語である。

ライブラリ

プログラムを作成する際に利用することのできる，汎用的なプログラムの断片の集合を，ライブラリと呼ぶ。

4) https://www.python.org/

ます。

15.2　プログラミングの第一歩

◆ Pythonの起動と終了

コンピュータやオペレーティングシステムの種類によって，Pythonを起動する方法はさまざまです。さらに，例えばオペレーティングシステムをWindowsに限定しても，Pythonの利用方法は多岐にわたります[5]。ここでは，WindowsのコマンドプロンプトからPythonを利用する場合を念頭に説明を進めます。

5) ここで紹介するコマンドプロンプトからの起動のほか，例えばJupyter Notebookを利用する方法や，サーバ上で実行されているPython処理系をWebブラウザから利用する方法もある。

Pythonを利用するために，最初にコマンドプロンプトを起動します。コマンドプロンプトは，「スタート」メニューの「Windowsシステムツール」内にあります。コマンドプロンプトが起動したら，「python」と入力します（図15.2）。

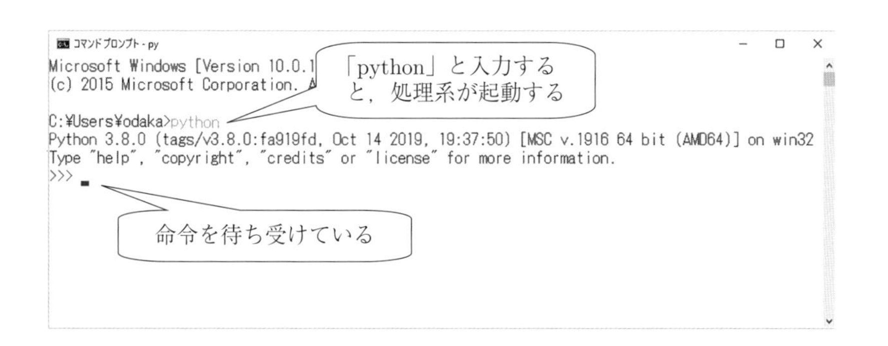

図15.2　コマンドプロンプト内でのpythonの起動（青字はキーボードからの入力）

図15.2の状態では，特定のプログラムを実行せずに，Python処理系が命令を待ち受けています。この状態でPython言語の命令を入力すると，Python処理系が命令を実行します。例えば「quit()」と入力すると，Python処理系を終了します（図15.3）。「quit()」は，Python処理系を終了させる働きのある命令[6]です。

6) 後述するように，厳密に言うとquit()はPythonの関数である。

今度は，Python処理系にプログラムを与えて実行させてみましょう。まずWindowsアクセサリのメモ帳を使って，図15.4のように1行からなるプログラムadd.pyを記述します。メモ帳を起動してadd.pyという名前のプログラムファイルを作成するには，図のように「notepad add.py」と打ち込みます。これによりメモ帳のウィンドウが新しく開きます。ここで図のように，「print(3+5)」と入力して，メモ帳を終了します。このとき，入力したデータを保存するかどうか聞かれますから，保存することを忘れないでください。以上で，add.pyという名前のファイルが出来上がり，その

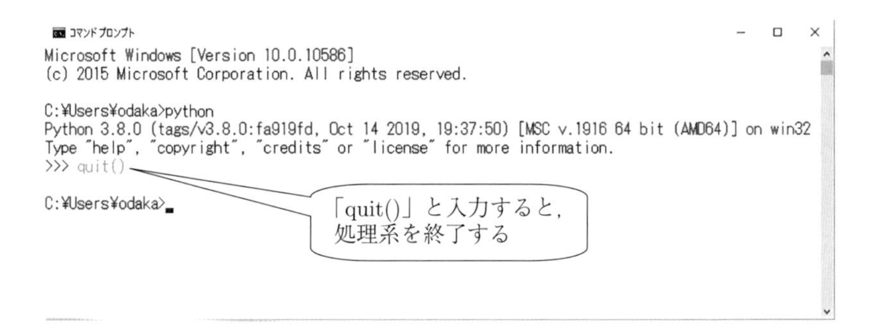

図 15.3　Python 処理系の終了（青字はキーボードからの入力）

図 15.4　プログラムの記述と実行（青字はキーボードからの入力）

中には，「print(3+5)」という 1 行だけのプログラムが収められています。このプログラムの意味は，3 + 5 を計算してその結果を画面に表示しなさい，という意味です。ここで print は，データを画面に出力する機能を持った**関数**です。

関数

Python の関数は，1 次関数や三角関数などの数学関数と同様に，引数としてある値を与えると適当な処理を実行して，必要に応じて結果を戻す仕組みのことである。

次に作成した add.py プログラムを実行します。このためには，図のように「python add.py」と入力します。これは，Python 処理系を利用して add.py プログラムを実行せよ，という意味を表します。この結果，「3+5」の計算が行われて，答えの「8」が画面に表示されます。

add.py プログラムの内容を変更して実行すると，変更に対応した結果が表示されます。例えば，図 15.5 のように 2 行のプログラムを記述して実行すると，それぞれの計算結果が画面に表示されます。

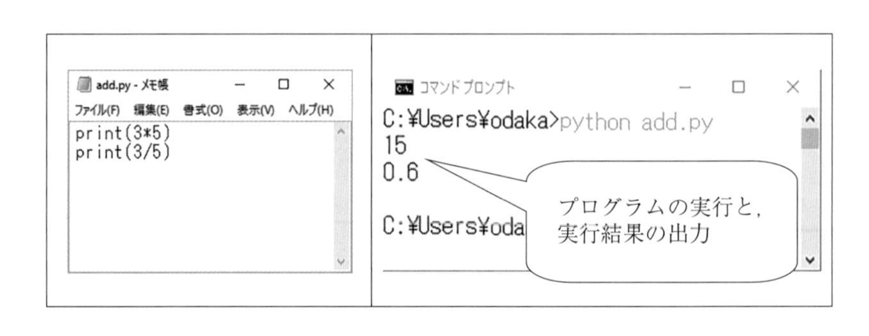

図 15.5　2 行のプログラムと，その実行結果（青字はキーボードからの入力）
（左）プログラムリスト（プログラムの内容），（右）実行結果

◆入出力

次に，キーボードから数値を読み込んで決められた計算を行うプログラム calc.py を示します。このためには，図 15.6 にあるように，input() 関数を利用します。

図 15.6 で，1 行目では**変数** num に，キーボードから入力された数値を**代入**しています。このとき，input() 関数がキーボードから読み込む値は入力された文字そのものなので[7]，文字を整数に変換するために int() 関数を利用しています[8]。続くプログラムの 2 行目では，変数 num に格納された入力値を 2 倍して，print() 関数の働きにより画面に出力しています。

図 15.6 の実行例では，初めに，40 を与えて 2 倍の 80 が出力される例を示しています。2 番目の例は数値の代わりに「abc」という文字列を与えています。この場合には，Python 処理系が無効な入力値を検出してエラーを報告しています。

変数

変数とは，名前を持ったデータ格納領域のことである⇒14 章参照。

代入

Python では，変数への代入に等号「=」を用いる⇒14 章参照。

7) キーボードから読み込む値は入力された文字そのもの

例えば図 15.6 では 40 が入力されているが，input() 関数は 4 という文字と 0 という文字の 2 文字を読み取って返す。

8) int() 関数を利用しています

図 15.6 の例では int() 関数は，input() 関数が返す 4 という文字と 8 という二つの文字から，40 という整数を返している。

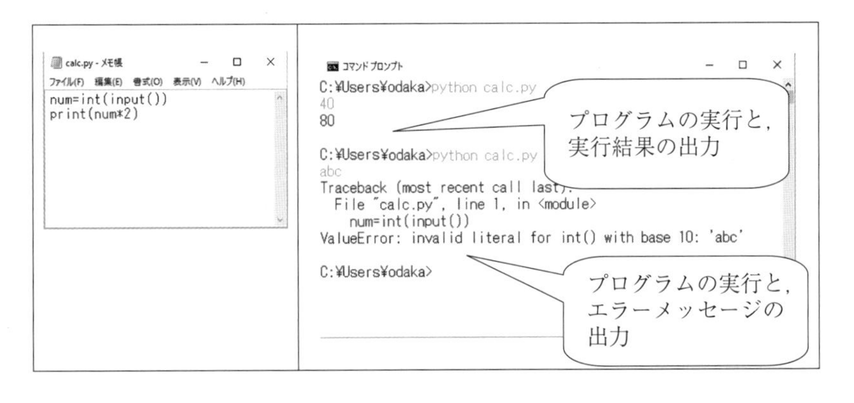

図 15.6 calc.py プログラムのプログラムリストとその実行結果（青字はキーボードからの入力）（左）プログラムリスト（プログラムの内容），（右）実行結果

◆繰り返し処理

コンピュータは単純な処理を繰り返すのが得意です。プログラムの作成において，繰り返し処理をどう記述するかは，中心的な課題の一つです。

Python のプログラムで繰り返し処理を記述する方法はさまざまですが，ここではまず，**for 文**による繰り返し処理の基本を紹介します。はじめは，for 文による決められた回数の繰り返し処理の方法を説明します。

図 15.7 は，10 回の繰り返し処理によって，0 から 9 までの数の 2 乗と 3 乗の値を求めるプログラムです。図 15.7 で，1 行目の for から始まる行では，繰り返しの方法を指定しています。ここでは，変数 i を，0 以上 10 未満の範囲で変化させながら繰り返し処理を行うことを指定しています。2 行目は，繰り返しの本体です。ここでは，変数 i の値と，i の 2 乗（i * i）および i の 3 乗（i * i * i）の値を print() 関数により出力しています。な

お，2行目は空白4つ分だけ行頭が右にずれていますが，このような段付けのことを**インデント**と呼びます。インデントにより，段付けされた部分がforによる繰り返しの本体となることを表しています[9)]。

9) Pythonでは，for文に場合に限らず，インデントによって文のまとまりを表現する。

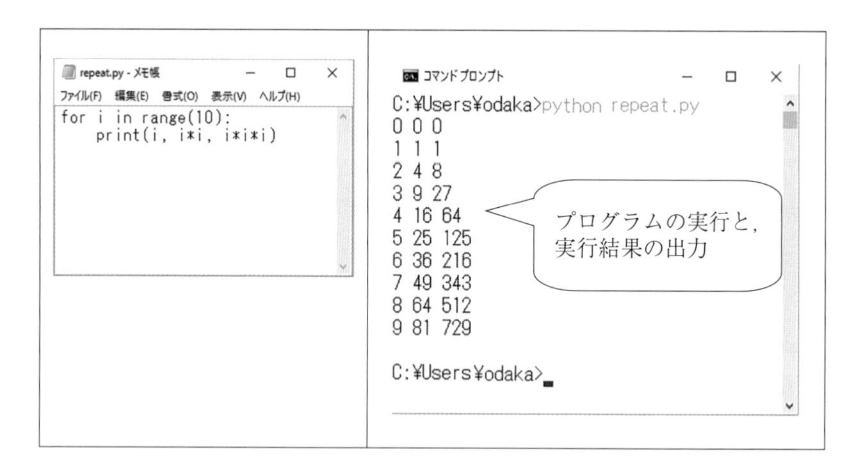

図 15.7　repeat.py プログラムのプログラムリストと，その実行結果（青字はキーボードからの入力）（左）プログラムリスト（プログラムの内容），（右）実行結果

図15.7の例は決められた回数の繰り返し処理の例でしたが，あらかじめ繰り返し回数を指定するのではなく，条件判定に基づいて繰り返し回数を制御することもできます。図15.8のuntil.pyプログラムでは，iの3乗の値が10000未満の間，0から順に3乗の値を出力します。

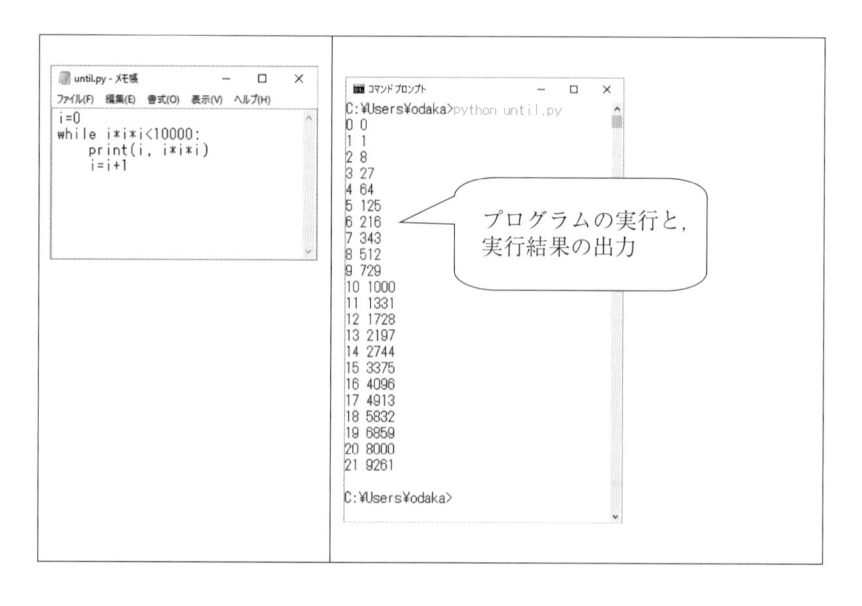

図 15.8　until.py プログラムのプログラムリストと，その実行結果
（左）プログラムリスト（プログラムの内容），（右）実行結果（青字はキーボードからの入力）

until.py プログラムでは，while による繰り返しの制御を行なっています。**while 文**では，条件式で与えられた条件が成立する間，繰り返しの本体を何度も実行します。図 15.8 の例では，i * i * i の値が 10000 未満である間，インデント（段付け）で示された繰り返しの本体を繰り返します。繰り返しの本体においては，i の値および 3 乗の値を print() 関数で出力してから，i の値に 1 を加えて更新します。

図 15.8 (2) の実行例では，i の値が 0 の場合からはじめて，i が 1 ずつ大きくなっていきます。i が 21 の場合まで出力が続き，i が 22 になると 3 乗の値が 10000 を超えるため，繰り返しが終了してプログラムが終了します。

◆関数の利用

ここまでの例で，input() 関数や print() 関数などの関数は，あらかじめ Python のシステムに備えられたものでした。しかし，関数を自分で作成することもできます。

関数を自作する例を図 15.9 に示します。図 15.9 の function.py プログラムを実行すると，図 15.9 のように，1 から 10 の範囲で，その数の 3 乗と逆数の値を逐次出力します。

function.py プログラムでは，calcdata という名前の関数を作成しています。calcdata() 関数は，**引数**の 3 乗を計算して変数 x3 に代入し，引数として与えられた値 x と，その 3 乗の値である x3，およびその逆数の 1/x3 の値を出力します。

引数
関数を呼び出す際に，関数に与えられた値のこと。

Python の関数定義においては，def から始まる先頭の 1 行目で，関数の名前と，引数を操作するための関数内での名前を記述します。図 15.9 の場合では，関数名は calcdata であり，引数の値は x という名前で受け取るこ

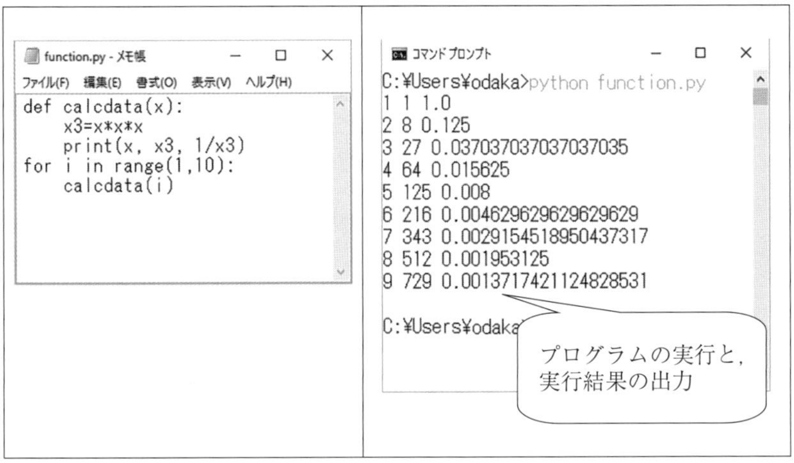

function.py - メモ帳
ファイル(F)　編集(E)　書式(O)　表示(V)　ヘルプ(H)

```
def calcdata(x):
    x3=x*x*x
    print(x, x3, 1/x3)
for i in range(1,10):
    calcdata(i)
```

コマンド プロンプト

```
C:¥Users¥odaka>python function.py
1 1 1.0
2 8 0.125
3 27 0.037037037037037035
4 64 0.015625
5 125 0.008
6 216 0.004629629629629629
7 343 0.0029154518950437317
8 512 0.001953125
9 729 0.0013717421124828531

C:¥Users¥odaka>
```

プログラムの実行と，実行結果の出力

図 15.9　function.py プログラムのプログラムリストと，その実行結果（青字はキーボードからの入力）（左）プログラムリスト（プログラムの内容），（右）実行結果

とを記述しています。関数の処理の本体は，2 行目以降のインデントで示された部分に記述します。図 15.9 の例では関数の処理の本体は，2 行目の 3 乗の計算と，3 行目の print() 関数による出力の，合計 2 行から構成されています。

function.py プログラムでは，関数定義に続く 4 行目からプログラム本体が始まります。プログラムの本体部分では，for 文による繰り返しによって，calcdata() 関数を 10 回呼び出しています。呼び出しに際しては，引数として変数 i に 1 から 10 の値を与えています。

15.3　便利なライブラリ

◆数学的処理

標準ライブラリ

Python 公式サイトからインストールした際に自動的に組み込まれるライブラリのこと。

はじめに，Python の**標準ライブラリ**に含まれる math モジュールを紹介します。math モジュールは，指数関数や対数関数，三角関数や双曲線関数など，よく利用される数学関数の計算に利用します。

図 15.10 に，math モジュールの利用例を示します。図 15.10 は mathdemo.py プログラムのプログラムリストです。Python でライブラリを利用するには，import 文を利用します。ここでは，math モジュールを利用するために，1 行目で「import math」と記述しています。これは，math モジュールを読み込みなさい，という意味です。

続いて，input() 関数を用いてキーボードから数値を読み込み，float() 関数を用いて**浮動小数点数**に変換して，変数 x に代入しています。

浮動小数点数

小数点や指数を含む数値の表現方法。

続いて，math.sqrt() 関数を用いて x の平方根を求め，続いて math.log() 関数で自然対数の値を求めています。

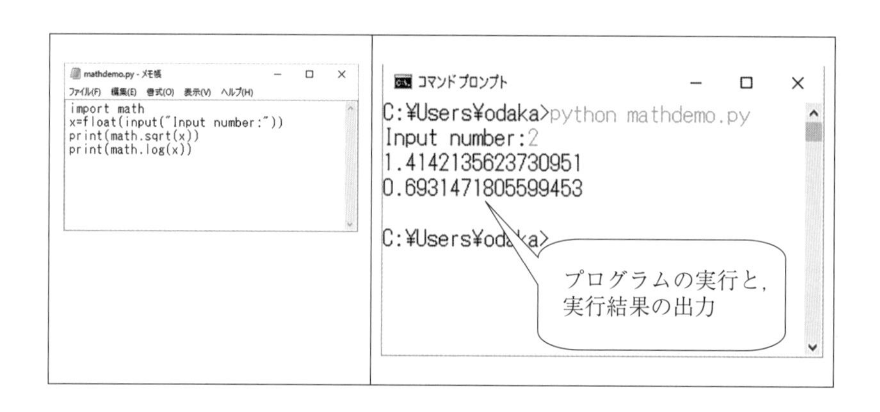

図 15.10　mathdemo.py プログラムのプログラムリストと，その実行結果（青字はキーボードからの入力）
（左）プログラムリスト（プログラムの内容），（右）実行結果

外部ライブラリ

標準ライブラリと異なり，Python 処理系の公式サイトからのインストールだけではインストールされず，別途インストールが必要なライブラリのこと。

Python には，**外部ライブラリ**として，数値計算向けの強力なライブラリが用意されています。例えば，SciPy モジュールはさまざまな科学技術計算向けのライブラリです。また Numpy モジュールは，行列計算とその応用によってさまざまな科学技術計算に利用することができます。

◆統計と可視化

基本的統計機能として，Python の標準ライブラリには statistics というモジュールが含まれています。statistics モジュールを用いると，平均値や中央値，分散や標準偏差などの基本統計量を求めることができます。外部ライブラリとして，SciPy に含まれる stats モジュールを利用するとさらに高度な統計処理が可能です。図 15.11 に，statistics モジュールを利用した statdemo.py プログラムを示します。

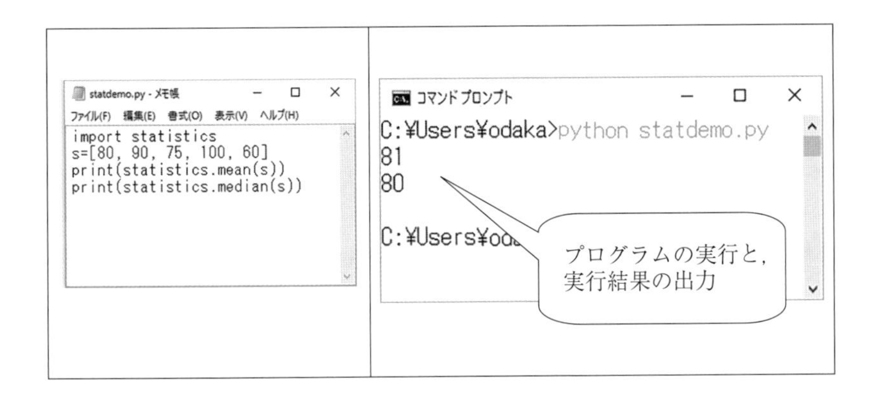

図 15.11　statdemo.py プログラムのプログラムリストと，その実行結果（青字はキーボードからの入力）
（左）プログラムリスト（プログラムの内容），（右）実行結果

可視化ツールとして，外部ライブラリに matplotlib というモジュールがあります。matplotlib は様々なグラフを簡単に描画できる可視化モジュールです。図 15.12 に，matplotlib を用いてヒストグラムを描く例を示します。

可視化
⇒ 14.4 節参照。

◆人工知能

Python 環境では，人工知能分野の中でも特にディープラーニング向けのライブラリが充実しています。このため，ディープラーニングのプログラムを実装する際には，Python の選択を第一に考慮するのが一般的です。具体的なライブラリとして，TensorFlow，Keras，Caffe，PyTorch などがあります。これらはすべて外部ライブラリです。

TensorFlow は，テンソルすなわちベクトルや行列を一般化したデータ構造に対する処理機能を提供するライブラリであり，それ自体がディープラーニングプログラミングのプラットフォームとして利用されています。また TensorFlow は，Keras 等のディープラーニング向けライブラリの土

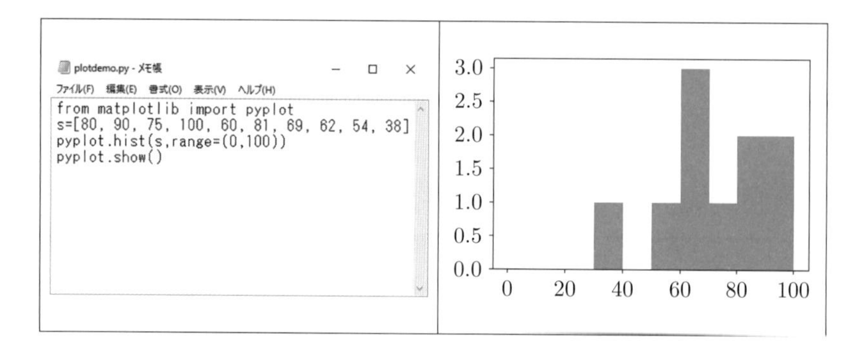

図 15.12　plotdemo.py プログラムのプログラムリストと，その実行結果（左）プログラムリスト（プログラムの内容），（右）実行結果（別画面に表示される）

台としても広く利用されています。

ディープラーニング向けのライブラリとしてはこのほかに，画像認識によく用いられる Caffe や，Torch というライブラリを Python 向けに整備した PyTorch などがよく用いられます。

プログラミング言語や統計ツールは多種多様

本書では，統計ツールとして R を，また人工知能のフレームワークとして Python 言語とそのライブラリを取り上げました。これらは代表例であり，実際には非常に多種多様な統計ツールやプログラミング言語が開発・利用されています。

プログラミング言語

Java　C　C++　C#
Python　Ruby　Perl　Javascript　PHP
Fortran　Lisp　Cobol …

数値解析ツール

MATLAB　Mathematica …

統計ツール

R　S　SAS　BMDP　SPSS　エクセル統計 …

多種多用なプログラミング言語・ツール

選択肢が多いのは良いことのように思えますが，初学者にとっては，どれを勉強すれば良いのか悩んでしまうところです。それにしてもなぜこんなに多くの種類のプログラミング言語や統計ツールが開発されているのでしょうか。

一つの理由は，一口にプログラミングや統計といっても，目的や用途，あるいは利用場面が非常に多岐にわたっており，一種類ですべての要求に応じるのが極めて困難であるという事情によっています。例えば，初心者が小規模なデータセットを使って勉強を進める場合と，その道のプロフェッショナルが大規模なデータを処理する場合では，プログラミング言語やツールに要求される機能には大きな違いが生じます。あるいは，対象分野の違いや，データの量および質によっても，要求される機能や能力は大きく異なります。こうしたことから，多種多様なプログラミング言語や統計ツールが，目的や用途に応じて使い分けられているのです。

この章のまとめ

- コンピュータは，プログラムに従って動作し，プログラムをどう作るかによってさまざまな機能を発揮する
- プログラミング言語は，プログラムを作成するための記述体系である
- Python は，データサイエンスでよく用いられるプログラミング言語である
- Python には，さまざまなライブラリが用意されている
- Python のライブラリを用いると，統計処理や人工知能のプログラムを効率良く正確に記述することができる

章末問題

15.1 ご自分の名前を 1000 回出力するプログラムを Python で記述してください。

15.2 $n = 1$ から $n = 20$ の範囲で，$\sqrt{n}$ の値を計算して出力するプログラムを Python で記述してください。

15.3 $\theta = 0^\circ$ から 360° の範囲で，$\sin(\theta)$ の値を出力するプログラムを Python で記述してください。

15.4 ディープラーニング向けライブラリである TensorFlow や Keras などについて，その用途や機能等を調べてみてください。

章末問題略解

4.1 自然実験は，例えば回帰不連続デザイン法を用いた場合，調べたいこととは他の要因で，不連続にデータが変化している可能性があります。また閾値付近の因果関係が説明できたとしても，そこから離れたデータの因果関係の説明には，「閾値から離れたデータでも同じような関係がある」といった追加的な仮定が必要になります。

一方，社会実験には，こうした欠点はありませんが，倫理上の問題やコスト等，現実に行うには高いハードルを乗り越える必要があることがしばしばです。

4.2 株式市場でいえば，「社長交代によって株価が上がった。これは新社長の優れた手腕によるものだ」といった評価が，全くの偶然である可能性があります。市場全般に追い風が吹いたから，ライバル企業がたまたま失速したから，前社長のまいた種が今期実を結んだから，など他の理由はいくらでも考えられます。

4.3 企業の将来の株価の動向を判断する際，気温（夏が暑い年に飲料の売り上げが伸びるなど），天候（好天の方が，イベントの人出が多いなど）などのデータを活用することが考えられます。また例えば当該企業の会計関係書類の中に，どのような言葉が使われているか，といったテキストデータを活用することもできるでしょう。会社に関する新聞報道の中から，ポジティブ・ネガティブな言葉をカウントする手法も有効です。また，携帯の位置情報などから，人の移動などの動向を把握し，業績を予測することもできるかもしれません。利用可能なデータは無数にあります。

10.1 通常のメールと迷惑メールを数多く集めて，それぞれにラベル（教師データ）を与えます。

10.2 一つの方法は，200 個のデータをランダムに 2 等分し，それぞれを学習データセットと検査データセットとします。この時，データに偏りがあると，学習がうまくいかない可能性があります。

もし学習データセットが不足であれば，2 等分ではなく，学習データセットを多めにすることも可能です。また，K 分割交叉検証を用い，平均的な性能を調べることもできます。

10.3 教師あり学習を行うためには，ある盤面に対して最適の着手をラベルとして与えたデータを，多数用意する必要があります。ただし，膨大な盤面データに対して手作業でラベルを作成するのは，ほぼ不可能です。また，最適の着手を決定すること自体が困難な作業です。

10.4 GAN を用いると，例えば，本物のような偽画像を生成する仕組みを作成することができます。

11.1

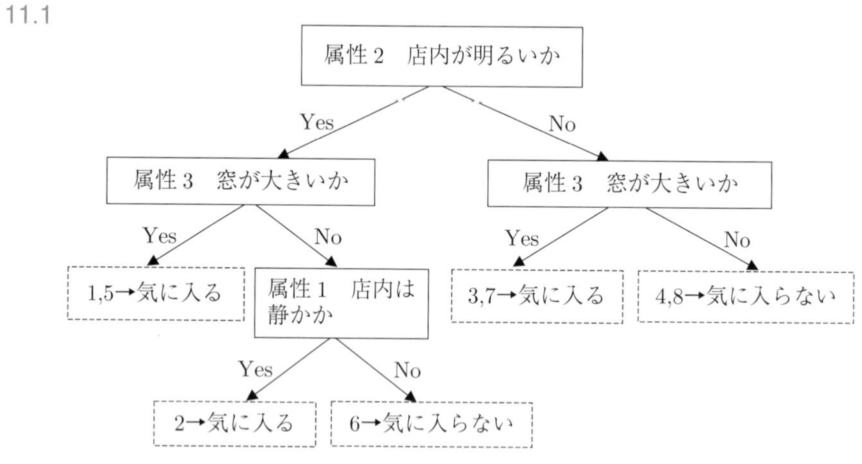

図　属性 2 を最初に利用して作成した決定木

11.2

	未知データ A (4, 2.5)	未知データ B (3.9, 3)
$k=1$	0	0
$k=3$	0	1

11.3 属性値が 2 個の場合には学習データセットを 2 次元の座標平面に配置しました。これと同様に，3 個であれば 3 次元の座標空間に配置し，3 次元空間での距離を使って 2 次元の場合と同様に判断を行います。属性が 4 個以上，つまり 4 次元以上の場合でも，適宜距離を設定して同様の手続きを行うことができます。

11.4 ランダムフォレストや k 近傍法，あるいはサポートベクターマシンは，さまざまな分類問題に適用可能です。たとえば，著者の一人（小高）の研究グループでは，これらの手法を適宜用いて，コンピュータシステムに対する不正侵入者の検出を試みています。

12.1 $w_1 = w_2 = 1$ とし，閾値を $h = 0.5$ とすると良い

12.2 $(x_1^{(1)}, x_2^{(1)}) = (0,\ 0)$ の時 $y = 0$ となり，その結果 $z = 0$ となる.
$(x_1^{(2)}, x_2^{(2)}) = (1,\ 0)$ の時 $y = 0$ となり，その結果 $z = 1$ となる.
$(x_1^{(3)}, x_2^{(3)}) = (0,\ 1)$ の時 $y = 0$ となり，その結果 $z = 1$ となる.
$(x_1^{(4)}, x_2^{(4)}) = (1,\ 1)$ の時 $y = 1$ となり，その結果 $z = 0$ となる.

12.3 入力情報とは逆の向きに誤差が伝搬することで，シナプス結合荷重が決まっていくため.

12.4 シナプス結合荷重を更新することで，コスト関数が減少することが保証される．

13.1 動作が確率的であること．

13.2 視覚情報の統合過程．

13.3 保持する記憶を取捨選択できること．

13.4 iPhone の siri や google の「OK Google」など．

14.1 以下のように入力します。

```
> plot(exp,0,5)
```

14.2 R による読み込み方法は以下の通りです。下記では，変数 data1 に値を読み込んでいます。

```
> data1 = read.table("data1.csv",header=TRUE,sep=",")
```

14.3 平均値は以下の通りです。下記は，summary() 関数を使って求めた基本統計量からの抜粋です。

```
      国語          理科          社会
 Mean :76.4   Mean :77.20   Mean :76.80
```

14.4 例えば，国語の得点分布をヒストグラムで表現したい場合には，以下のように操作します。

```
> hist(data1$国語)
```

あるいは，理科と社会の得点の関係を散布図としてグラフ化したければ，次のように記述します。

```
> plot(data1$理科,data1$社会)
```

次のように記述すると，各科目間の関係がまとめて表示されます。

```
> plot(data1)
```

15.1 名前が「出江田斎苑子」の場合の例を示します。

```
for i in range(1000):
    print("出江田斎苑子")
```

15.2

```
import math
for n in range(1,21):
    print(math.sqrt(n))
```

15.3

```
import math
for theta in range(361):
    print(theta, math.sin(theta / 360 * 2 * math.pi))
```

15.4 例えば TensorFlow であれば，下記公式サイトを参照してください。

https://www.tensorflow.org/

索　引

さ行

た行

な行

は行

ま行

や行

ら行

わ行

Memorandum

著者紹介

小高知宏（おだか ともひろ）　（担当：第 3 章，第 10–11 章，第 14–15 章）

略　歴：1990 年　早稲田大学大学院理工学研究科博士後期課程修了
　　　　現　在　福井大学大学院工学研究科知識社会基礎工学専攻知能システム科学コース　教授

小倉久和（おぐら ひさかず）　（担当：第 5–9 章）

略　歴：1977 年　京都大学大学院理学研究科博士課程修了
　　　　現　在　福井大学名誉教授

黒岩丈介（くろいわ じょうすけ）　（担当：第 12–13 章）

略　歴：1996 年　東北大学大学院工学研究科電気及通信工学専攻博士課程修了
　　　　現　在　福井大学大学院工学研究科知識社会基礎工学専攻知能システム科学コース　教授

高木丈夫（たかぎ たけお）　（担当：第 1–2 章）

略　歴：1988 年　名古屋大学大学院理学研究科物理学専攻博士課程修了
　　　　現　在　福井大学大学院工学研究科知識社会基礎工学専攻数理科学コース　教授

小高新吾（おだか しんご）　（担当：第 4 章）

略　歴：1986 年　早稲田大学政治経済学部卒業
　　　　現　在　麗澤大学経済学部　教授

文理融合　データサイエンス入門

Introduction to Data Science
—Integration of Arts and Sciences

2021 年 9 月 30 日　初　版 1 刷発行
2022 年 9 月 5 日　初　版 2 刷発行

著　者　小高知宏　小倉久和
　　　　黒岩丈介　高木丈夫　© 2021
　　　　小高新吾

発行者　南條光章

発行所　**共立出版株式会社**
　　　　郵便番号 112–0006
　　　　東京都文京区小日向 4–6–19
　　　　電話　03–3947–2511（代表）
　　　　振替口座 00110–2–57035
　　　　www.kyoritsu-pub.co.jp

印　刷
製　本　藤原印刷

一般社団法人
自然科学書協会
会員

検印廃止
NDC 007.6, 417

ISBN 978–4–320–11459–3

Printed in Japan